한국 산업인력공단 신(新)출제경향 철저분석

합격!
대한민국 제과기능장

홍행홍 지음

비앤씨월드

홍행홍

서울대학교 농화학과 졸업
미국 American Institute of Baking 졸업
현재, 한국제과고등기술학교장

저서
〈제빵입문〉 (제과학교, 1974년)
〈케익과 페이스트리 I, II〉 (AIB동문회, 1978, 1979년)
〈제과 제빵사 기능검정 문제집〉 (대한제과협회, 1986년)
〈제빵실기69〉 (대한제과협회, 1988년)
〈고등기술학교 교육과정 개발〉 (문교부, 1988년), (교육부, 1992년), (교육부, 1998년)
〈제과실기〉 집필 (한국산업인력공단, 1998년)
〈제과, 제빵 이론〉 집필 (한국산업인력공단, 1998년)
〈제과실기 CD〉 집필 (한국산업인력공단, 1999년)
〈제빵 I 비디오〉 집필 (한국산업인력공단, 2000년)
〈제과 I 비디오〉 집필 (한국산업인력공단, 2001년)
〈제빵 II CD〉 집필 (한국산업인력공단, 2002년)
〈제과실기〉(칼라판) 집필(한국산업인력공단, 2002년)
〈제과, 제빵사 시험〉 (광문각, 1993년, 2003년)

이 책을 내며

우리의 식생활 구조는 이미 생존(survival)을 위한 음식에서 선택(selection) 또는 기호(love)의 수준으로 고급화되면서 먹거리에 대한 요구와 수요가 다양해지고 제과·제빵이 차지하는 비중도 나날이 높아지는 추세에 있습니다. 제과기술 또한 이러한 시대적 요구에 부응하여 비약적으로 발전해 왔습니다.

우리 나라가 분류하고 있는 전체 직업수 12,300여 개 중에서 기술사는 97개 직종, 기능장은 33개 직종이 있는데 '제과기능장'이 여기에 속한 것만 보아도 국가의 제과기술에 대한 중요시 정도를 짐작할 수 있습니다.

학문하는 사람이 학사, 석사를 거쳐 박사가 되는 것과 마찬가지로 한 가지 직업에 종사하는 기술인이 그 직종 최상위의 국가자격인 제과기능장을 취득하는 것은 자기 능력에 대한 확인이며 자긍심을 심어주는 영예라고 할 수 있습니다. 이 제도는 제과기술인에게 도전정신의 동기를 유발시키고 공부하는 풍토를 조성해 주는 의미가 있다고 봅니다.

그러나 기능장 시험에 대비하고자 하여도 빵·과자의 제조에서 생산관리에 이르기까지의 범위가 넓고, 자신의 능력을 점검해 필요한 지식을 습득하기에는 여러 가지 어려움이 따랐습니다. 이로 인해 제과기능장 시험을 위한 핵심 지침서의 필요성이 절실히 요구되었습니다. 극히 제한된 사람(제과기능장 응시자)만이 읽을 책이기 때문에 상업성이 없음에도 불구하고 비앤씨월드 장상원 사장의 제과계에 꼭 필요한 책이니 손익을 떠나서 만들겠다는 순수한 뜻을 받아들여 제과기능장 수험서를 집필하게 되었습니다.

기능장 실기와 필기 시험의 범위와 내용이 방대하고 출제 응용성이 무한한 상황에서 과거에 출제된 문제를 분석하고 출제 가능한 미래형 문제를 조합하여 수험생이 시험준비를 하는데 방향을 가늠케 하고자 노력하였습니다.

이 책의 궁극적인 목적은 제과기술인이 제과기능장 합격을 목표로 열심히 노력하는 과정을 통하여 스스로의 능력을 키우고 '공부하는 제과인'이 되어 제과산업의 전반을 한 단계 높이는데 있으니 많은 활용을 기대합니다.

이 책이 나오기까지 애써주신 비앤씨월드의 모든 분들과 실기부분의 제품을 만들어주신 오병호 기능장, 이 책의 참고 자료가 될 수 있도록 오랫동안 업계에 기여해 오신 많은 분들께 감사드립니다.

2003년 3월
저자 홍 행 홍

CONTENTS *

chapter 1. 이론 강의

chapter 2. 실기 강의

CONTENTS **

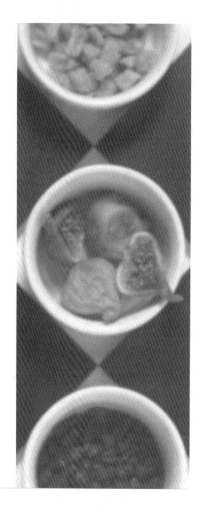

chapter3. 데커레이션 강의 및 기출문제 풀이

기능장 이론·실기 강의 오리엔테이션

자격명 : 제과기능장

영문명 : Master Craftsman Confectionary Making

1. 개요

제과 및 제빵에 관한 최상급 숙련 기능을 가지고 산업 현장에서 작업 관리, 소속 기능 인력의 지도 및 감독, 현장 훈련, 경영 계층과 생산 계층을 유기적으로 연계시켜 주는 현장 관리 등의 업무를 수행할 수 있는 능력을 가진 인력을 양성하고자 자격 제도 제정.

2. 수행 직무

각 제과, 제빵 제품 제조에 필요한 재료의 배합표 작성, 재료 평량을 하고 각종 제과용 기계 및 기구를 사용하여 성형, 굽기, 장식, 포장 등의 공정을 거쳐 각종 제과, 제빵 제품을 만드는 업무 수행.

3. 취득 방법

① 시행처 : 한국산업인력공단
② 관련 학과 : 농업계 고등학교 식품가공학과 등
③ 시험 과목
  – 필기 : 제과제빵이론, 재료과학, 식품위생학, 영양학 및 기타 제과 제빵에 관한 사항
  – 실기 : 제과 및 제빵 작업
④ 검정 방법
  – 필기 : 객관식 4지 택일형, 60문항(60분)
  – 실기 : 작업형(7시간 정도)
⑤ 합격 기준 : 100점 만점에 60점 이상

4. 실시 기관명

한국산업인력공단(www.q-net.or.kr)

5. 응시 절차 안내

① 원서 접수	인터넷 접수(www.q-net.or.kr)
② 필기 원서 접수	필기 접수 기간 내 수험 원서 접수(인터넷) 비회원의 경우 우선 회원 가입 필히 사진(6개월 이내에 촬영한 반 명함판 사진 파일(jpg) 등록 수수료는 정액 지역에 상관없이 원하는 시험장 선택 가능
③ 수험 사항 통보	수험 일시와 장소는 접수 즉시 통보됨 본인이 신청한 수험 장소와 종목이 수험표의 기재 사항과 일치하는지 여부 확인할 것
④ 필기 시험	수험표, 신분증, 필기구(흑색 싸인펜 등) 지참 접수 지역별 시험장에서 시행 입실 시간 미준수시 시험 응시 불가
⑤ 합격자 발표	접수 지부(사) 게시 공고, ARS 자동응답(060-700-2009), 홈페이지 안내
⑥ 실기 원서 접수	인터넷으로 수험 원서 제출 필기 면제자만 수험 원서 작성(당회 필기 합격자는 제외)
⑦ 수험 사항 통보	시행 10일 전에 게시 공고, 인터넷 및 ARS 통보
⑧ 실기 시험	수험표, 신분증, 필기구, 수험자 지참 공구 준비
⑨ 최종 합격자 발표	접수 지부(사) 게시 공고, ARS 자동응답(060-700-2009), 홈페이지 안내
⑩ 자격증 교부	증명사진 1매, 수험표, 신분증, 수수료 지참
⑪ 기타	원서 접수 취소, 응시료 환불 기준 등 기타 문의 사항은 홈페이지 참조

6. 서류 제출 안내

필기 시험 합격 예정자는 당회 실기 시험 원서 접수 초일부터 8일 이내(토, 일 제외)에 소정의 응시 자격 서류(졸업 증명서, 공단 소정 경력 증명서 등)를 제출하여야 하며 지정된 기간내에 제출하지 아니할 경우에는 필기시험 합격 예정이 무효가 된다. 응시 자격 서류를 제출하여 합격 처리된 사람에 한하여 실기 접수가 가능함

① 응시 자격 서류 심사 기준일은 응시하고자 하는 종목의 필기 시험 시행일임
② 실기 시험 원서 접수는 4일간임
③ 실기 시험 접수 마감일 이후 응시 자격 서류 제출자는 응시 자격 서류심사만 가능하고 실기 시험 접수는 불가함
④ 응시 자격 서류 심사 종료 후 서류 심사 불합격자(자격 미달,미제출자)는 인터넷에 공고하니 반드시 확인하기 바람
⑤ 외국 발급 자격 및 학력 취득자의 응시 자격 서류 제출 방법은 홈페이지(www.q-net.or.kr) 참조

7. 응시 자격

① 응시하고자 하는 종목이 속하는 동일 직무 분야의 산업기사 또는 기능사의 자격을 취득한 후 기능대학법에 의하여 설립된 기능대학의 기능장 과정 이수자 또는 그 이수 예정자

② 산업기사 등급 이상의 자격을 취득한 후 응시하고자 하는 종목이 속하는 동일 직무 분야에서 6년 이상 실무에 종사한 자

③ 기능사의 자격을 취득한 후 응시하고자 하는 종목이 속하는 동일 직무 분야에서 8년 이상 실무에 종사한 자

④ 응시하고자 하는 종목이 속하는 동일 직무 분야에서 11년 이상 실무에 종사한 자

⑤ 외국에서 동일한 종목에 해당하는 자격을 취득한 자

8. 응시 자격별 제출 서류

응시 자격	제출 서류
응시 자격 제출 서류 동일 직무 분야의 산업기사 자격 취득 후 기능대학의 기능장 과정 이수자	이수 증명서
동일 직무 분야의 기사 자격 취득 후 기능대학의 기능장 과정 이수자	이수 증명서
동일 직무 분야의 산업기사 자격 취득 후 기능대학의 기능장 과정 이수 예정자	이수 예정 증명서
동일 직무 분야의 기사 자격 취득 후 기능대학의 기능장 과정 이수 예정자	이수 예정 증명서
동일 직무 분야의 기능사 자격 취득 후 기능대학의 기능장 과정 이수자	이수 증명서
동일 직무 분야의 기능사 자격 취득 후 기능대학의 기능장 과정 이수 예정자	이수 예정 증명서
산업기사 등급 이상 자격 취득 후 동일 직무 분야에서 6년 이상 실무에 종사한 자	경력 증명서
기능사 자격 취득 후 동일 직무 분야에서 8년 이상 실무에 종사한 자	경력 증명서
동일 직무 분야에서 11년 이상 실무에 종사한 자	경력 증명서
외국에서 동일한 종목에 해당하는 자격을 취득한 자	외국 주재 대한민국 공관장(대사관 또는 영사관)이 공증한 자격증 사본 (한글로 번역한 증명서)

9. 필기 관할 구역

해당 지사	소재지	관할 구역	검정 안내 전화번호
서울 지역본부	서울특별시	서울특별시의 중구, 종로구, 용산구, 마포구, 은평구, 경기도의 고양시 및 파주중장비시험장, 서대문구	(02) 3273-9653~4
서울 동부지사	서울특별시	서울특별시의 동대문구, 중랑구, 성동구, 광진구, 성북구, 노원구, 강동구, 송파구, 강남구, 하남시, 경기도의 구리시	(02) 461-3283
서울 남부지사	서울특별시	서울특별시의 영등포구, 강서구, 양천구, 동작구, 관악구, 구로구, 경기도의 광명시, 금천구, 서초구	(02) 876-8324
경인 지역본부	인천광역시	인천광역시, 경기도의 부천시, 김포군	(032) 818-2182
경기지사	수원시	경기도의 수원시, 성남시, 안양시, 안산시, 과천시, 오산시, 의왕시, 시흥시, 평택시, 군포시, 화성시, 광주시, 용인시, 안성시	(031) 249-1201
경기 북부지사	의정부시	서울특별시 도봉구, 강북구, 경기도의 의정부시, 동두천시, 남양주시, 파주시, 양주군, 포천군, 연천군	(031) 874-4285
강원지사	춘천시	강원도의 춘천시, 원주시, 양구군, 영월군, 인제군, 철원군, 평창군, 홍천군, 화천군, 횡성군, 양평군, 경기도의 가평군, 이천군, 여주군	(033) 254-6992
강릉지사	강릉시	강원도의 강릉시, 동해시, 삼척시, 속초시, 태백시, 고성군, 양양군, 정선군	(033) 644-8212
부산 지역본부	부산광역시	부산광역시의 동래구, 금정구, 연제구, 부산진구, 사상구, 북구, 강서구, 경상남도 양산시	(051) 330-1910
부산 남부지사	부산광역시	부산광역시의 남구, 수영구, 해운대구, 동구, 중구, 서구, 영도구, 사하구, 기장군	(051) 620-1910
울산지사	울산광역시	울산광역시, 경상남도 양산시	(052) 276-9032
경남지사	창원시	경상남도 양산시를 제외한 전지역	(055) 285-4001~3
대구 지역본부	대구광역시	대구광역시, 경상북도의 구미시, 김천시, 경산시, 성주군, 고령군, 청도군, 칠곡군	(053) 586-7602
경북지사	안동시	경상북도의 안동시, 영주시, 문경시, 상주시, 구미시, 김천시, 봉화군, 의성군, 군위군, 영양군, 예천군, 청송군	(054) 855-2121~3
포항지사	포항시	경상북도 포항시, 경주시, 영천시, 울진군, 영덕군, 울릉군	(054) 278-7703
광주 지역본부	광주광역시	광주광역시, 나주시, 담양군, 영광군, 화순군, 장성군	(062) 970-1702
전북지사	전주시	전라북도 전지역	(063) 210-9200
전남지사	순천시	전라남도의 순천시, 여수시, 광양시, 고흥군, 보성군, 구례군	(061) 720-8500
목포지사	목포시	전라남도의 목포시, 강진군, 해남군, 영암군, 무안군, 완도군, 진도군, 신안군, 장흥군	(061) 282-8672
제주지사	제주시	제주도 전지역	(064) 723-0701
대전 지역본부	대전광역시	대전광역시, 충청남도의 계룡시, 공주시, 논산시, 부여군, 금산군	(042) 580-9100
충북지사	청주시	충청북도 전지역	(043) 279-9000
충남지사	천안시	충청남도 계룡시 공주시, 논산시, 금산군, 부여군을 제외한 전지역	(041) 620-7600~7

* 이론 출제 문제 분석과 예상 *

구 분	항 목	문 제	포 함 내 용	출제년도	비 고
이론	현장 실무	1. 브리오슈 제조원가	·부가세 ·마진 ·손실	1999	·1원 미만은 버림
		2. 팬에 맞는 스펀지 반죽량	·엔젤 푸드 비용적과 반죽량 ·스펀지 비용적	1999	·팬용적÷비용적 =반죽무게
		3. 작업인원수	·목표생산액 ·가동일 ·목표노동생산성 ·인원	1999	·총수시÷작업일 =1일당 소요인수 →÷8시간=인원
		4. 빵속의 온도	·굽기온도 ·굽기시간	1997	·97~99℃
		5. 슈의 부피팽창	·팽창원인 ·오븐관리	1997	·수증기
		6. -SH기와 관련된 것	·유화제 ·개량제 ·산화제 ·환원제 ·B.S ·B.P ·비타민C	1997	·환원제 ·-SS-(산화제)
		7. 분할시간 계산	·2포켓×8회 왕복/분 ·빵 820개 ·분할기 여유율=5%	2000	·제빵 생산공정 ·1분 미만은 올림
		8. D/C 케이크 제조시간	·100개 제조=3.2시/인 ·인원=8명 ·1,400개	2000	·케이크 제조관리 ·○시간 ○분
		9. 케이크 제조 연장 근무시간	·생산액목표 ·근무일수 ·인원 ·1인당 노동생산성 ·1일 근무시간	2000	·작업시간을 시간,분으로 표시
		10. 노동분배율	·생산가치(부가가치) ·인건비	2000	·손익문제 ·인건비÷부가가치 % =노동분배율
		11. 코코아 사용	·천연코코아=100g ·탄산수소나트륨	2001,上	·코코아의 pH와 색상 변 화 문제
		12. 비타민 C 사용량	·하스 브레드에 C사용 ·밀가루=1,000g ·10ppm ·C 1g/물 1,000mg	2001,上	·사용량 =1,000×10/1,000,000 ·C용액 1ml당 C함유 =0.001g
		13. 더치빵 인원 계획	·생산액 ·가동일수 ·목표노동생산성 ·1일 근무시간	2001,上	·인원계획 ·생산성관리
		14. 케이크 생산시간	·100개 생산=4시/인 ·1,200개 생산 ·6명	2001,上	·작업시간 =100÷(25×6)
		15. 팥앙금 납품가격	·앙금 원재료비 ·인건비 ·사내가공단가 ·이익	2001,上	·원가계산 ·원 단위 절삭
		16. 데니시 원재료비	·제조부 인도가격 ·판매이익 ·부가세 ·제조경비 ·인건비등제비용	2001,下	·원 · 부재료비 ·판매금액=판매가×수량
		17. D/C부서 인원계획	·1일 부서생산목표 ·노동생산성=원/시/인 ·1일 근무시간 ·인원	2001,下	·목표달성을 위한 충원 인원
		18. 손익분기 물량계산	·고정비=300,000원 ·판매가=500원 ·변동비=200원	2001,下	·손익분기점:판가×수량 =고정비+변동비×수량

구 분	항 목	문 제	포 함 내 용	출제년도	비 고
이론	현장 실무	19. 초콜릿 중 　　코코아의 양	· 비터 초콜릿 · 코코아와 버터의 비율	2001, 下	· bitter·chocolate의 구성을 이해
		20. 완제품의 　　수분 함량	· 재료의 수분함량 · 굽기 중 손실	2001, 下	· 소수 셋째자리에서 반올림
		21. 수분보정 밀가루 양 　　(Farinograph)	· 수분 14%의 밀가루 양을 기준으로 · 수분 15%의 밀가루	2002, 上	· 소수 넷째자리 까지 표시 (다섯째자리에서 반올림)
		22. 하드 롤 분할시간	· 5포켓×20회/분 · 작동여유율　· 분할수	2002, 上	· 1분 미만은 올려서 정수로 표시
		23. 크루아상 　　원 재료비	· 반죽무게와 원재료비 · 치즈 kg당 단가 · 제품 1개당 분할무게와 치즈사용무게 · 판매가	2002, 上	· 원가관리 문제 · 원 재료비/판가(%)
		24. 초콜릿의 템퍼링	· 처음 녹이는 온도	2002, 上	· 초콜릿의 템퍼링에 대한 이해 · 냉각온도=예상
		25. 생산관리	· 생산 인건비　· 외부가치 · 생산가치　· 생산이익　· 감가상각	2002, 上	· %로 표시 · 인건비/생산가치×100
		26. 머랭제조에 주석산 　　크림 사용 이유	· 등전점(等電點)의 측면에서 설명	2002, 上	· pH와 흰자의 등전점 · 탄력성과 신장성　· 색상
		27. 초콜릿 중 　　구성성분	· 가당 다크 초콜릿　· 설탕량 · 레시틴　· 향료　· 초콜릿 양	2002, 下	· 코코아 버터의 양 · 새로운 형태의 초콜릿 · 밀크 초콜릿 가능
		28. 수분변화 　　새 흡수율	· 수분=12.5%, 흡수율=60%의 밀가루 · 수분=10%로 변화할 때의 새로운 　흡수율	2002, 下	· 고형질 비교 · 총 수량 계산 · 총수분-밀가루수분=흡수율
		29. 더치빵 생산인원	· 목표 노동생산성 · 월 생산액 목표　· 가동일수 · 1일 작업시간	2002, 下	· 필요한 작업 인원 배치
		30. 데커레이션 　　생산시간, 잔업시간	· 시간당 1인 생산능력 · 생산목표　· 작업여유율 · 1일 작업시간	2002, 下	· 여유율 감안 · 잔업시간(기존인원으로)
		31. 케이크 　　판매가 계산	· 재료비　· 매출원가비　· 판매가 · 판매가비율　· 관리비　· 영업이익	2001, 下	· 판매가 결정구조의 이해를 묻는 문제 · 판매가 계산
		32. 손익분기점 　　생산물량	· 고정비　· 변동비　· 판매가	2002, 下	· 생산개수 계산
		33. 손익분기점	· 고정비　· 변동비　· 생산량	2011	· 생산량과 비용 관계
		34. 생산관리 점검	· 생산량　· 노동량　· 가공손실	2011	· 매일 점검항목의 중요성
		35. 생산량 계획	· 1배합공정　· 생산량 계획	2011	· 생산계획　· 작업공정계획
		36. 작업관리	· 작업관리　· 불량률	2011	· 불량률　· 불량률 개선방법

✱ 실기 검정 출제 가능 과제 ✱

	A	B	C	조 합		
	빵 류	케이크류	데커레이션	A	B	C
기출	1. 브리오슈 2. 프랑스빵 3. 모카빵 4. 더치빵 5. 데니시 페이스트리	1. 버터 스펀지 2. 코코아 스펀지 3. 시폰 케이크	1. 버터 크림(샌드, 아이싱, D/C) 2. 마지팬(동물, 꽃, 씌우기) 3. 머랭(동물, 꽃) 4. 글씨 5. 코팅용 초콜릿 6. 가나슈 7. 플라스틱 초콜릿 8. 몰드 초콜릿 9. 디핑 초콜릿 10. 초콜릿 공예 11. 설탕 공예	11종류 중 1품목	6종류 중 1품목	1~7중 복합형
				11종류 중 1품목	6종류 중 1품목	1~7중 복합형
						몰드첨가
예상	6. 스펀지·도법 식빵 7. 비상 스펀지·도법 버터 롤 8. 자연발효빵 9. 호밀빵(사워종) 10. 구겔호프 11. 공예빵	4. 과일 케이크(마지팬용) 5. 앙트르메 6. 커피 스펀지 케이크		11종류 중 1품목	6종류 중 1품목	1~7중 복합형
						디핑첨가
				11종류 중 1품목	6종류 중 1품목	9종류 중 1품목
						초콜릿 공예첨가
				11종류 중 1품목	6종류 중 1품목	9종류 중 1품목
						설탕 공예첨가

✱ 실기 시험 연장 시간 폐지 ✱

종목	변경 전	변경 후		적용 시기 (2013년도)	비고
	연장 시간	연장 시간	시험 시간		
제과기능장	30분	폐지	7시간 정도	기능장 제53회	변경 전 연장 시간 사용에 따른 감점은 폐지
			※과제에 따라 제한 시간을 제시		연장 시간은 시험 시간에 포함되어 총 시험 시간이 조정됨.

* 실기 출제 문제 분석과 예상 *

구분	항목	품 목	중 점 내 용	출제년도	비 고
실기	제빵	1. 브리오슈	1) 배합표 작성(손실) 2) 제품 제조 3) 오뚜기 모양	1997 1999	· 고유지제품 · 실기검정용
		2. 프랑스빵	1) 배합표 작성(손실) 2) 제품 제조 3) 표면 cutting	1999 2002, 上	· hearth bread의 대표적 품목
		3. 모카빵	1) 본반죽 배합표 작성 2) 비스킷 배합표 작성 3) 제품 제조 4) 터지는 껍질	2000	· 커피사용제품 · 비스킷 반죽의 응용성 (구열여부) · 매끈한 껍질가능
		4. 더치빵	1) 본반죽 배합표 작성 2) 토핑 배합표 작성 3) 제품 제조	2001, 上 2002, 下	· 쌀가루 이용 제품 · 토핑능력 검정
		5. 데니시 페이스트리	1) 배합표 작성 2) 제품 제조 3) 다양한 모양 표현	2001, 下	· 페이스트리의 대표제품 · 변형과 응용성이 다양
		6. 스펀지·도법 식빵	1) 배합표 작성 2) 제품 제조 (식빵, 롤, 과자빵)	예상문제 (추가)	· 대량생산의 주요 제빵법=일반화 · 특성과 장점 · 필수조치 능력
		7. 비상법 스펀지· 도법 버터 롤	1) 배합표 작성 (필수조치, 손실계산) 2) 제품 제조 (식빵, 롤, 과자빵)	예상문제 (추가)	· 비상 스펀지 활용 · 배합율 조정 능력
		8. 자연발효빵(사워도)	1) 배합표 작성 2) 제품 제조 3) 'sour' 사용	예상문제 (추가)	· 천연발효빵 선호 · 제품의 차별화
		9. 호밀빵(사워종)	1) 배합표 작성 2) 제품 제조 3) 'sour' 사용	예상문제 (추가)	· 전통적인 호밀빵 제조 · 사워도의 중요성
		10. 구겔호프	1) 배합표 작성 2) 제품 제조	예상문제 (추가)	· 고지방 빵류 · 적정 반죽 상태 · 모양유지
		11. 공예빵	1) 배합표 작성 2) 지시된 모양 완성	예상문제 (추가)	· 전시용 제품제조 능력유지 · 아이디어(신선한 감각)
	제과	1. 버터 스펀지 케이크	1) 배합표 작성 2) 제품 제조 3) D/C용, 제품 평가용	1997, 1999 2000, 2001, 下 2002, 下	· 동물 1개 무게 100g 이하 · 제조기술 연계 · 착색 모양 만들기의 기능을 검정
		2. 코코아 스펀지 케이크	1) 배합표 작성 2) 제품 제조 3) D/C용, 제품 평가용	1998 2001, 上	· 기본 아이싱 · 무늬그리기 · 더커레이션
		3. 시퐁 케이크	1) 배합표 작성 2) 제품 제조 3) 별립법	2002, 上	· 대표적 시퐁 게이크 · '시퐁법' 예상

구 분	항목	품 목	중 점 내 용	출제년도	비 고
실기	제과	4.마지팬	1) 씌우기(covering) 2) 꽃(장미꽃, 잎사귀) 3) 동물(숫사자, 토끼, 곰, 사슴, 다람쥐, 사자, 강아지 및 기타)	1997, 1999 2000 2001,下 2002,下	· 대표적 스펀지 · 데커레이션을 위한 원판용 · 계속 출제 가능
		5.버터크림	1) 샌드 및 아이싱용 2) D/C용 3) 꽃과 잎사귀 4) 무늬(모양깍지)	전 연도	· 초코릿 코팅용 · 코코아 사용 · 표준 스펀지의 변형
		6.머랭	1) 장미꽃과 잎사귀 2) 동물(강아지, 오리, 사슴, 토끼, 코끼리, 곰, 병아리) 3) 카네이션꽃, 등꽃	2001,上·下 2002,上·下	· 머랭의 제조(용도별) · 머랭의 활용(동물,꽃) · 머랭의 착색
		7. 초콜릿	1) 코팅(전면, 부분) 2) 가나슈=아이싱 3) 가나슈=D/C 4) 전체 코팅 5) 가나슈=1/2코팅 6) 프라스틱(꽃과 잎) 7) 코팅	1997 1998 1999 2000 2001,上·下 2002,上·下	· 템퍼링 능력 · 코팅 능력 · 광택 · 가나슈 · 초코릿 프라스틱 · 아이싱

		8. 글씨쓰기	1) 백조의 날개
			2) 축생일
			3) 어린이날
			4) 스승님의 은혜
			5) 축 가정의 달
			6) 仲秋佳節
			7) 윗면에 네트 그리기
				1998
				2000
				2001,上·下
				2002,上·下
					· sign 연습 필요
					· 중요 행사나 시험을 보는 계절에
					  적당한 글씨
					  쓰기 문제가 출제될 수 있음

		9.몰드 초콜릿	1) 소형 몰드 이용 2) 다양한 충전물 넣기 3) 다양한 모양 제품 4) 2~4가지 제품	예상문제 (추가)	· 초콜릿 제품의 수요 증 가에 따른 중요성 증대 · 제조능력 검정
		10.디핑 초콜릿	1) 소형 디핑 초콜릿 제품 제조 2) 2~4가지 제품 3) 자르는 초콜릿 응용	예상문제 (추가)	· 몰드 초콜릿과 같음 · 다시간 내에 출제 가능
		11.초콜릿 공예	1) 소형 공예 작품 2) 다른 제품과 연계	예상문제 (추가)	· 중장기적 과제
		12.설탕 공예	1) 소형 설탕 공예 작품 2) 다른 제품과 연계	예상문제 (추가)	· 중장기적 과제
		13.과일 케이크	1) 배합표 작성 2) 제품제조	예상문제 (추가)	· 마지팬 사용 · 고급제품
		14.커피 스펀지	1) 배합표 작성 2) 제품제조	예상문제 (추가)	· 커피 사용 제품 · 유행
		15.앙트르메	1) 배합표 작성 2) 안정제 3) 제품제조	예상문제 (추가)	· 무스 제조 · 초콜릿 사용 · 장식물

이 책의 표준 용어 표기

일 반 표 기	이 책에서의 통일표기
아밀라제	아밀라아제
도너츠, 도우넛	도넛
카스테라	카스텔라
카라멜화	캐러멜화
만노스	만노오스
갈락토스	갈락토오스
글리세라이드	글리세리드
라아드	라드
말타제	말타아제
찌마아제, 찌마제, 치마제, 지마아제, 지마제	치마아제
리파제	리파아제
인버타아제	인베르타아제
메치오닌	메티오닌
리이신	리신
글로부린	글로불린
렌닌	레닌
알콜	알코올
소맥분	밀가루
알카리	알칼리

일 반 표 기	이 책에서의 통일표기
스폰지	스펀지
케익	케이크
크랙커	크래커
불란서빵, 바게트	프랑스빵
이스트 후드	이스트 푸드
생지	반죽
슈가	슈거
셀루로오스	셀룰로오스
시폰	시퐁
다쿠와즈	다쿠아즈
크루와상	크루아상
만쥬	만주
카스타드, 커스타드	커스터드
엣센스	에센스
데니쉬 페이스트리, 데니시 페스츄리	데니시 페이스트리
도우	도
카제인	카세인
풀만	풀먼
혼당, 폰당	퐁당
나이아신	니아신
디아스타제	디아스타아제
미코톡신	마이코톡신
식염	소금
아우라민	오라민
아몬드파우더	아몬드분말
싸이클라메이트, 씨클라메이트	사이클라메이트
롱가릿	롱가리트
펩타이드, 펩티다이드	펩티드
솔빈산, 소루빈산, 소루부산	소르빈산
메쉬	메시
그람 음성	그램 음성
잉글리쉬 머핀	잉글리시 머핀
쉬터	시터
더취 코코아	더치 코코아

Chapter 1

이론
강의

Part 1 제과 · 제빵 이론

Ⅰ. 과자반죽의 분류와 믹싱법

(1) 반죽의 분류

항 목	내 용	제품 또는 특성
반죽형 (batter type)	· 구성재료-밀가루, 계란, 우유 · 상당량의 **유지**(油脂) 함유 　→ 부드러운 제품 · 대부분 화학팽창제 사용	· 레이어 케이크 · 파운드 케이크(일부) · 과일 케이크 · 컵 케이크
거품형 (foam type)	· 계란 단백질의 교반(攪拌) 　→ 반죽에 공기를 끌어들여 함유 　→ 굽기 중 팽창→ 부피 형성 · **계란 단백질의 신장성과 변성** 　→ 공기 함유와 구조 형성 ※원칙적으로 유지가 없는 제품	· 해면성(海綿性)이 크다 · 제품이 가볍다 · 스펀지 케이크(전란) · 머랭(흰자)
시퐁형 (chiffon type)	· 계란을 **노른자와 흰자로 분리** · 흰자+설탕→ 거품형의 머랭 · 노른자+다른 재료→ 반죽형 · 거품형과 반죽형의 조합	· 2가지 반죽을 혼합 　→ 거품형의 기공과 조직+반죽형의 　　부드러움 · 시퐁 케이크

(2) 반죽형 믹싱

크림법 (creaming method)	· 1단계: **유지+설탕**→ 크림화 · 2단계: +계란→ 부드러운 크림 · 3단계: +다른 재료→ 반죽	· 계란은 서서히 첨가해야 분리를 예방 · **부피**가 양호 · 가장 보편적인 방법
블렌딩법 (blending method)	· 1단계: **유지+밀가루**→ 유지코팅 · 2단계: +건조재료+액체 일부 · 3단계: +나머지 액체→ 반죽	· 밀가루 입자를 유지로 피복 · **부드러운 제품** 제조 · 파이 껍질
시럽법 (sugar/water method)	· 1단계: **시럽(설탕+물)** 준비 · 2단계: 크림법, 블렌딩법에 사용	· 녹지 않은 설탕입자가 없으므로 **고운 속결 제품** · 일반시럽 당도 66.7%
1단계법 (single stage method)	· 모든 재료를 일시에 넣고 믹싱 · **노동력과 시간 절약**의 장점 · 공기함유 능력의 저하 우려 → 성능이 우수한 믹서 사용 팽창제 사용 제품에 사용	① 저속 0.5분→ 재료 수화 ② 고속 2분→ 공기 흡입 ③ 중속 2분→ 공기 배분 ④ 저속 1분→ 공기 세포를 미세하게 분할

2. 레이어 케이크의 계통

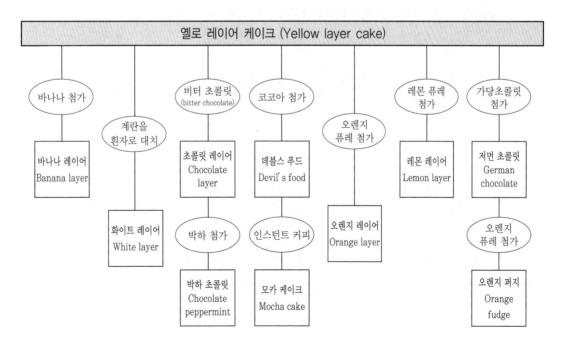

3. 비중과 팬에 대한 적정 반죽량

(1) 반죽의 비중(specific gravity)

1) 정의

같은 용적의 **물 무게**에 대한 **반죽 무게**(물 무게가 기준)

2) 공식

같은 용적의 반죽의 무게/같은 용적의 물의 무게→ **소수로 표시**

3) 비중이 나타내는 의미

· 일정한 무게로 제품을 만들 때 부피에 영향(포장용에 중요 의미)
· 낮은 비중→ ① 열린 기공→ 거친 조직 ② 큰 부피
· 높은 비중→ ① 닫힌 기공→ 조밀한 조직 ② 작은 부피

〈연습문제〉

1. 비중 컵=40g, 컵+물=240g, 컵+반죽=180g일 때 반죽의 비중은?

   (180-40)/(240-40)=140÷200=0.7(단위는 무명수)

2. 비중이 0.8인 반죽 500g으로 1,250cc의 부피를 얻었다.

   비중이 0.6인 반죽으로 같은 부피를 가지려면 기대되는 반죽 무게는?

   가. 375g   나. 525g   다. 630g   라. 735g

3. 분할무게가 같을 때 일반적으로 부피가 가장 작게 되는 비중은?

   가. 0.4   나. 0.6   다. 0.8   라. 1.0

4. 다음과 같은 경우에 비중이 가장 낮은 것은? (○표시가 공기)

가.
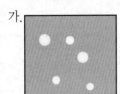
나.
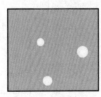
다.
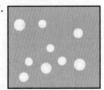
라.
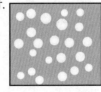

해 답

1.0.7   2.가   3.라   4.라

---

(2) 팬의 용적과 반죽 무게

1) 규정 팬의 용적과 반죽의 무게

용적(㎤)	파운드 케이크	레이어 케이크	엔젤 푸드 케이크	스펀지 케이크
246	102	83	51	48
656	273	222	139	131
1,230	511	416	261	242
1,640	682	553	350	320
2,460	1,022	829	523	486
3,280	1,363	1,080	699	648
비용적(㎤/g)	2.40	2.96	4.71	5.08

※ 식빵의 비용적

윗면이 열린 팬(open top)	3.2~3.4cc/g(3.36)
풀만 팬(Pullman pan)	3.3~4.0cc/g(3.65)
바닥 면적 계산법	2.4g/㎠

2) 팬의 용적 계산

· 원형 팬
  지름=24cm, 높이=8cm일 때,
  공식=반지름×반지름×3.14×높이
  $V=12×12×3.14×8=3,617.28$[㎤]

· 경사면을 가진 원형 팬
  윗면 지름=24cm, 밑면 지름=20cm, 높이=10cm일 때,
  공식=평균 반지름×평균 반지름×3.14×높이
  평균 지름=(24+20)/2=22[cm]
  평균 반지름=11[cm]
  $V=11×11×3.14×10=3,799.4$[cm³]

· 엔젤 푸드 케이크 팬
  외부 팬의 윗면 지름=24cm, 밑면 지름=20cm,
  내부 팬(바깥치수)의 윗면 지름=4cm, 밑면 지름=8cm,
  높이=10cm일 때,
  ① 외부 팬 용적=평균 반지름×평균 반지름×3.14×높이
   → 외부 팬 평균 반지름=(24+20)÷2÷2=11[cm]

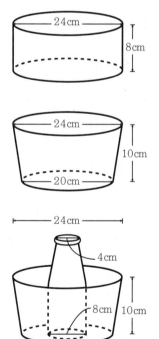

② 내부 팬 용적=평균 반지름×평균 반지름×3.14×높이
  → 내부 팬 평균 반지름=(4+8)÷2÷2=3[cm]
③ 외부 팬 용적-내부 팬 부피
  → 외부 팬 용적=11×11×3.14×10=3,799.4
    내부 팬 부피(바깥치수)=3×3×3.14×10=282.6
④ 실제 용적=3,799.4-282.6=3,516.8[㎤]

・경사면을 가진 직육면체 팬
  윗면 가로=24cm, 윗면 세로=8cm, 밑면 가로=20cm, 밑면 세로= 6cm, 공통 높이=10cm일 때,
  공식=평균 가로×평균 세로×높이
  평균 가로=(24+20)÷2=22[cm]
  평균 세로=(8+6)÷2=7[cm]
  V=22×7×10=1,540[㎤]

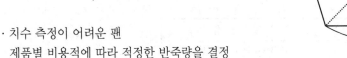

・치수 측정이 어려운 팬
  제품별 비용적에 따라 적정한 반죽량을 결정
  ① 평지씨(rape seed)를 수평으로 담아 매스실린더로 계량
  ② 물을 수평으로 담아 계량

4. 과자반죽의 온도 조절

(1) 반죽온도의 의미

1) 굽기 시간에 영향→ 수분, 팽창, 표피 등
  ① 낮은 반죽온도=일정 증기압 발달에 필요한 굽기 시간 증가
  ② 높은 반죽온도=굽기 시간이 짧아지므로 표준공정이 어려움

2) 제품에 영향
  ① 낮은 온도=기공이 조밀→ 작은 부피→ 식감 악화
  ② 높은 온도=열린 기공→ 거친 조직→ 노화 가속

3) 마찰계수(Friction Factor)
  ① 일정량의 반죽을 정해진 방법으로 믹싱할 때 반죽온도에 영향을 주는 마찰열을 전체 공식과 연관시켜 **숫자**로 표시
  ② 마찰계수=결과온도×6-(실내온도+밀가루온도+설탕온도+쇼트닝온도+계란온도+수돗물온도)
  ※ 결과온도=믹싱이 끝난 반죽을 측정한 온도
  ※ 숫자 6은 온도에 큰 영향을 주는 인자(因子)수와 같음

4) 사용수 온도

① 희망하는 반죽온도를 맞추기 위하여 사용하는 물의 온도

② 사용수 온도

　=희망온도×6-(실내온도+밀가루온도+설탕온도+쇼트닝온도+계란온도+마찰계수)

　※ 희망온도=만들려고 하는 반죽의 바람직한 온도

　※ 곱하는 수와 온도에 영향하는 인자의 수가 같아야 함

5) 얼음 사용량

① 수돗물보다 낮은 온도의 물을 사용할 때 얼음으로 조절

② 얼음+물=물 사용량

③ 얼음=$\dfrac{\text{물 사용량}\times(\text{수돗물온도}-\text{사용수 온도})}{80+\text{수돗물온도}}$

　※ 80은 융해열(融解熱)=얼음 1g이 녹을 때 방출하는 80cal

〈연습문제〉

	실 내	밀가루	설 탕	쇼트닝	계 란	결과온도	희망온도	수돗물
온도(℃)	26	25	25	20	20	27	23	20

1. 위의 표에서 마찰계수를 구하시오.

　27×6-(26+25+25+20+20+20)=162-136=**26**[℃]

2. 위의 표에서 사용수 온도를 구하시오.

　23×6-(26+25+25+20+20+26)=138-142=**-4**[℃]

　※ -4℃는 현상에서 영하(零下)가 아니라 **절대값의 차(差)**

3. 위의 표에서 물 사용량이 1,000g일 때 얼음의 사용량을 구하시오.

　얼음=$\dfrac{1,000\times\{20-(-4)\}}{80+20}=\dfrac{24,000}{100}=$**240**[g]

　∴ 물의 총사용량 1,000g=얼음 240g+수돗물 760g

해 답

　　1. 26 [℃]　　　2. -4 [℃]　　　3. 240 [g]
---

5. 제과에서의 고율배합과 pH

(1) 정의
· 사용재료의 양이 **설탕** 〉 밀가루 배합인 경우

(2) 의미
· 많은 설탕을 녹일 수 있는 많은 물을 사용
· 제품에 많은 수분 함유→ 신선도 유지(노화지연)
· 고급 양과자의 제조

(3) 가능 요인
· 유지와 물을 유화시켜주는 **유화제** 사용
· 전분의 호화온도를 낮추어 안정을 빠르게 하는 염소표백 밀가루 사용→ 수축과 손실을 감소

(4) 비교항목

	고율배합(high ratio)	저율배합(low ratio)
믹싱 중 공기 혼입	많 다	적 다
비중	· 반죽에 많은 공기→ 비중이 낮다 · 단위 무게당 큰 부피	· 반죽에 적은 공기→ 비중이 높다 · 같은 부피당 무게가 무겁다
화학팽창제 사용	· 반죽 중 공기가 많으므로 팽창제를 적게 사용 · 사용하지 않음	같은 부피를 만들기 위하여 많이 사용

굽는 온도	· 다량의 설탕→ 진한 껍질색
	  → 언더 베이킹 우려
	· 저온장시간 굽기
		· 소량의 설탕→ 연한 껍질색
		  → 오버 베이킹 우려
		· 고온단시간 굽기

6. 제과에서의 pH

(1) 정의
· 수소이온 농도의 역수를 대수로 표시
· pH 1의 차이는 10배의 차이, pH 1은 pH 4의 1,000배

pH 1   pH 7   pH 14

산성 ←————————— 중성 —————————→ 알칼리성

(2) pH의 역할

· 알칼리성은 색과 향을 강하게 한다. (진한 색)
· 산성은 색과 향을 여리게 한다. (밝은 색)
· 산성(pH 5.2~5.8)에서 반죽의 유상액(乳狀液)이 안정
  →물과 지방의 분리를 억제(pH 6.7~8.3에서는 유상액 파괴)

(3) 제품의 적정 pH

· 옐로 레이어 케이크→ pH 7.2~7.6
· 데블스 푸드 케이크→ pH 8.5~9.2
· 엔젤 푸드 케이크→ pH 5.2~6.0
· 스펀지 케이크→ pH 7.3~7.6
· 파운드 케이크→ pH 6.6~7.1
· 초콜릿 케이크→ pH 7.8~8.8

(4) 적정범위를 벗어난 경우의 일반적인 결점

1) 지나친 산성
① 고운 기공
② 여린 껍질색
③ 연한 향
④ 쏘는 맛
⑤ 작은 부피

2) 알칼리성
① 거친 기공
② 진한 껍질
③ 어두운 속색
④ 강한 향
⑤ 소다 맛

(5) 제빵에 있어서의 pH

· 글루텐 조절(pH 5 근처에서 최대)
· pH 4.5~5.5에서 로프(rope)균의 활성이 억제

7. 파운드 케이크(Pound Cake)

(1) 재료 사용 범위(%)

재료	범위	기본배합	내 용
밀가루	100	100	·**박력분** ·중력분이나 강력분도 사용
설탕	75~125	100	·감미 ·껍질색 ·수분보유능력
버터	40~100	100	유지≤계란
계란	40~100	100	많으면 기포(起泡) 능력이 양호
소금	1~3	2	맛과 향을 보강
향	0~1	–	계란냄새 제거
베이킹 파우더	0~3	–	유지와 계란을 적게 사용하는 배합
우유(물)	0~30	–	계란을 적게 쓰는 배합에 사용

(2) 건포도의 전처리

1) 목적
① 과일+수분→ 씹을 때의 조직감 개선 및 원래의 과일 맛 회복
② 과자제품 내부와 건조과일간의 수분 이동을 최소화→ 노화 방지

2) 방법
① 27℃의 물= 건포도의 12%+건포도→ 4시간 후 사용
② 고농도의 술= 건포도의 12%+건포도→ 1시간 후 사용
③ 충분한 물+건포도→10분 이상 침지→ 자연스러운 배수(排水) 후 사용

(3) 재료의 상호관계(%)

제품	밀가루	설탕	소금	B·P	우유	유지	계란
A	100	100	2	1.75~2	60	40	40
B	100	100	2.25	0.5~1	45	47.5	55
C	100	100	2.50	0	30	70	75
D	100	100	2.75	0	16	85	92.5
E	100	100	3.0	0	0	100	110
상호 관계	기준으로 변화 없음		소금 증가 ∝ 맛↑	B·P 감소 ∝ 팽창↓	우유 감소 ∝ 수분↓	유지 증가 ∝ 구조↓, 팽창↑	계란 증가 ∝ 구조↑,수분↑, 팽창↑

8. 스펀지 케이크(Sponge Cake)

(1) 재료의 사용범위(%)

재 료	범위	기본	응용		
			무거운 반죽	보통 반죽	가벼운 반죽
강력분	100	100	100	100	100
설탕	100~200	166	100	120	150
계란	100~300	166	100	150~200	250
소금	1~3	2	2	2	2

※ 박력분

  1) 연질소맥으로 제분한 특급박력분→양질의 스펀지 케이크 제조

  2) 회분=0.29~0.33% (저회분)

  3) 단백질=5.5~7.5% (저단백질)

(2) 제법

제 법	항 목	내 용
공립법 (共立法)	중탕법 (hot method)	· 계란+소금+설탕→ 중탕→ 43℃에서 거품 올리기+밀가루 혼합 · 기포(起泡)가 용이하고 설탕이 모두 녹아서 껍질색이 균일
	일반법 (cold method)	· 실온에서 거품 올리기+밀가루 혼합 · 기포 속도는 느리지만 튼튼한 거품 구조 · 성능이 좋은 믹서 사용, B·P 사용 배합에 적당
별립법 (別立法)	노른자 반죽	· 노른자+소금+전체 설탕의 1/2~1/3 · 기포색의 변화(황색→ 백색)
	머랭	· 흰자로 거품 올리기→ 60%의 머랭 · 설탕을 넣어가며 거품 올리기→ 85~90%의 머랭
	혼합	· 노른자 반죽+머랭의 1/3→ 혼합→ 밀가루 투입→ 가볍게 혼합 → 나머지 머랭 투입→ 균일하게 혼합

(3) 롤 케이크를 말 때 표면이 터지는 결점에 대한 조치 사항

· 설탕 일부를 물엿으로 대치
· 배합에 **덱스트린** 사용하여 점착성↑
· 팽창이 과도→ 팽창제 감소, 믹싱 상태 조절
· 노른자 비율 감소→ 전란 비율 증가
· **오버 베이킹(저온 장시간 굽기) 엄금**
· 반죽이 고비중(高比重)→ 비중을 낮춘다.
· 낮은 반죽온도는 장시간 굽기를 초래→ 반죽 온도↑
· 밑불이 강한 오븐→ 밑불을 조절

9. 파이, 퍼프 페이스트리

(1) 파이 껍질

재료	범위(%)	기본(%)	비 고
밀가루	100	100	단백질 10~13%, 회분 0.4~0.5%인 강력분 또는 준강력분
마가린	40~80	60	가소성이 중요한 특성(파이용 마가린)
물(냉수)	25~50	30	반죽온도 조절(18℃)
소금	1~3	1	맛과 향을 나게 하는 중요 재료
설탕	0~6	2	껍질색을 진하게 하는 재료(착색제)
탈지분유	0~4	2	→ **포도당, 물엿, 분유, 계란물, 녹인 버터,**
계란	0~6	4	**탄산수소나트륨(0.1% 이하)**

(2) 과일 파이의 충전물이 끓어 넘치는 원인

· 배합의 부정확
· 과일 충전물의 온도가 높다.→ 충전물이 빨리 끓는다.
· 껍질 반죽에 수분이 많다.→ 껍질이 익는데 많은 시간이 소요된다.
· 바닥 껍질이 너무 얇다.→ 충전물이 빨리 끓는다.
· 낮은 오븐 온도→ 장시간 굽기
· 과일이 너무 시다.→ 다량의 유기산
· 설탕이 너무 적다.→ 끓는 온도 하강
· 껍데기에 구멍이 없다.→ 수증기 배출↓
· 바닥 껍질과 윗 껍질의 봉합이 불철저→ 틈으로 충전물 유출

(3) 퍼프 페이스트리의 배합표

재 료	기본 배합율(%)	설 명				
강력분	100	빵이 아니더라도 강력분 사용				
유지	100	반죽용(%)	10	20	30	40
		충전용(%)	90	80	70	60
		←**분명한 결**을 형성, **부피 양호** 　　　　밀어 펴기 용이, 결이 불량, 부피 감소→				
		충전용 파이 마가린을 최소한 50% 이상 사용				
냉수	50	반죽온도를 낮추어 휴지(休止)에 대비				
소금	1~3	가염유지 사용시 감소시켜 사용				

(4) 반죽 제조법

구 분	제 법	비 고
속성법	· 유지 덩어리+밀가루→ +물→반죽 · 접기-밀어 펴기의 반복(작업이 간편)	· 스코틀랜드식 · 결이 불균일
일반법	· 밀가루+유지 일부+물→ 글루텐 발달 　→ 파이용 마가린 도포→ 접기-밀어 펴기 · **결이 균일하고 부피가 양호**	· 프랑스식 　롤-인(roll-in) 방법

10. 쿠키(Cookies)

(1) 반죽특성상의 분류

1) 반죽형 쿠키

드롭 쿠키 (drop cookies)	· 반죽형 쿠키 중 최대의 수분 함유 · 부드러운 쿠키→ 소프트 쿠키(soft cookies) · 고수분→ 짜는 형태
스냅 쿠키 (snap cookies)	· 드롭 쿠키보다 적은 액체 재료 사용 · 바삭바삭한 특성→ 슈거 쿠키(sugar cookies) · 모양의 유지가 가능한 반죽→ 밀어 펴는 형태
쇼트 브레드 쿠키 (short bread cookies)	· 스냅 쿠키보다 많은 유지(油脂) 사용 · 바삭거림과 부드러움을 동시에 가지는 특성 · 밀어 펴서 만드는 형태(예/샤브레)

2) 거품형 쿠키

스펀지 쿠키 (sponge cookies)	· 계란+설탕→기포→ +밀가루 · 스펀지 케이크보다 많은 밀가루 사용 · 고수분→ 짜는 형태로 짠 후 모양 유지(維持)
머랭 (meringue)	· 흰자+설탕→ 기포→ 머랭 · 고수분→ 짜는 형태(예/마카롱)

(2) 제조 특성 상의 분류

1) 밀어 펴서 정형하는 형태(cut-out cookies)
· 가소성을 가진 쿠키 반죽(스냅이나 쇼트브레드)을 밀어 펴서 정형
· 반죽에 휴지를 주고 두께를 균일하게 밀어 펴야 한다. (대량생산은 sheeter 사용)

2) 짜서 정형하는 형태(bagged-out cookies)
· 고수분을 함유한 쿠키 반죽(거품형이나 드롭)을 짤주머니(pastry bag)에 넣어 모양을 만든다.
　※ 대량생산에서는 주입기(depositor)로 생산
· 같은 철판에는 동일한 모양, 크기가 바람직
· 짤주머니에 과도한 반죽→ 장시간 작업중 손의 열에 영향 받아 반죽이 묽어진다.

3) 냉동 쿠키(ice-box cookies)
· 밀어 펴는 형태의 반죽을 냉장(동)고에 넣어 얼리는 공정을 거치는 쿠키
· 반죽의 색상을 다르게 하여 조합 가능
· 지방이 많은 쿠키 반죽에 유용→ 저온 처리로 되기 조절

4) 손작업으로 만드는 쿠키(hand made cookies)
· 밀어 펴서 정형하는 쿠키 반죽을 사용
· 기계로 만들기 어려운 모양이나 특성을 손으로 만드는 쿠키

5) 마카롱 쿠키(macaroon cookies)
· 흰자+설탕→머랭→견과류 첨가(아몬드, 코코넛 등)
· 밀가루를 사용하지 않는 제품이 많다.

6) 판에 등사하는 쿠키(stencil type cookies)
· 묽은 반죽을 틀에 흘려 넣어 굽는 제품
· 틀에 그림, 글자 표시가 가능, 얇고 바삭거림 (예 : 타일 쿠키)

(3) 재료의 특성

1) 밀가루
- 쿠키의 형태를 유지하는 구성 재료의 기능
- 구운 후 일정한 모양 유지 → 적정한 강도의 밀가루 필요
- 중력분 사용(단백질 9~10%, 회분 0.40~0.46%)
- 스펀지 쿠키는 박력분을 권장

2) 설탕
- 감미(甘味)와 퍼짐에 영향
- 반죽 중의 설탕입자 → 오븐 열에 녹아서 퍼짐을 크게 함

$$\text{퍼짐율(spread ratio)} = \frac{\text{지름}}{\text{두께}}$$

- 퍼짐이 작아지는 원인
  ① 고운 입자의 설탕 사용
  ② 설탕을 넣고 장시간 믹싱 → 설탕입자의 미세화
  ③ **과도한 믹싱 → 설탕 입자를 작게 함, 글루텐을 발달시킴**
  ④ 산성 반죽 → 글루텐의 탄력성 증가
  ⑤ 너무 된 반죽 → 반죽의 수축성 증가
  ⑥ 높은 오븐 온도 → 굽기 초기에 껍질이 형성되어 퍼짐에 장해

3) 유지
- 버터는 풍미 ↑, 크림(cream)화 능력과 안정성 ↓ (마가린과 병용)
- 장기간 유통 제품 → 산패(酸敗)에 대한 **안정성**이 중요

4) 팽창제
- 퍼짐, 부드러움, 부피를 조절
- 베이킹파우더 또는 암모늄염을 사용
- 중조 과다 → 알칼리성 → 진한 색, 소다 맛, 비누 맛
- 산염 과다 → 산성 → 여린 색, 여린 향, 조밀한 조직, 쏘는 맛

(4) 반죽형 쿠키의 결점과 원인

결 점	원 인	
퍼짐이 과도	· 과량의 설탕 사용 · 팬의 기름칠이 과다 · 반죽의 알칼리성	· 반죽이 너무 묽다 · 낮은 온도의 오븐 · 유지가 많거나 부적당
딱딱한 쿠키	· 유지 부족 · 너무 강한 밀가루	· 글루텐 발달이 많은 반죽 · 공정 중 취급이 과다

팬에 붙음	· 약한 밀가루 · 너무 묽은 반죽 · 반죽 내 설탕입자의 반점화(斑點化)	· 계란 과다 사용 · 불결한 팬 · 팬의 재질이 부적당
표피가 갈라짐	· 오버 베이킹 · 수분보유제 부족	· 급속 냉각 · 저장 조건이 불량

11. 케이크 도넛

(1) 재료의 사용 범위와 기능

재료	범위(%)	기본(%)	설 명
계란	30~50	40	구조 형성, 수분 공급, 기포 작용
설탕	20~60	40	감미제, 수분보유제, 껍질색, 용해성↑
소금	1~2	1	향미 발달
유지	5~20	15	글루텐에 대한 윤활효과→ 부드러움
바닐라	0~1	0.5	향기, 계란 냄새 보완
밀가루	100	100	**중력분**으로 양질의 케이크 도넛 가능 (단백질 10%내외, 회분 0.40~0.44%)
탈지분유	2~8	4	구조 형성, 맛
베이킹 파우더	2~6	3	이중 작용(二重作用) B·P, 가스 발생→ 부피↑, 미세한 분말 상태
향신료(넛메그)	0~1	0.5	맛과 향
튀김기름	–	–	산패(酸敗)에 강한 기름→ **높은 안정성**

(2) 도넛 제품의 중요 문제점

문제점	현 상	대 책
황화(yellowing) 회화(graying)	**도넛 기름**이 **설탕**을 적시는 현상으로 신선한 기름은 황색, 오래된 기름은 회색으로 착색	· 튀김기름에 경화제로 **스테아린(stearin)**을 3~6%첨가→ 기름 침투를 방지 · 도넛의 설탕량 감소 가능
발한(發汗) (sweating)	· 도넛에 입힌 설탕이나 글레이즈가 물에 녹아서 땀을 흘리는 것과 같이 되는 현상 · 물의 양이 문제 ① 설탕에 대하여 많은 물 ② 온도의 상승→ 용해도↑	· 도넛에 붙는 설탕량을 증가 · 충분한 냉각, 환기→ 도넛수분↓ · 튀김시간 증가→ 도넛수분 감소 · 점착력이 큰 튀김기름 사용 → 설탕을 도넛에 많이 붙게 함 · 포장용 도넛의 수분함량을 21~25%로 조정

	· 반죽에 수분이 많다	· 반죽의 수분 조절
	· 짧은 믹싱	· 믹싱 연장
	· 팽창제 과다	· 팽창제 감소
과도한 흡유	· 낮은 반죽온도	· 반죽 온도 상승
	· 설탕 과다	· 설탕 감소
	· 글루텐 형성 부족	· 믹싱 연장
	· 튀김시간이 길다	· 튀김시간 감소
	· 반죽 중량이 적다	· 분할무게 증량(표면적 감소)

12. 아이싱 기초

(1) 아이싱(icing)의 정의

설탕과 지방이 주재료인 피복물로 빵 · 과자 제품을 덮거나 피복하는 것

※ 토핑(topping)이란?

아이싱을 한 제품이나 하지 않은 제품 위에 붙여서 맛을 좋게 하거나 시각적인 효과를 높이는 것

(2) 아이싱의 분류

1) 단순 아이싱(flat icing)

· 분당+물+물엿+향→ 페이스트 형태

· 단순 아이싱+코코아 또는 **초콜릿**→ 맛의 차별화, 광택

· 사용 후 굳은 아이싱→ 중탕으로 가온(43℃)하여 사용

· 보관용 아이싱의 껍질 건조현상 방지→ 물 분무로 수막(水膜)을 형성

2) 크림 아이싱(creamed icing)

· 지방+계란+분유+우유+소금+향+안정제의 일부 또는 전부의 재료를 사용하여 만드는 크림

· 버터크림=**버터(유지)**+**설탕(또는 시럽)**+술→ 크림화

· 퍼지(fudge) 아이싱은 버터+설탕+초콜릿+우유가 주재료

· 퐁당(fondant)=설탕시럽→ 가열(116℃)→ 냉각→휘젓기

· 마시맬로우(marshmallow)=흰자+설탕시럽→ 기포(起泡)

3) 조합 아이싱(combination icing)

· 단순 아이싱+크림 아이싱

· 코코아 첨가시 코코아+분당을 체질→ 코코아 덩어리 방지

· 장과류(딸기, 블루베리 등) 첨가시 과즙의 침출에 유의

· 사용하고 남은 아이싱+초콜릿 첨가→ 초콜릿이 진하기 때문에 색과 향을 해결
· 퐁당과 흰자를 혼합할 때 퐁당 온도는 43℃

(3) 대표적인 아이싱

1) 버터크림(butter cream)

· 샌드, 아이싱, 데커레이션에 사용하는 대표적인 크림
· 기본 버터크림 비율은 버터 : 설탕 = 1 : 1
· 설탕을 시럽 상태로 투입하는 경우 설탕+물+물엿+주석산크림을 114~118℃로 끓인 후 냉각하여 사용
· **주석산크림**은 끓인 시럽이 냉각 중 결정화(結晶化) 되는 것을 방지

재료	범위(%)	요약한 재료
설탕	40~100	설탕
물	설탕×30%	
주석산크림	0.1~0.5	
물엿	10~20	
버터	50~80	버터
쇼트닝	20~50	
소금	1~2	
연유	3~10	
브랜디	5~10	술, 향
향	0.1~1	

2) 생크림(whipping cream)

재료	범위(%)	기본(%)
생크림	100	100
설탕	5~20	10
양주	0~10	5

· 생크림은 우유지방만으로 구성
· 가공크림은 생크림+첨가물
· whipping cream은 휘핑크림의 원료이고 whipped cream은 기포한 크림이다.
· 오버 런(over run)=(최종 부피-최초 부피)/최초 부피×100(%로 표시)
· 4~6℃로 냉각하여 사용

3) 머랭(meringne)

재료	범위(%)	기본(%)
흰자	100	100
설탕	180~200	190
물	설탕×30%	시럽법
소금	0.5	선택
주석산크림	0.5	선택
분당	10~20	10

· 흰자+설탕→ 43~65℃로 가열→ 거품 올리기(+주석산크림)+분당→ 용도별 피크 선택
· 물은 시럽법(이탈리안법)에 사용→ 시럽은 114~118℃로 끓여서 뜨거운 상태로 흰자에 투입
· 동물, 꽃, 로얄 아이싱 등에 사용

4) 퐁당(fondant)

재료	범위(%)	기본(%)
설탕	100	100
물	25~40	30
물엿	10~20	15

· 물+설탕→ 107℃+물엿→ 116℃까지 가열→ 38~44℃로 냉각→ 휘젓기→ 설탕 재결정
  → 유백색 크림
· 굳은 퐁당의 사용 시
  ① 중탕으로 40℃ 전후로 가온(加溫)
  ② 일반 시럽(설탕 : 물 = 2 : 1)을 첨가
· 안정제로는 젤라틴, 식물 검(gum)류, 전분 등을 사용

5) 시럽, 크림, 아이싱용 설탕시럽

온도(℃)	보메(°B)	용 도
100~102	20~25	단순시럽(스펀지, 사바랭)
103	30	셔벗(오렌지, 레몬), 레몬 필 조림
111.5	37	캔디나 버터크림 제조, 직경 1cm의 철망에서 방울상태
115~118	39~40	하절기 버터크림, 이탈리안 머랭, 퐁당, 마지팬 용 시럽
121~155	41~	누가크림, 캔디, 록 슈거(rock sugar), 설탕꽃
160	–	황색 또는 갈색으로 변하기 시작(캐러멜화)

13. 제과 제품 평가

(1) 외부의 특성

평가항목	감점요인	감점사항
부피 (volume)	표준보다 크거나 작으면 **속결과 조직에 차이가** 있으며 **포장** 등에도 문제가 있다	· 너무 작다 · 너무 크다
껍질색 (color of crust)	**식욕을 돋우는 색상으로** 제품 특성에 따라 부위별로 색상이 균일하고 너무 여리거나 진하지 않아야 좋다	· 불균일 · 너무 진하다 · 너무 여리다 · 흐릿하다 · 반점 유무 · 설탕 고리 및 유지 고리
껍질특성 (characters of crust)	얇으면서 부서지지 않고 **부드러운 특성이** 요구된다	· 너무 두껍다 · 질기다 · 물집이 있다 · 습기가 많고 고무질 촉감
균형 (symmetry of form)	제품의 용도에 맞도록 좌우전후가 **대칭으로** 균형이 잡히고 찌그러지지 않아야 완제품 불량율을 줄일 수 있다	· 중앙이 높다 · 중앙이 돌출해 있다 · 중앙이 낮다 · 가장자리가 높다 · 가장자리가 낮다 · 터짐이 불균일 · 전체적인 균형이 맞지 않는다

(2) 내부의 특성

평가항목	감점요인	감점사항
기공 (grain)	· **기공**(氣孔)은 밀가루의 글루텐 망(網)이 주위의 전분 등 물질과 결합하여 형성한 구조 · **얇은 세포벽을** 선호	· 열리고 거칠다 · 불균일 · 두꺼운 세포벽 · 큰 공기구멍이 많다 · 너무 조밀하다

조직 (texture)	· **조직**(組織)은 주로 촉감으로 평가하는데 기공과 밀접한 관계 · 부스러짐이 없고 매끄러운 촉감이 바람직함	· 거칠다 · 조악하다 · 너무 조밀하다 · 느슨하다 · 덩어리 상태가 있다
속색 (color of crumb)	제품의 고유 특성이 다르지만 대체로 밝고 **생동감**이 있는 색택으로 줄무늬나 반점이 없어야 한다	· 회색빛이 난다 · 어둡다 · 줄무늬가 있다 · 불균일 · 생기가 없다 · 잘 익지 않은 부위가 있다
방향 (aroma)	**방향**(芳香)은 주로 후각기관에 의해 인지되는 **향과 냄새**를 평가하는 항목으로 신선하고 자연적인 향을 선호한다	· 너무 강하다 · 너무 약하다 · 이취(異臭)가 있다 · 너무 자극적이다 · 곰팡이 냄새가 난다
맛 (taste)	입안에서의 촉감, 향, 맛이 복합적으로 작용하는 식감	· 단조롭다 · 신맛이 강하다 · 짠맛이 강하다 · 소다 맛이 난다 · 이미(異味)가 있다 · 불쾌한 뒷맛

〈연습문제〉

1. 전통적인 스펀지 케이크는 다음 중 주로 어느 팽창에 의한 제품인가?
   가. 공기 팽창　　　　나. 화학적 팽창　　　　다. 이스트 팽창　　　　라. 무팽창

2. 다음 제품 중 팽창형태가 다른 것은?
   가. 반죽형 케이크　　　　나. 과일 케이크　　　　다. 커피 케이크　　　　라. 파운드 케이크

3. 반죽형의 믹싱법과 특징에 대한 관계가 틀리는 항목은?

    가. 크림법–부피 양호　　　　　　　　　나. 블렌딩법–공정의 간편화

    다. 설탕 · 물법–고운 기공　　　　　　　라. 1단계법–노동력과 시간의 절약

4. 일반적인 1단계법 믹싱의 회전속도 순서로 가장 바람직한 항목은?

    가. 저속→ 중속→ 고속→ 저속　　　　　나. 고속→ 중속→ 저속→ 중속

    다. 중속→ 고속→ 중속→ 저속　　　　　라. 저속→ 고속→ 중속→ 저속

5. 거품형 케이크류는 다음 중 어느 팽창과 가장 관계가 깊은가?

    가. 화학적 팽창　　　　나. 공기 팽창　　　　다. 이스트 팽창　　　　라. 무팽창

6. 일반적으로 오렌지 퍼지 케이크는 옐로 레이어 케이크의 재료 중 어느 것과 오렌지 퓨레를
   섞어 만드는　것인가?

    가. 코코아　　　　　　나. 비터 초콜릿　　　　다. 가당 초콜릿　　　　라. 인스턴트 커피

7. 옐로 레이어 케이크에 스위트 초콜릿을 첨가한 케이크는 다음 중 어느 것인가?

    가. 화이트 레이어 케이크　　　　　　　나. 초콜릿 레이어 케이크

    다. 모카 케이크　　　　　　　　　　　라. 저먼 초콜릿

8. 비중컵=40g, 컵+물=240g, 컵+반죽=180g인 반죽의 비중은?

    가. $0.7g/cm^3$　　　　나. $0.7cm^3/g$　　　　다. $0.7cal/g$　　　　라. 0.7

9. 비중컵=40g, 컵+물=240g, 컵+반죽=120g인 반죽의 비중은?

    가. 0.4　　　　　　　나. 0.5　　　　　　　다. 0.6　　　　　　　라. 0.8

10. 경사진 옆면과 안쪽 관을 가진 전통적인 엔젤 케이크 팬의 용적을 구하려 한다.
    외부 팬은 안치수로 윗면 지름=22cm, 아래면 지름=18cm, 깊이=10cm,
    내부 관은 바깥치수로 윗면 지름=4cm, 아래면 지름=8cm라면 이 팬의 용적은?

    가. $502.4 cm^3$　　　나. $2,543.4 cm^3$　　　다. $2,857.4 cm^3$　　　라. $3,799.4 cm^3$

11. 비용적(cm^3/g)이 다음과 같을 때 같은 용적의 팬에 가장 적게 담는 반죽(무게)은?

    가. 2.40　　　　　　　나. 2.96　　　　　　　다. 4.71　　　　　　　라. 5.08

12. 규정팬의 바닥 면적 1㎠당 2.4g의 빵 반죽이 필요하다.
바닥면의 가로가 20cm, 세로가 9cm, 깊이가 10cm인 빵 팬에 분할할 반죽양은?
　　가. 75g　　　　　　나. 216g　　　　　　다. 432g　　　　　　라. 480g

13. 사용수 온도가 −5℃, 수돗물온도는 20℃, 물 사용량이 2kg일 경우 얼음을 사용하여
온도를 조절한다면 얼음과 물 각각의 양은?
　　가. 250g, 1,750g　　　　　　　　　나. 500g, 1,500g
　　다. 750g, 1,250g　　　　　　　　　라. 1,000g, 1,000g

14. 레이어 케이크에서 마찰계수를 구하는데 불필요한 조건은?
　　가. 실내온도　　　　나. 밀가루온도　　　　다. 계란온도　　　　라. 희망온도

15. 실내온도, 밀가루온도, 설탕온도, 계란온도, 유지온도, 마찰계수가 모두 25℃이고
희망온도가 23℃라면 계산된 사용수 온도는?
　　가. −12℃　　　　　나. −6℃　　　　　　다. 6℃　　　　　　라. 12℃

16. 저율배합에 대한 고율배합의 설명으로 맞는 항목은?
　　가. 믹싱 중 공기 함유−적다　　　　　나. 비중−높다
　　다. 화학팽창제 사용−많다　　　　　라. 굽기 온도−낮다

17. 고율배합이란 다음의 어느 항목을 가리키는가?
　　가. 쇼트닝〉밀가루　　　　　　　　나. 설탕〉밀가루
　　다. 계란〉쇼트닝　　　　　　　　　라. 밀가루〉액체재료

18. 케이크에 사용할 건조과일(건포도)을 전처리하는 목적으로 틀리는 것은?
　　가. 씹을 때의 조직감 개선　　　　　나. 과일의 원래 풍미를 회복
　　다. 제품내부와 과일간의 수분이동 감소　　라. 수율(收率)의 제고

19. 파운드 케이크에서 밀가루와 설탕을 고정하고 유지를 증가시킬 때의 설명으로 틀리는 항목은?
　　가. 계란 증가　　　　나. 우유 감소　　　　다. 베이킹 파우더 증가　　　　라. 소금 증가

20. 다른 조건이 같을 때 코코아의 색상이 가장 진한 경우는?

　　가. pH 5　　　　　　나. pH 7　　　　　　다. pH 9　　　　　　라. pH와 무관

21. 다음의 제과재료 중 pH가 가장 높은 것(알칼리성)은?

　　가. 밀가루　　　　　나. 흰자　　　　　　다. 당밀　　　　　　라. 젤라틴

22. 빵 제품에 감염하는 로프(rope)균을 억제하는 산도는?

　　가. pH 5　　　　　　나. pH 6　　　　　　다. pH 7　　　　　　라. pH 8

23. 중탕법으로 스펀지 케이크를 만들 때 계란과 설탕의 예열온도는?

　　가. 23℃　　　　　　나. 43℃　　　　　　다. 63℃　　　　　　라. 83℃

24. 전통적인 기본 스펀지 케이크의 필수재료가 아닌 것은?

　　가. 박력분　　　　　나. 설탕　　　　　　다. 소금　　　　　　라. 우유

25. 밀가루 100%(20kg), 계란 200%를 사용하는 스펀지 케이크 배합표에서 계란을 150%로
　　감소시킬 때 추가할 밀가루+물의 무게로 적당한 것은?

　　가. (2.5+7.5)kg　　나. (5+15)kg　　　다. (7+3)kg　　　라. (12.5+37.5)kg

26. 롤 케이크를 말 때 표피가 터지지 않게 하는 조치로 틀리는 것은?

　　가. 설탕의 일부를 물엿으로 대치　　　　나. 저온 오븐에서 장시간 굽기
　　다. 과도한 팽창을 감소　　　　　　　　라. 배합에 덱스트린을 사용

27. 별립법으로 스펀지 케이크를 만들 때 머랭의 상태로 가장 좋은 것은?

　　가. 젖은 피크(30~60%)　　　　　　　나. 중간 피크 초기(60~80%)
　　다. 중간 피크 후기(80~90%)　　　　　라. 건조 피크(95~100%)

28. 속성법으로 파이 껍질을 만들 때 반죽중의 유지 입자가 다음과 같으면
　　어느 항목이 결의 길이가 가장 길어지는가?

　　가. 미세한 입자　　나. 쌀 크기　　　다. 콩알 크기　　　라. 호두알 크기

29. 기본 퍼프 페이스트리의 일반적인 배합율(%)은?

	밀가루	유지	물(냉수)	소금
가.	100	100	50	1
나.	100	50	50	1
다.	100	50	100	1
라.	100	100	100	1

30. 퍼프 페이스트리 반죽에 사용하는 유지가 다음과 같을 때 밀어 펴기가 가장 쉬운 항목은?

가. 10%　　　　　나. 20%　　　　　다. 30%　　　　　라. 40%

31. 퍼프 페이스트리 반죽을 휴지시키는 설명으로 틀리는 항목은?

가. 밀가루의 완전한 수화　　　　　나. 반죽과 유지의 되기 조절
다. 파치 반죽의 최소화　　　　　라. 밀어 펴기 공정의 용이

32. 다음 용도의 파이 껍질 중 일반적으로 유지 사용량이 가장 많은 것은?

가. 위-아래 파이 껍질용　　　　　나. 미리 굽는 파이 껍질용
다. 튀김용 파이 껍질　　　　　라. 부드러운 충전물을 사용하는 껍질

33. 다음 파이 껍질의 착색제 중 일반적인 사용량이 가장 적은 것은?

가. 설탕　　　　　나. 물엿　　　　　다. 탈지분유　　　　　라. 탄산수소나트륨

34. 파이를 구울 때 과일 충전물이 끓어 넘치는 이유로 틀리는 것은?

가. 충전물의 온도가 높다.　　　　　나. 껍질에 수분이 적다.
다. 껍데기에 구멍이 없다.　　　　　라. 충전물에 설탕이 너무 적다.

35. 슈 껍질 제조에 대한 설명으로 틀리는 항목은?

가. 밀가루를 완전히 호화시킨다.
나. 반죽을 짜놓은 후 물을 분무한다.
다. 굽기 초기에는 윗불을 강하게, 껍질 형성 후에는 윗불을 낮추어 굽는다.
라. 팽창 과정 중에 오븐 문을 자주 여닫으면 찬 공기가 들어가 주저앉는다.

36. 반죽의 특성에 따라 분류한 다음 쿠키 중 밀어 펴는 형태로 만드는 것은?

　　가. 드롭 쿠키　　　　　나. 스냅 쿠키　　　　　다. 스펀지 쿠키　　　　라. 머랭 쿠키

37. 다음 중 쿠키의 퍼짐이 작아지는 경우는?

　　가. 믹싱 부족　　　　　　　　　　　　　나. 반죽에 녹지 않은 설탕 입자 존재
　　다. 글루텐의 발달 양호　　　　　　　　　라. 배합에 충분한 유지

38. 쿠키 6개의 두께와 지름을 측정하여 계산하는 쿠키 퍼짐율은?

　　가. 지름÷두께　　　　　나. 지름×두께　　　　　다. 두께÷지름　　　　라. 두께 : 지름(%)

39. 도넛에 사용하는 베이킹 파우더를 감소시킬 경우가 아닌 것은?

　　가. 공립법으로 계란 기포가 많을 때
　　나. 크림법으로 공기 함유가 많을 때
　　다. 고도(高度)가 낮을 때
　　라. 밀가루가 너무 약할 때

40. 양질의 도넛을 만드는 튀김기름의 적정 산가(酸價)는 얼마로 보는가?

　　가. 0%　　　　　　　　나. 0.5%　　　　　　　다. 1.0%　　　　　　　라. 1.5%

41. 도넛에 묻힌 설탕을 녹이는 현상인 발한(發汗)을 방지하는 조치로 틀리는 항목은?

　　가. 도넛에 붙는 도넛 설탕양 증가　　　　나. 도넛을 충분히 냉각
　　다. 도넛을 튀기는 시간을 단축　　　　　라. 포장용은 수분함량 21~25%로 조정

42. 생크림 또는 휘핑크림의 원료를 사용할 때의 바람직한 온도(품온)는?

　　가. -18℃ 이하　　　　나. 5℃　　　　　　　　다. 24℃　　　　　　　라. 43℃

43. 일반적으로 퐁당(fondant)을 만들 때 시럽은 몇 ℃로 끓여서 사용하는가?

　　가. 49℃　　　　　　　나. 106℃　　　　　　　다. 116℃　　　　　　　라. 155℃

44. 휘핑크림 원료 2ℓ 에 설탕 200g을 넣고 생크림(휘핑크림)을 만들어 부피를 측정하였더니 4,500cc가 되었다. 오버 런(증량율)은 얼마인가?

　　가. 105%　　　　　　　나. 125%　　　　　　　다. 205%　　　　　　　라. 225%

45. 비스퀴 등에 사용하는 탕 푸르 탕(T · P · T)은 아몬드 가루와 설탕이 어떤 비율로 구성된 재료인가?

  가. 1 : 1   나. 1 : 2   다. 2 : 1   라. 1 : 3

46. 머랭 제조 시 가온법은 흰자와 설탕을 혼합하여 가온하는데 온도는?

  가. 43℃   나. 63℃   다. 91℃   라. 118℃

47. 빵 · 과자 제품을 평가하는 다음 항목 중 외부 특성에 속하는 것은?

  가. 기공   나. 조직   다. 균형   라. 방향

48. 기공과 가장 직접적인 관계가 있는 평가항목은?

  가. 조직   나. 속색   다. 방향   라. 형태의 균형

49. 도넛에 기름이 많아지는 원인이 아닌 것은?

  가. 팽창제 과다   나. 낮은 튀김온도   다. 믹싱 부족   라. 적은 수분의 반죽

───── 해 답 ─────

1.가 2.다 3.나 4.라 5.나 6.다 7.라 8.라 9.가 10.다 11.라 12.다
13.나 14.라 15.가 16.라 17.나 18.라 19.다 20.다 21.나 22.가 23.나 24.라
25.가 26.나 27.다 28.라 29.가 30.라 31.다 32.가 33.라 34.나 35.다 36.나
37.다 38.가 39.다 40.나 41.다 42.나 43.다 44.나 45.가 46.가 47.다 48.가
49.라

14. 스트레이트 도법(straight/dough method)의 제빵법

모든 재료를 한번에 혼합하는 가장 보편적인 제빵법이다.

(1) 식빵의 배합표

재료	범위(%)	일반(%)	비 고
강력분	100	100	경질소맥에서 제분한 밀가루
물	56~68	60~65	밀가루의 질, 분유의 양에 따라 변화
이스트	1.5~5	2~3	· 발효에 관여 · 드라이 이스트 대체도 가능
이스트 푸드	0~0.5	0.1~0.2	· 일반 빵에 사용 · 제빵개량제와 보완
소금	1.5~2.5	1.8~2	· 맛을 나게 하는 필수재료
설탕	0~8	4~8	· 발효에 사용 · 껍질색
유지	0~5	3~5	· 부드러움 제공(기능성)
탈지분유	0~6	3~5	· 완충제 역할 · 유당→껍질색(유당은 잔류당으로 반죽에 남음)
제빵개량제	0~2	1~2	· 저당(低糖)배합의 빵류에 사용

(2) 제조 공정

순서	제조 공정	내 용
1	재료 준비	재료 계량, 물온도 조절
2	믹싱	재료의 균일한 혼합, 글루텐 발달, 희망온도 27℃
3	1차 발효	글루텐 숙성, 온도 27℃, 상대습도 75~80%
4	성형 ① 분할 ② 둥글리기 ③ 중간발효 ④ 정형	 발효가 끝난 반죽을 희망하는 양으로 나누는 공정 분할 반죽을 둥글리면서 표피를 매끈하게 연결 표피 건조를 방지하면서 부풀리는 공정→ 가스 발생 밀어 펴서 가스를 제거하고 접거나 말아서 모양을 형성
5	팬에 넣기	봉합부분이 밑으로 가도록 넣고 윗면도 마무리
6	2차 발효	온도 35~43℃, 상대습도 85~90%에서 최종 발효
7	굽기	반죽양과 종류에 따라 오븐 온도와 시간을 조절
8	냉각과 포장	35~40℃로 냉각→ 포장

(3)장단점(스펀지법 대비)

장 점	단 점
· 제조공정이 단순	· 발효내구성이 약함
· 제조장, 제조설비가 간단	· 잘못된 공정의 수정이 어려움
· 노동력과 시간의 절감	· 발효향이 약함
· 발효 손실 감소	· 노화가 빠르다

15. 스펀지 도법(sponge/dough method)의 제빵법

믹싱 공정을 2번하는 제빵법이다.

첫 번째 믹싱 반죽을 스펀지(sponge), 두번째 믹싱 반죽을 도(dough)라 한다.

(1) 배합표

재 료	사용범위(%)		80% 스펀지일 경우 배합(%)	
	스펀지(sponge)	도(dough)	스펀지(sponge)	도(dough)
강력분	60~100	0~40	80	20
물	스펀지 밀가루의 55~60%	전체=56~68 전체-스펀지	44 (80×0.55)	20 (64-44)
이스트	1~3	0~2	2	–
이스트 푸드	0~0.5	–	0.2	–
제빵개량제	0~1	–	–	–
소금	–	1.5~2.5	–	2
설탕	–	0~8	–	5
쇼트닝	–	0~5	–	4
탈지분유	–	0~6	–	3

※ 스펀지 물의 양=스펀지 밀가루×55%=80×0.55=44[%]

※ 도 물의 양=전체 물-스펀지의 물=64-44=20[%] (단, 전체 물의 양이 64%인 경우)

(2) 제조공정

순서	제조 공정	내 용
1	재료 준비	재료 계량(스펀지용과 도용을 분리)
2	스펀지 믹싱	·믹서성능과 밀가루 성질에 따라 4~6분 ·온도 24℃
3	1차 발효	·스펀지 발효(온도 27℃,상대습도 75~80%) ·부피 3.5~4배
4	도 믹싱	·발효된 스펀지+도 재료→ 믹싱 ·글루텐 발달 ·온도 27℃
5	플로어 타임	·2차 믹싱 후 중간발효 10~40분 ·스펀지 밀가루↑→ 시간 단축
6	성형	·분할 및 둥글리기 ·중간발효 ·모양 만들기(정형)
7	팬에 넣기	·팬 기름칠 ·정형된 반죽 넣기
8	2차 발효	·온도 35~43℃, 상대습도 85~90% ·상태로 판단
9	굽기	·제품, 반죽양에 따라 온도와 시간 조정 ·큰 제품→ 저온 장시간
10	냉각 → 포장	

(3) 장·단점(스트레이트법 대비)

장 점	단 점
·작업공정이 길어 융통성이 있음 ·잘못된 공정을 수정할 수 있음 ·발효향이 풍부 ·저장성 연장 및 부피 증대	·발효 손실 증가 ·시설, 노동력, 장소의 증가

16. 액체 발효법(brew/broth method)의 제빵법

스펀지의 결점을 보완하기 위하여 액종(液種)을 만들어 사용하는 제빵법으로
단백질 함량이 적은 밀가루로 빵을 만들 때 권장되고 있다.

(1) 배합표

재료	액종(%)	본반죽(%)	비 고
물	30	25~35	본반죽 액체=액종+본반죽의 물
이스트	2~3	–	
설탕	3~4	2~5	
이스트 푸드	0.1~0.5	–	이스트 푸드 이외에 산화제로
탈지분유	0~4	–	유산칼슘, 인산칼슘, 비타민C 등을 사용하기도 한다
소금	–	1.5~2.5	
밀가루	–	100	
유지	–	3~6	스펀지법의 스펀지, 사워 도법의 사워와 유사한 제빵법
액종	–	35	

(2) 제조공정

순서	제조 공정	내 용
1	재료 준비	재료를 액종용과 본반죽용으로 나누어 계량
2	액종 발효	· 재료를 섞어 30℃에서 2~3시간 발효→ 액체 발효종 · 분유와 완충제(탄산칼슘, 염화암모늄)→ pH의 하강 지연 · 액종 발효점 pH 4.2~5.0
3	본반죽 믹싱	· 액종+본반죽 재료→ 스펀지 · 도보다 25~30% 증가 · 온도 28~32℃(반죽량이 많으면 낮은 온도)
4	플로어 타임	15분 정도
5	성형	· 이후의 공정은 스트레이트 · 도법과 같음 · 분할→ 둥글리기→ 중간 발효→ 정형(가스빼기-접기-말기)
6	패닝	팬에 넣기
7	2차 발효	· 온도 35~43℃, 상대습도 85~95% · 상태로 판단
8	굽기-냉각	스트레이트법과 동일

(3) 장·단점(스펀지·도법 대비)

장 점	단 점
· 액종 발효를 대량으로 제조 가능 · 발효 손실 감소 · 생산에 대한 장소와 설비 감소 · 발효 내구력이 약한 밀가루 사용 가능	· 산화제 사용 · 경우에 따라 소포제 사용

17. 연속식 제빵법(continuous dough mixing system)

액종을 사용하여 계속적이고 자동적으로 빵을 제조하는 제빵법이다.

(1) 배합표

재료	전체(%)	액종(%)	비 고
밀가루	100	5~70	액종용 외의 밀가루=급송장치→ 예비혼합기
물	60~70	60~70	전량을 액종에 사용
이스트	2.25~3.35	2.25~3.35	
탈지분유	1~4	1~4	전량을 액종에 사용→ 완충제 역할
설탕	4~10	–	예비혼합기에 투입
이스트 푸드	0~0.5	(0~0.5)	· 주로 산화제 용액탱크
인산칼슘	0.1~0.5	(0.1~0.5)	· 액종에도 가능
브롬산칼륨	50ppm	(50ppm)	
쇼트닝	3~4	–	쇼트닝 조온기구→ 예비혼합기
영양강화제	1정	–	밀가루 1파운드당 1정

(2) 제조공정

순서	제조 공정	내 용	비 고
1	재료 준비	액종용과 공정별 분리	–
2	액종 발효	액종 온도 30℃ 발효	열교환기→ 예비혼합기
3	열교환기	액종의 온도를 유지	
4	산화제 용액탱크	이스트 푸드 산화제 용해	→ 예비혼합기(premixer)
5	쇼트닝 조온기	디벨로퍼 반죽온도 41℃	
6	밀가루 급송장치	액종용 이외의 밀가루	

7	예비혼합기	액종+다른 모든 재료	→ 디벨로퍼(developer)
8	디벨로퍼	· 3~4기압에서 30~60분간 반죽을 발전=사출기 · 기계적 교반과 산화제	→ 분할기
9	분할~패닝	분할과 동시 팬에 넣기	→ 2차 발효실
10	2차 발효	스트레이트법과 동일	→ 2차 발효
11	굽기		→ 굽기
12	냉각→포장		→ 냉각

(3) 장·단점

장 점	단 점
· 설비 감소 ①믹서 ②발효실 ③분할기 ④성형기 ⑤중간 발효기 ⑥콘베이어 등의 설비가 불필요 · 공장면적의 감소(일반 공장의 1/3 정도로 충분) · 인력 감소(대량 생산 시 대폭 감소) · 발효 손실 감소(일반 1.2%→연속식 0.8%)	· 최초의 설비투자가 많음 · 다양한 제품 생산이 어려움

18. 비상 반죽법(emergency dough method)

발효를 촉진하는 조치를 취하여 제조시간을 단축하는 제빵법이다.
① 기계 고장 등 비상상황
② 계획된 작업에 차질이 생길 때
③ 바쁜 주문에 맞추어 빨리 만들어야 하는 경우에 유용하게 사용되고 있다.

(1) 표준 스트레이트법→ 비상 스트레이트법

1) 조치사항

구분	조 치	내 용
필수적 조치	이스트→ 50%로 증가	발효를 촉진
	반죽온도→ 30℃로 상승	발효를 촉진
	흡수율→ 1% 증가	반죽의 되기와 반죽 발달을 조절
	설탕→ 1% 감소	짧은 발효→ 잔류당 증가→ 진한 껍질색
	믹싱 시간→ 20~25% 증가	반죽의 기계적 발달→ 글루텐 숙성 보완
	1차발효 시간→ 15분 이상	2시간→ 15분으로 공정 단축
선택적 조치	소금→ 1.75% 까지 감소	삼투압에 의한 이스트 활동 저해 감소
	탈지분유→ 1% 감소	분유는 완충제 역할로 발효를 지연하므로 감소
	이스트 푸드→ 0.5%로 증가	이스트의 활동을 증진→ 발효 촉진
	식초나 젖산→ 0.5% 첨가	짧은 발효→ pH 하강 부족→ 산 첨가

2) 배합표 조정

· 두꺼운 글씨는 필수적인 조치, ( )는 선택적인 조치
· 믹싱 시간은 약 25% 증가
· 믹싱 후 반죽온도 30℃로 상승
· 1차 발효를 30분 이내로 감소
· 분할→ 둥글리기→ 중간발효→ 정형(밀어 펴기+모양 만들기)→ 팬에 넣기→ 2차 발효→ 굽기

재료	스트레이트법	비상 스트레이트법	
	%	%	조치
밀가루	100	100	
물	62	63	※1%증가→62+1=63
이스트	3	4.5	※50%증가→3×1.5=4.5
이스트푸드	0.2	0.2(0.3)	( )는 선택적 조치
설탕	5	4	※1%감소→5-1=4
쇼트닝	4	4	
탈지분유	3	3(2)	
소금	2	2(1.75)	
식초	0	0(0.5)	
믹싱시간	16분	20분	※25%증가→16×1.25=20
반죽온도	27℃	30℃	※30℃로 상승
제1차 발효	2시간	15분 이상	※15~30분

(2) 스트레이트법→비상 스펀지 · 도법

1) 필수적 조치사항

조치사항	내 용
밀가루	스펀지에 80%, 본반죽에 20%를 사용
물	· 스트레이트법에 사용하는 양-1%=63-1=62[%] · 전량을 스펀지에 사용
이스트	50%증가 사용
설탕	전체 양에서 1%를 감소하여 본반죽(도)에 사용
스펀지 반죽온도	일반 스펀지 반죽온도 24℃→ 30℃로 상승
본반죽 믹싱시간	도 믹싱을 25% 증가→ 16분×1.25=20분
스펀지 발효시간	통상 4시간→ 최소 30분 이상으로 단축

2) 배합표

스트레이트 · 도법		구분	비상 스펀지 · 도법		
재료	%		재료	%	
강력분	100	스펀지	강력분	80	※스펀지에 80%사용
물	63		물	63	※변화없음, 전량 스펀지에
이스트	2		이스트	3	※1.5배→2×1.5=3
이스트푸드	0.2		이스트푸드	0.2(0.3)	( )는 선택적 조치
		도	강력분	20	
			물	0	
설탕	5		설탕	4	※1%감소→5-1=4
쇼트닝	4		쇼트닝	4	
소금	2		소금	2(1.75)	
			젖산	0(0.5)	
믹싱시간	16분		*스펀지 믹싱=50%증가 *본반죽 믹싱=20~25% 증가		
			20분		25%증가=16×1.25=20
반죽온도	27℃		30℃		※스펀지와 도 공통
발효시간	2시간		스펀지=30분 이상		본반죽 믹싱 후 플로어 타임

3) 제조공정

순서	제조 공정	내　용
1	재료 준비	스펀지용과 도용으로 분리하여 계량
2	스펀지 믹싱	· 스펀지 재료+물 전체= 5~6분 믹싱 · 온도 30℃
3	스펀지 발효	온도 30℃, 상대습도 75~80%에서 30~50분간 발효
4	본반죽 믹싱	스펀지+본반죽 재료→ 저속→ 중속으로 15분간 믹싱
5	플로어 타임	믹싱이 끝나고 약 20분간 중간발효
6	성형	분할→ 둥글리기→ 중간발효→ 정형(밀어 펴기, 성형)
7	팬에 넣기	일반 빵과 같은 공정
8	2차 발효	
9	굽기→ 냉각	

19. 노타임 반죽법(no time dough method)

산화제와 환원제를 사용하여 1차 발효를 생략하거나 단축하는 제빵법으로 발효내구력이 적은 밀가루(약한 강력분)로 빵을 만드는데 유용하다.

(1) 스트레이트법 → 노타임법으로 전환

구분	항목	조치	내　용
재료	설탕	1%를 감소	짧은 발효로 잔류당 증가
	물	1% 감소	산화제 증가 시 흡수율 증가(예외)
	이스트	0.5~1%를 증가	· 짧은 발효를 보상 · 2%→ 3%
	산화제	30~50ppm	새로운 재료
	환원제	10~70ppm	
공정	믹싱	믹싱을 25% 단축	환원제 사용으로 글루텐을 약화
	반죽온도	27℃→ 30℃	발효 촉진
	발효시간	2시간→ 0~45분	1차 발효는 무발효도 가능
	2차 발효	표준과 같음	시간보다는 상태로 판단
	굽기	표준과 같음	－

(2) 산화제

· 반죽 중의 단백질을 구성하는 –SH기(基)를 –SS–기로 전환→ 단백질 구조를 강화

　→ 반죽의 가스 포집력을 증가→ 부피 증가

· 기공과 조직에도 생동감을 부여, 제품의 균형도 양호

· 브롬산칼륨($KBrO_3$)→ 지효성(遲效性), 요오드칼륨(KIO_3)→속효성(速效性)

· 이스트 푸드의 산화제 성분→ 반죽 조절제 역할

(3) 환원제

· 반죽 단백질의 –SS–결합을 끊어 글루텐을 약화→ 믹싱시간을 25% 단축

· L-cystein(엘 시스테인)을 10~70ppm 사용

· 프로테아제(protease)는 단백질 분해효소로 믹싱 중에는 영향이 없고 2차 발효 중에 일부 작용

(4) 기타 제빵법

1) 재반죽법(remixed straight)

1단계 믹싱–발효+재반죽 용 물→ 재믹싱

2) 찰리우드법(Charley wood)

고속 믹싱으로 반죽의 기계적 발달을 유도

3) 침지법(soaker process)

밀가루를 물에 풀어서 침지시켰다가 믹싱

4) 냉동반죽(frozen dough)

반죽을 급속 냉동시켜서 활용하는 방법

20. 빵 반죽의 믹싱 단계(mixing stage of dough)

(1) 믹싱의 목적

· 밀가루를 비롯한 재료들을 물과 균일하게 혼합
· 밀 단백질 중 불용성 단백질이 물과 결합하여 **글루텐**을 형성시킨다.
· 밀가루 전분에 물을 흡수시키는 수화작용(水化作用)을 한다.

(2) 믹싱 단계

1) 혼합 단계(pick-up stage)
- 모든 재료를 넣고 **저속**으로 1~2분 믹싱
- 재료가 혼합되고 수분이 흡수되는 단계
- 수화(水化)를 빠르게 하기 위하여 유지를 후에 첨가

2) 청결 단계(clean-up stage)
- 중속 또는 고속으로 믹싱
- 반죽이 한 덩어리로 뭉쳐 볼 내면이 깨끗해지는 단계
- 수화가 거의 완료되고 반죽이 다소 건조해진다.
- **후염법(後鹽法)** 적용시기
  ※후염법이란?
  글루텐의 발전을 지연시키는 소금을 처음에 넣지 않고 청결단계가 끝날 때 첨가하는 방법

3) 발전 단계(development stage)
- 중속 또는 고속으로 믹싱
- 반죽이 건조해지고 매끈한 상태로 되는 단계
- 글루텐의 형성이 가장 많은 과정
- **탄력성**이 가장 큰 상태→ 믹서에 들어가는 전기 부하가 가장 크다.
- 성형 작업이 많은 빵 반죽의 믹싱 단계

4) 최종 단계(final stage)
- 중속 또는 고속으로 믹싱
- 믹서 볼에 반죽이 부딪히는 소리가 발전 단계보다 약하며, 반죽이 부드럽고 윤기가 생긴다.
- 발전 단계보다 탄력성이 감소하고 신장성이 증가→ 반죽을 잡아 늘리면 깨끗한 **글루텐 막(膜)**이 형성
- 탄력성과 신장성의 합계가 최대→ 식빵류의 최적 믹싱 상태

5) 지친 단계(let down stage)
- 최종 단계에서 믹싱을 계속한 상태
- 글루텐 구조가 약해져서 탄력성을 상실하기 시작
- 반죽이 질어지고 느슨해지면서 끈적거린다.
- 틀을 사용하는 햄버거 번 등의 믹싱 단계

6) 파괴 단계(break down stage)
- 최종 단계를 지나서 믹싱을 계속한 상태
- **글루텐**이 **파괴**되어 탄력성과 신장성을 상실
- 반죽이 힘이 없어 늘어지고 쉽게 찢어진다.
- 일반적으로 빵을 만들기에 아주 부적절한 상태

21. 빵 반죽의 흡수율과 수화 정도

(1) 흡수에 영향을 주는 요인

요 인	내 용
밀가루 단백질	· 질과 양이 양호→ 흡수 증가 · 숙성이 적당→ 흡수 증가 · **단백질 1% 증가→ 흡수율은 약 1.5% 증가**
반죽온도	· **온도 ±5℃→ 흡수율(干) 3%**(적정 범위 내) · 반죽 온도가 높으면 흡수율 감소
탈지분유	· 사용량 증가→ 흡수율 증가 · 탈지분유 1% 증가 → 흡수율 1% 증가
물의 종류	· 연수는 글루텐이 약해져서 흡수량 감소 · 따라서 흡수율은 **경수 〉 연수** · **아경수**(120ppm 이상~180ppm 미만)가 적당
설탕	· **설탕 5% 증가 → 흡수율 1% 감소** · 설탕이 증가하면 상대적으로 밀가루 비율이 감소
손상전분 함량	· 손상전분(damaged starch)이 증가 → 흡수율 증가 · **손상전분 1% 증가 → 흡수율 2% 증가**
유화제, 산화제	· 유화제는 물과 기름의 결합을 기능하게 함→ 흡수율 증가 · 산화제는 믹싱시간 연장 · 환원제는 믹싱시간 단축(노타임법)
소금의 투입시기	· 소금과 유지는 반죽의 수화를 지연 · 청결 단계 이후에 첨가(후염법)→ 흡수가 다소 증가 · 후염법 사용은 믹싱시간을 약 20%정도 단축
제법과 제품 특성	· 제법은 발효 시간의 장·단, 비상법 등에 따라 상이(相異) · 수분 함량이 다른 완제품 빵의 특성에 따라 흡수율 상이

(2) 수화 정도가 미치는 영향

항 목	수화 부족	수화 과다
제조 공정	분할 및 둥글리기가 불편	성형 불편 덧가루 사용 증가
수율	낮아진다	전체 무게는 증가
부피	작아진다(신전성 부족)	단위 무게 당 부피는 감소
외형의 균형	나빠진다(정형 융통성↓)	나빠진다(변형되기 쉽다)
제품의 수분	낮다(반죽 중 수분이 낮다)	높다(38% 이상이 가능)
제품의 단점	빵 속이 건조 노화가 빠르다	무겁고 축축하고 두꺼운 기공 옆면이 들어가는 결점(구조 불안)

22. 빵 반죽의 온도 조절

(1) 스트레이트법

실내온도	25℃	밀가루온도	25℃
수돗물온도	20℃	반죽결과온도	32℃
희망온도	27℃	물 사용량	1,000g

1) 마찰계수 구하기

결과온도×3-(실온+밀가루온도+수돗물온도)

=32×3-(25+25+20)=96-70=**26[℃]**

2) 사용수 온도 구하기

=희망온도×3-(실온+밀가루 온도+마찰계수)

=27×3-(25+25+26)=81-76=**5[℃]**

3) 얼음 사용량 구하기

$$= \frac{물\ 사용량 \times (수돗물온도 - 사용수온도)}{80 + 수돗물온도}$$

={1,000×(20-5)}÷(80+20)=15,000÷100=**150[g]**

∴ 얼음=150g, 물=1,000-150=850[g]

(2) 스펀지 · 도법

실내온도	25℃	밀가루온도	25℃
수돗물온도	20℃	반죽결과온도	32℃
희망온도	27℃	스펀지온도	24℃
물 사용량		1,000g	

1) 마찰계수 구하기

결과온도×4-(실내온도+밀가루온도+수돗물온도+스펀지온도)

=32×4-(25+25+20+24)=128-94=**34[℃]**

2) 사용수 온도 구하기

=희망온도×4-(실내온도+밀가루온도+스펀지온도+마찰계수)

=27×4-(25+25+24+34)=108-108[℃]=**0[℃]**

3) 얼음 사용량 구하기

$$= \frac{\text{물 사용량} \times (\text{수돗물온도} - \text{사용수 온도})}{80 + \text{수돗물온도}}$$

$$= \{1,000 \times (20-0)\} \div (80+20) = 20,000 \div 100 = \mathbf{200[g]}$$

∴ 얼음=200g, 물=800g을 사용하면 27℃의 반죽온도가 가능하다.

〈연습문제〉

스펀지 · 도법에서 다음과 같은 조건일 때 도 반죽의 얼음 사용량은?

실내온도	25℃	밀가루온도	26℃
수돗물온도	18℃	반죽결과온도	31℃
스펀지온도	24℃	희망온도	26℃
물 사용량		1,260g	

가. 160g   나. 200g   다. 257g   라. 372g

해설	마찰계수=31×4-(25+26+18+24)=124-93=31 사용수 온도=26×4-(25+26+24+31)=104-106=-2[℃] 얼음 사용량=[1,260×{18-(-2)}]÷(80+18)=25,200÷98≒257.14→**257[g]**

───── 해 답 ───

1.다

23. 빵의 1차 발효

(1) 발효의 목적

1) 반죽의 팽창작용

· $C_6H_{12}O_6 \rightarrow 2CO_2 + 2C_2H_5OH + 66cal$

· 이산화탄소는 반죽을 팽창

· 부드러운 제품을 만들어 노화도 지연

2) 향의 발달

· 사용한 재료의 향
· 발효 중 생성되는 알코올, 유기산, 에스텔, 알데히드 등 방향성 물질 생성→ 빵 특유의 향

3) 반죽 숙성작용

· 발효 중 생성되는 유기산(有機酸)→ pH 하강(산성화)
· 글루텐의 산성화→ 글루텐의 강화와 생화학적 발전→ 신장성이 좋은 구조 형성
　→ 가스의 포집과 보유능력 증대→ 팽창과 성형 시 취급을 용이하게 함
· 이스트에 있는 효소에 의하여 반죽의 유연성 증대

(2) 발효 중 일어나는 생화학적 변화

물질	효소	생성물	비　고
전분	알파-아밀라아제	덱스트린	전분과 맥아당의 중간산물
전분 덱스트린	베타-아밀라아제	맥아당	· 발효성 당을 생성 · 껍질색 개선
맥아당	말타아제 (이스트에 있음)	포도당+포도당	치마아제(이스트에 있음)에 의해 → 알코올, 이산화탄소
설탕	인베르타아제 (이스트에 있음)	포도당+과당	
분유	락타아제 (이스트에 없음)	포도당 +갈락토오스	· 이스트에 **없음** · 잔류당→껍질색을 진하게
단백질	프로테아제	아미노산	오븐에서 환원당과 반응→ 마이야르 반응→ 갈변

(3) 발효 상태의 확인

점검 항목	내　용
스펀지의 발효	· 스펀지 온도 23~26℃(24℃) · 부피 4~5배 · 발효실의 온도 27℃, 발효실의 습도 75~80%
본반죽(도)의 발효	· 도 온도 27℃, 습도 75~80% · 부피 3배
상태	· 반죽 표면에 손가락 눌르기→ 자국이 남는지 점검 · 발효반죽 내부의 **직물구조**(織物構造) 확인 · 적정발효-부드럽고 건조하며 유연하고 잘 늘어난다

(4) 발효에 영향을 주는 요소

1) 이스트
- 이스트의 양과 발효시간은 반비례

- 변경할 이스트 양 $= \dfrac{\text{정상 이스트 양} \times \text{정상 발효시간}}{\text{변경할 발효시간}}$

- 이스트의 형태
  ① 가스 발생의 완급, 지속적인 것
  ② 저당용(低糖用), 고당용(高糖用)

2) 반죽온도
- 정상 범위 내 0.5℃ 상승→ 발효시간 15분 단축
- 온도가 낮으면 발효가 지연→ 발효시간 연장

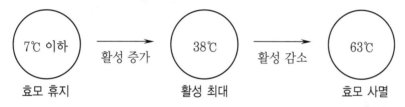

7℃ 이하 ──활성 증가──→ 38℃ ──활성 감소──→ 63℃

효모 휴지   활성 최대   효모 사멸

3) 반죽pH
- 반죽 중의 초산균, 유산균은 초산과 유산(乳酸) 생성
- 발효산물인 알코올→ 유기산으로 전환→ pH 하강
- 글루텐 단백질의 등전점은 pH 4.9근처→ 가스 보유력이 최대(pH 7 이상에서 급격히 감소)
- 완제품 식빵의 pH

pH 6.0	어린 반죽으로 만든 빵(발효 부족)
pH 5.7	정상 반죽으로 만든 빵
pH 5.0	지친 반죽으로 만든 빵(발효 과다)

4) 이스트 푸드
- 황산암모늄 등은 이스트에 필요한 질소를 공급→ 이스트의 활력→ 발효 촉진
- 산화제는 반죽의 단백질을 산화형태→ 탄력성과 신장성 증대→ 가스를 함유하는 능력을 증대

5) 삼투압
- 무기염류, 당, 가용성 물질→ 삼투압을 높임
- 설탕 5% 이상→ 이스트의 작용에 저해요인으로 시작

· 소금 1% 이상→ 이스트 작용을 저해하기 시작

· 소금 1.5% 사용→ 가스압력(929mmHg)

· 소금 2.5% 사용→ 가스압력(753mmHg)→ 가스 감소

· 스펀지 중 알코올 3%→ 발효활동을 20% 정도 감소

6) 탄수화물, 효소

· 이스트는 탄수화물을 이용하여 발효→ 당 생성

· 적정 탄수화물과 효소가 공존하여 발효를 촉진

· 당과 이스트의 가스 발생력은 5%까지는 비례적

· 발효성 탄수화물(단당류)→ 치마아제→ CO_2+알코올

(5) 발효관리

1) 목적

① 가스 생산과 보유능력 극대화

이스트 발효에 의해 발생하는 가스를 최대로 보유할 수 있는 반죽을 만든다.

② 제품성 개선

양호한 기공, 조직, 껍질색, 부피를 지향

2) 발효 상태

① 부피 증가

반죽 180# 부피	2차 발효 종료 시
3.5 cuft(1)	17.5 cuft(5)

② 설탕

· 밀가루의 3.5% 설탕이 발효에 이용

· 나머지 설탕은 잔류당→ 껍질색과 향

③ 직물구조

· 발효 부족→ 무겁고 조밀하며 저항성 부족

· 적정 발효→ 부드럽고 건조, 유연하게 신장

· 발효 과다→ 거칠고 탄력이 적고 축축함

3) 발효실 관리

① 스펀지 발효

· 발효실은 24~27℃, 습도 75~80% 유지

· 온도 상승이 5.6℃가 넘지 않도록 조치

② 본반죽(도) 또는 스트레이트

· 온도 26~28℃, 상대습도 75~80%

· 소금, 설탕, 분유 등 이스트 활동의 저해 재료→스펀지보다 다소 높은 온도

4) 발효 손실

① 원인

발효 중 수분 증발과 탄수화물의 발효

② 손실량

일반적인 발효 1~2%(범위 0.5~4%)

③ 손실 요인

· 반죽 온도가 높으면 손실도 많다. (범위 내)

· 발효시간 증가→손실 증가

· 배합율에서 소금과 설탕이 많으면 손실 감소

· 발효실의 온도가 높고 습도가 낮으면 손실이 많다.

〈연습문제〉

다음은 손실 계산에 관한 문제이다.

1. 배합율 180%, 밀가루 1,500g, 발효 손실 1.5%인 경우 분할 무게는?

재료 무게$=1,500 \times 1.8 = 2,700$[g]

분할 무게$=2,700 \times (1-0.015) = 2,659.5$[g]

2. 분할 무게 600g인 제품 100개 생산, 발효 손실 2%, 배합율 180%인 경우 밀가루의 무게는?

분할 무게$=600 \times 100 = 60,000$[g]

재료 무게$=60,000 \div 0.98 \fallingdotseq 61,224.49$[g]

밀가루 무게$=61,224.49 \div 1.8 \fallingdotseq 34,013.6 \rightarrow$1g미만 올림$\rightarrow 34,014$[g]

───── 해 답 ─────────────────────────────

1. 2,659.5[g]   2. 34,014[g]

24. 빵의 성형(make-up)

1차 발효 후의 분할→ 둥글리기→ 중간발효→ 정형→ 팬에 넣기 과정을 말한다.

(1) 분할(dividing)

1) 의미
제품제조에 필요한 중량으로 반죽을 나누는 공정

2) 분할기(divider)
포켓에 들어가는 부피에 의해 분할하는 기계
시간이 경과→ 반죽 부피 증가→ 무게 편차 유발→ 식빵 20분 이내, 과자빵 30분 이내로 분할

3) 수작업
소규모 작업인 경우
여건에 유연하게 대처 가능

(2) 둥글리기(rounding)

1) 목적
① 분할로 흐트러진 글루텐의 구조를 정돈
② 연속된 표피를 형성→ 끈적거림 제거
③ 중간발효 중 생성되는 가스를 보유할 능력 보유
④ 형태를 균일화, 가스 포집→ 정형을 쉽게 함

2) 방법
둥글리기 기계(**환목기**, rounder)를 사용하거나 수작업

3) 덧가루를 과다 사용할 경우
① 제품에 줄무늬
② 이음매 봉합을 방해

(3) 중간 발효(intermediate proof)

1) 의미
정형 공정에 들어가기까지 휴식 또는 발효시키는 공정
→ 벤치 타임(bench time), **중간 발효(intermediate proof)**, 오버 헤드 프루프(over head proof) 등

2) 목적
① 글루텐 조직의 재정돈
② 발생되는 가스를 함유→ 반죽의 유연성 회복

③ 탄력성, 신장성 확보→ 밀어 펴기와 정형이 용이

3) 관리
① 온도 27~29℃
② 습도 75%
③ 시간 5~20분(15분)
④ 낮은 습도인 경우
　껍질 형성→ 빵 속에 딱딱한 내용물을 만들기 쉽다.
⑤ 높은 습도인 경우
　끈적거리는 표피→ 많은 양의 덧가루 필요

(4) 정형(moulding)

1) 밀어 펴기(sheeting)
① 매끄러운 면이 밑면이 되도록 하고 점차 얇게 밀어 편다.
② 밀어 펴기 공정(기계 또는 수작업) → 가스빼기
③ 기계를 이용하는 경우
　roller(sheeter) → moulder(정형기)

2) 말기(folding)
밀어 편 반죽을 만들려고 하는 모양으로 만드는 공정

3) 이음매 봉하기
이음매가 벌어지지 않게 단단하게 봉합

4) 기계인 경우
압착판을 통과하고 말기 공정을 거친다.

(5) 팬에 넣기(panning)

1) 팬의 온도
49℃ 이하(적정온도 32℃)

2) 팬 기름
① **발연점(發燃點)**이 높은 기름을 적정량만 사용
② 산패(酸敗)에 강한 기름을 사용→ 나쁜 냄새를 방지
③ 사용량은 반죽 무게에 대하여 0.1~0.2%
④ 과소→ 반죽이 팬에 붙어 표피가 불량하고 빼기가 곤란하다.
⑤ 과다→ 밑 껍질이 두껍고 어두우며 옆면이 약하게 된다.

3) 코팅 팬

① 테프론, 실리콘 코팅
② 반영구적으로 팬 기름의 사용량 감소

4) 팬 필요량

같은 품목을 연속적으로 생산할 경우,

2차 발효실	오븐	팬 넣기, 냉각	합계
2세트	1세트	3~5세트	6~8세트

5) 팬의 비용적(cc/g)

팬의 형태	미국	일본
윗면개방형(산모양)	3.35~3.47	3.15~3.35
풀면형(샌드위치용)	3.47~4.00	3.33~3.89

※ 미국이 더 큰 부피를 선호

6) 바닥면적, 윗면적 활용

규정된 팬을 사용할 경우,

> 바닥면적당 분할 무게=2.4g/㎠
> 윗면적당 분할 무게=2.03g/㎠

〈연습문제〉

1. 팬의 바닥 치수가 가로=20cm, 세로=10cm인 경우, 적정한 빵 반죽의 분할 무게는?
   $2.4g \times (20 \times 10) = 480g$

2. 팬의 윗면 치수가 가로=22cm, 세로=11cm인 경우, 적정한 빵 반죽의 분할 무게는?
   $2.03g \times (22 \times 11) = 491.26g$

해 답

1. 480g   2. 491.26g

---

7) 식빵 팬의 간격

복사열을 감안(반죽량에 따라 차이)

반죽 무게	1파운드	1.5파운드	3파운드
팬의 간격	1.8cm	2.4cm	4.0cm

8) 패닝 방법

① 직접 패닝
  정형기에서 나온 반죽을 직접 팬에 넣음
② 교차 패닝
  반죽을 길게 늘려 U자, N자, M자형으로 넣음
③ 트위스트 패닝
  반죽을 2~3개 꼬아서 넣음(버라이어티)
④ 스파이럴 패닝
  스파이럴 몰더에서 정형된 반죽을 팬에 넣음
⑤ 이음매
  팬의 바닥에 닿도록 패닝→ 발효 중이나 굽기 중에 벌어지는 현상을 방지
⑥ 팬의 크기와 무게에 맞는 팬을 사용(균일한 간격)

25. 빵의 2차 발효(proof)

바람직한 외형과 식감을 얻기 위하여 글루텐 숙성과 팽창을 도모하는 과정

(1) 목적

1) 온도와 습도 조절→ 이스트의 발효작용 왕성→ 빵 팽창에 충분한 CO_2가스를 생산

2) 반죽의 가스 보유력 증대

① 성형 공정을 거치는 동안 흐트러진 글루텐 조직을 정돈
② 유기산 생성→ 반죽의 pH 하강→ 탄력성×신장성 증대
③ 가스 보유력 양호→ 오븐 팽창이 양호→ **부피 팽창**

3) 향의 발달

발효산물인 유기산, 알코올, 방향성 물질의 생성

(2) 온도

1) 제품에 따라 33~54℃(일반적으로 35~38℃)

제품	온도(℃)	설명
일반 빵	38~40	반죽온도 보다 고온
하스 브레드	32	프랑스빵, 독일빵
데니시 페이스트리, 크루아상	30~35	유지가 많은 제품(브리오슈)
빵 도넛	37~54	수작업(37~43℃), 기계(고온)

2) 2차 발효실 온도 ≥ 반죽 온도

※ 반죽온도 : 일반 빵(27~29℃), 연속식 제빵법(39~43℃)

3) 발효온도에 영향을 주는 요인

① 배합율
② 밀가루의 질
③ 산화제와 개량제
④ 유지 특성
⑤ 믹싱 상태
⑥ 발효 상태
⑦ 성형 상태
⑧ 제품의 특성

(3) 상대습도

1) 습도 범위 65~95%(보통 75~90%)

모양 유지가 필요한 제품, 튀김 제품 등은 저습도

2) 습도의 과부족 현상

습도가 너무 낮은 경우	습도가 너무 높은 경우
· 표피 건조→ 마른껍질 형성→ 팽창 저해→ 부피 감소 · 껍질색 불량 · 터지는 윗면	· 반점이나 줄무늬 · 껍질에 수포 · 질긴 껍질 · 윗면이 평평해질 우려

(4) 시간

1) 발효 종점
① 부피로 판단(완제품의 70~80%, 반죽의 3~4배)
② 손가락으로 눌렀을 때 자국이 남는 정도

2) 발효의 과부족 현상(제품의 특성에 따라 발효 정도에 차이가 있다.)

발효 부족	발효 과다
· 미발효 잔류당→ 진한 껍질색 · 글루텐 신장성 부족→ 부피↓ · 윗면이 거북이 등처럼 구열 · 옆면은 터지기 쉽다	· 잔류당 감소→ 여린 껍질색 · 벌집 기공→ 내상이 불량 · 유기산의 과다 생성→ 신 냄새 · 과도한 오븐 팽창→ 추락 · 약한 세포벽→ 노화촉진 가능

26. 빵 굽기(baking)

반죽에 열을 가하여 가볍고 소화가 잘되는 빵 제품을 만드는 최종의 공정

(1) 굽기 중의 변화

1) 오븐 팽창
① 발효된 반죽 크기의 1/3 정도가 급격히 팽창(5~8분)
② 오븐 열에 의해 반죽 내에 **가스압**과 **증기압**을 발달
③ 반죽온도에 따른 변화
  · 49℃
    반죽 내 물에 있는 **CO_2가스**의 용해도 감소→ 여분의 탄산가스가 반죽으로 방출→ 가스압 상승
  · 79℃
    알코올 증발, 비점(沸點)이 낮은 액체의 증발→ 수증기압 상승→ 팽창
  · 살아있는 이스트 세포는 63℃에서 사멸하지만 아밀라아제는 79℃까지도 활성
    → 가스 생산에 관여→ 팽창
  · 오븐 팽창에 영향을 주는 가스

가스의 종류	비율
온도 상승에 의한 반죽 내 가스의 팽창	57%
반죽 액체에 녹아있던 이산화탄소의 방출	39%
이스트의 효소에 의한 지속적 발효	4%

2) 전분의 호화

① 전분 입자
- 40℃에서 팽윤 시작
- 56~60℃에서 호화 시작
- 70℃에서 반죽 중의 유리수와 단백질의 수분 흡수→ 호화 완성

② 빵에 따른 호화시간
- 프랑스빵
  내부온도 99℃ 도달시간이 8분+이후 20분 필요
- 식빵
  내부온도 99℃ 도달시간이 20분+이후 10분 필요

③ 빵의 외부층 전분
  내부보다 고온에 장시간 노출→ 호화↑

3) 글루텐의 응고

- 글루텐 단백질은 전분 입자를 함유한 세포간질을 형성
- 60~70℃에서 열변성→ 물이 호화하는 전분으로 이동
- 74℃ 이상→ 반고형질 구조를 형성→ 공기방울 함유

4) 효소의 활성

- 아밀라아제
  적정 온도 범위 내 10℃ 온도상승→ **활성이 2배**
- 알파-아밀라아제의 변성
  65~95℃(보통 68~83℃에서 불활성)
- 베타-아밀라아제의 변성
  52~72℃에서 서서히 불활성화

5) 껍질색

- 캐러멜화 반응 : 열에 의해 당류가 갈색-흑색으로 변화
- 갈변 반응 또는 마이야르 반응(Maillard Reaction)
  → **환원당**이 **아미노산**과 함께 열에 의해 갈색으로 변화

6) 온도 반응

- 빵 속의 온도가 55℃에서 95℃가 되는데 필요한 시간(분)

굽기(℃)	179	196	213	229	246
시간(분)	9.0	8.5	7.2	7.0	7.4

- 굽기 후 4~10분 사이에 중요한 물리·화학적 변화가 진행

7) 빵 속 세포구조의 형성

· 발효 부족 반죽인 경우
  = 무거운 세포벽, 불규칙한 세포 크기, 큰 기공
· 지친 발효 반죽인 경우
  = 얇은 세포막, 둥글고 열린 세포
· 믹싱 부족 반죽인 경우
  = 발효 부족 반죽과 유사, 거친 세포
· 반죽에 비해 팬이 작은 경우
  = 곱고 조밀하며 무거운 세포를 형성

8) 향의 발달

· 빵 껍질 부위에서 발달한 향→ 빵 속으로 침투→ 빵에 잔류
· 향 물질의 공급원
  ① 재료
  ② 이스트와 박테리아에 의한 발효산물
  ③ 열 반응물질
  ④ 기계적, 생화학적 변화에 의한 물질
· 향을 내는 물질
  ① **알코올류**→ ethanol, isobuthanol, propanol, isoamyl alcohol
  ② **산류**→ 초산, 뷰티르산, 젖산, 이소뷰티르산, 카프린산
  ③ 에스텔류→ ethyl acetate, ethyl lactate, ethyl succinate
  ④ **알데히드류**→ 포름 알데히드, 프로피온 알데히드, 푸르푸랄
  ⑤ 케톤류→ 아세톤, 디아세틸, 말톨, 에틸-n-뷰틸

(2) 오븐

1) 종류

· 형태별 종류
  데크 오븐, 로터리 오븐, 릴 오븐, 터널 오븐, 트레이 오븐, 밴드 오븐, 네트 오븐, 스파이럴 오븐
· 열 급원별 종류
  전기, 가스, 증기(찜기), 숯, 장작, 고주파 오븐

2) 터널 오븐 굽기의 한 예

발효 부족	발효 과다
제1구역	· 총 굽기 시간의 1/4 정도 소요 · 빵 속 온도가 분당 $4.7℃$씩 상승→ $60℃$ · 오븐 팽창
제2구역	· 총 굽기 시간의 1/2 정도 소요 · 빵 속 온도가 분 당 $5.4℃$씩 상승하여 $98~99℃$ 도달
제3구역	· 수분 증발과 단백질의 변성이 완성→ 빵의 구조가 형성
제4구역	· 굽기 시간의 1/4 정도 소요 · 옆면을 안정 · 최종 껍질색을 완성 · 굽기 완성

3) 굽기의 일반원칙
· 고배합, 큰 제품은 저온 장시간 굽기(식빵 반죽무게의 예)

반죽 무게	450g	570g	680g
굽기 시간	18~20분	19~21분	20~22분

반죽 크기	큰 반죽	작은 반죽
굽기 온도	200℃	230℃

· 언더 베이킹
= 고온에서 단시간 굽는 현상(추락 가능)
· 오버 베이킹
= 저온에서 장시간 굽는 현상(노화 촉진)
· 식빵
= 반죽 28g당 약 1분의 굽기 시간이 필요
· 저배합, 하드 롤
= 초기에 수증기, 높은 굽기 온도 필요
· 당 함량이 높은 과자빵, 분유가 많은 빵
= 저온에서 굽기

(3) 굽기의 문제점

문제점	내 용
오븐 열 불충분	· 오븐 자체의 열이 불충분 하거나 너무 많은 반죽 　→ 열 전달이 미흡하고 온도 조절이 어려움 · 부피가 비정상으로 커지고 두꺼운 기공과 거친 조직 · 굽기 손실 증가
높은 오븐 열	· 껍질 형성이 빠르다→ 팽창을 방해→ 부피가 작아짐 · 껍질에 많은 열 흡수→ 진한 색, 부스러지기 쉽다 · 단시간 굽기→ 빵 옆면의 구조형성이 불안정
과도한 증기(蒸氣)	· 오븐팽창 양호→ 부피 증가 · 질긴 껍질과 표피에 수포(水疱)형성 초래 · 고온에서 많은 증기→ 바삭바삭한 껍질(하스 브레드)
부족한 증기	· 표피에 조개껍질 같은 터짐 · 어린 반죽, 강한 밀가루, 건조한 2차 발효의 반죽 현상
높은 압력의 증기	· 반죽 표면에 수분이 응축되는 현상을 방지 · 빵의 부피를 감소
열의 분배 부적절	· 제품별로 오븐 상·하의 온도 균형이 중요 · 바닥 열 부족으로 밑면과 옆면이 약해짐→찌그러지기 쉽다
팬의 간격	· 팬끼리의 간격이 가까우면 열 흡수량이 적어진다 · 반죽 무게당 팬 간격의 예

반죽 무게(g)	450	680
팬 간격(cm)	2	2.5

문제점	내 용
섬광열(閃光熱)	· 굽기 초기에 주로 나타나는 현상 · 과도→ 껍질색이 빨리 나게 됨→ 언더 베이킹 가능→ 껍질색이 고르지 않음

(4) 굽기 손실(baking loss)

① 손실 요인
   · 굽는 온도
   · 굽는 시간
   · 제품의 크기
   · 배합율
   · 증기 분무 여부
   · 팬
② 굽기 손실의 정도
   · 윗면 개방형= 11~12%
   · 풀먼 식빵= 8~10%

〈연습문제〉

총 배합율 180% 중에 수분이 80%이고 굽기 손실이 12%라면 제품의 수분비율은?
(소수 둘째자리까지 구하시오.)

> 해설
> ① 굽기 손실=180%×0.12=21.6%
> ② 제품 중에 남아있는 수분=80−21.6=58.4[%]
> ③ 손실 후 제품=180−21.6=158.4[%]
> ④ 제품의 수분비율=58.4/158.4×100≒**36.87[%]**

―― 해 답 ――

1. 36.87[%]

27. 빵의 노화(老化)

빵 제품(전분질 식품)이 딱딱해지거나 거칠어져서 식감이 악화되는 현상으로
곰팡이나 세균과 같은 미생물에 의한 변질과는 다르다.

(1) 노화 현상

수분 이동

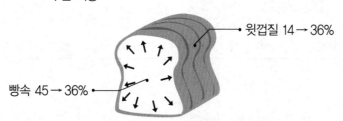

윗껍질 14 → 36%

빵속 45 → 36%

1) 껍질의 노화
① 신선한 빵의 껍질은 바삭바삭하고 특유의 향
② 노화 진행에 따라 껍질이 부드러워지고 질겨지면서 방향 상실
③ 빵 속의 수분이 껍질로 이동하여 빵 속은 건조하고 거칠어진다.

2) 빵 속의 노화
① 수분 상실로 빵 속이 굳어지고 탄력성 감소, 향미 변화
② 알파-전분이 베타-전분 형태로 퇴화

3) 노화의 원인

① 수분의 손실
- 전체 손실
- 부위별 이동(부위별 노화)

② 전분의 퇴화(退化, retrogradation)

(2) 노화 속도

- 시간

최초 1일이 4일간 노화의 1/2 진행(신선도↑ → 노화↑)

- 온도

(3) 배합율

- 밀가루 단백질의 질과 양

  가수율 증가→ 노화 지연

- 펜토산

  수분 흡수율이 높으며 불용성→ 노화속도를 지연

- 유화제와 당류

  수분 보유력 보강

(4) 노화 지연

- 저장 온도는 −18℃ 이하로 냉동 또는 21~35℃(변질에 유의)
- 검증된 유화제 사용과 당류의 증가
- 양질의 재료 사용과 정확한 제조공정의 준수
- 방습포장 재료의 사용
- 흡수율을 증가시키고 제품의 수분 함량을 높인다.

28. 빵의 결점과 원인

결점	원인
작은 부피	이스트 부족, 발효 부족, 발효 과다(추락), 소금 과다, 설탕 과다 팬 기름칠 과다, 분유 과다, 이스트 푸드 부족, 연수·경수 사용, 초기 오븐 온도가 높음, 반죽 분할량이 적음
큰 부피	이스트 과도, 소금 부족, 2차 발효 과다, 느슨한 정형, 낮은 오븐 온도, 팬 기름칠 부족, 반죽 분할량 과다
연한 껍질색	설탕 부족, 1차 발효 과다, 덧가루 과다 사용, 낮은 2차 발효실 습도, 낮은 오븐 윗불 온도, 짧은 굽기 시간, 2차 발효 후 장시간 방치(껍질 형성)
진한 껍질색	설탕 과다, 탈지분유 과다, 높은 2차 발효실 습도, 1차 발효 부족, 높은 오븐 윗불, 긴 굽기 시간
두꺼운 껍질	쇼트닝 과다, 설탕 과다, 오븐의 증기 부족, 낮은 온도의 2차 발효실, 낮은 습도의 2차 발효실, 낮은 오븐 온도, 이스트 푸드 과다, 지친 발효
껍질의 물집	질은 반죽, 발효 부족, 습도가 높은 2차 발효실, 정형기 취급 부주의, 높은 오븐 윗불, 거칠게 취급
터짐성 부족 (break & shred)	오래된 밀가루, 효소제 과다, 낮은 2차 발효실 습도, 연수 사용, 질은 반죽, 발효가 지치거나 부족, 오븐 수증기 부족, 높은 오븐 온도
껍질의 반점	재료의 혼합 미흡, 용해되지 않은 분유, 덧가루 과다, 2차 발효실에서 수분이 응축, 용해되지 않은 설탕
어두운 속색	저급 밀가루(껍질↑), 맥아 과다, 높은 온도의 팬, 지친 반죽, 과다한 팬 기름, 단단한 반죽
빵 속에 줄무늬	된 반죽, 덧가루 과다, 반죽 개량제 과다, 팬 오일 과다, 분할기 오일 과다, 낮은 2차 발효실 습도
기공과 조직불량	경수 사용, 유지 부족, 산화제 부족, 1차 발효 부족, 질거나 된 반죽, 덧가루 사용 과다
껍질색 불량	저율 배합, 효소제 부족, 이스트 푸드 과다, 지친 반죽, 소금 과다, 높은 2차 발효실 온도, 덧가루 과다, 증기가 부족한 오븐
바닥이 움푹 들어감	질은 반죽, 바닥에 수분이 있는 팬, 습도가 높은 2차 발효실, 높은 온도의 팬, 기름을 바르지 않은 팬, 초기의 오븐 온도가 높음(위로 끌려올라감)
옆면이 움푹 들어감	지친 반죽, 팬 기름칠 과다, 오븐 바닥열이 불균일, 2차 발효 과다, 낮은 오븐 밑불, 분할량 부적절
옆면 껍질색 여리다	오븐 내에서 팬의 간격이 좁다, 낮은 오븐 밑불, 팬의 기름칠 불량
곰팡이 발생	불결한 재료, 작업도구의 위생 상태 불량, 굽기 부족, 제조자의 위생 상태 불량, 냉각장치의 불결
예리한 모서리	미숙성 밀가루, 소금 과다, 어린 반죽
질긴 껍질	저율배합, 질이 나쁜 밀가루, 낮은 오븐 온도
빵 속에 구멍	딱딱한 유지, 소금 양 부족, 되거나 질은 반죽, 덧가루 과다, 2차 발효 과다, 낮은 오븐 온도

※ 어린 반죽과 지친 반죽의 비교

항 목	어린 반죽(young dough)	지친 반죽(old dough)
부피(volume)	작다	크다→ 작다
껍질색(color of crust)	어두운 적갈색	밝은 색
브레이크와 슈레드 (break & shred)	적다	거칠다→ 적다
구운 상태 (eveness of bake)	진한 색의 윗면, 옆면, 밑면	여린 색의 윗면, 옆면, 밑면
외형의 균형 (symmetry of form)	예리한 모서리 유리 같은 옆면	둥근 모서리 움푹 들어간 옆면
껍질 특성 (character of crust)	두껍다 질기다 물집 가능성	두껍다 단단하다 부서지기 쉽다
기공(grain)	거칠고 열린 두꺼운 세포	거칠고 열린 얇은 세포
조직(texture)	거칠다	거칠다
속색(color of crumb)	무겁고 어둡다	힘이 없고 어둡다
향(aroma)	약하다	강하다→ 약하다

〈연습문제〉

1. 일반적으로 스트레이트법의 공정이 아닌 것은?
   가. 도 믹싱(dough mixing)
   나. 제1차 발효(fermentation)
   다. 플로어 타임(floor time)
   라. 제2차 발효(proof)

2. 스트레이트법에 대한 스펀지·도법의 장점이 아닌 것은?
   가. 작업 공정의 융통성
   나. 풍부한 발효 향
   다. 제품의 저장성 개선
   라. 발효 손실의 감소

3. 액체 발효에 의한 제빵법에서 액종을 만들 때 사용하는 재료가 아닌 것은?
   가. 밀가루
   나. 물
   다. 이스트
   라. 설탕

4. 70:30의 스펀지·도법에서 플로어 타임이 30분이었다면 80:20의 스펀지·도법 에서의
   플로어 타임으로 적당한 것은?
   가. 10분
   나. 20분
   다. 30분
   라. 40분

5. 연속식 제빵법에서 「믹싱-1차 발효-분할-환목-중간 발효-정형기」의 역할을 하는 공정은?

　가. 열 교환기　　　　나. 예비 혼합기　　　다. 디벨로퍼　　　라. 액체 발효 탱크

6. 스펀지 · 도법에서 스펀지에 밀가루를 많이 사용하는 경우 나타나는 현상에 대한 설명으로 **틀린 항목은 ?**

　가. 스펀지의 발효시간 증가　　　　　나. 본반죽의 발효시간 단축
　다. 본반죽의 믹싱시간 단축　　　　　라. 2차 발효시간의 증가

7. 액종의 발효를 가장 정확하게 판단할 수 있는 조치는?

　가. 시간　　　　　나. 온도　　　　　다. pH　　　　라. 점도

8. 다음의 식빵 제조시설 중 오버 헤드 프루퍼(over head proofer)에 직접 앞과 뒤로 연결되는 시설로 짝지어진 항목은?

　가. 분할기(divider)-환목기(rounder)　　나. 환목기-정형기(moulder)
　다. 정형기-2차 발효실(proofer)　　　　라. 2차 발효실-오븐(oven)

9. 스트레이트법의 배합표를 비상 스트레이트법으로 전환시킬 때 필수적인 조치가 아닌 것은?

　가. 이스트를 1.5배 증가　　　　　나. 반죽온도를 27℃에서 30℃로 상승
　다. 설탕을 1% 감소　　　　　　　라. 탈지분유를 1% 감소

10. 스트레이트법을 비상 스펀지 · 도법으로 전환할 때 스펀지 밀가루는?

　가. 40%　　　　나. 60%　　　　　다. 80%　　　　라. 100%

11. 스트레이트법을 비상 스펀지 · 도법으로 전환할 때 스트레이트법의 물 64%는 어떻게 변하는가?

기호	스펀지	도	계
가.	44	20	64
나.	44	19	63
다.	0	64	64
라.	64	0	63

12. 일반적인 비상 스펀지 · 도법에서 스펀지 믹싱 후의 바람직한 반죽온도는?

　가. 24℃　　　　나. 27℃　　　　다. 30℃　　　　라. 33℃

13. 일반적으로 산화제와 환원제의 2가지를 함께 사용하는 반죽법은?

　가. 노타임법　　　나. 찰리우드법　　　다. 액체 발효법　　　라. 연속식 제빵법

14. 빵의 믹싱 단계 중 탄력성이 커져서 전력 소비량이 최대가 되는 것은?

    가. 청결 단계   나. 발전 단계   다. 최종 단계   라. 파괴 단계

15. 다른 조건이 같을 때 빵 반죽의 흡수율이 높아지는 경우는?

    가. 반죽온도를 높일 때   나. 설탕을 증가할 때
    다. 연수(단물)를 사용할 때   라. 손상 전분이 많은 밀가루를 사용할 때

16. 스펀지 · 도법에서 사용할 물의 온도가 −5℃라면 물 사용량이 1,000g일 때 얼음 사용량은?
    (수돗물온도는 18℃)

    가. 133g   나. 153g   다. 235g   라. 사용할 필요가 없음

17. 일반적인 조건에서 이스트 2%로 4시간 발효를 해서 좋은 결과를 얻었다.
    발효시간을 2.5시간으로 단축하려면 이스트를 얼마를 사용해야 하는가?

    가. 1.25%   나. 3.2%   다. 5%   라. 8%

18. 빵 발효에서 발효성 탄수화물을 분해하는 효소는?

    가. 치마아제   나. 인베르타아제
    다. 말타아제   라. 락타아제

19. 다음의 빵 발효식에서 (   )에 들어갈 분자식은?

$$C_6H_{12}O_6 \rightarrow zymase \rightarrow (\qquad) + (\qquad) + 66cal$$

    가. $CO_2 + C_2H_5OH$ 나. $CO_2 + 2C_2H_5OH$
    다. $2CO_2 + 2C_2H_5OH$ 라. $2CO_2 + C_2H_5OH$

20. 일반적인 빵 발효에 대한 설명으로 틀리는 것은?

    가. 이산화탄소 가스의 발생   나. 알코올의 생성
    다. pH 의 하강   라. 반죽온도의 하강

21. 완제품 빵의 pH 가 다음과 같다면 정상적인 발효를 한 것은?

    가. pH 5.0   나. pH 5.7   다. pH 6.0   라. pH 7.0

22. 분할무게 600g인 식빵 1,000개를 생산하고자 한다.

　　총 배합율이 180%이고 발효 손실이 1.5%인 경우 20kg 포장인 밀가루는 몇 포대를 준비해야 하는가?

　　가. 13포대　　　　　나. 17포대　　　　　다. 25포대　　　　　라. 33포대

> **해설**
> 총 분할 무게=600g×1,000=600,000g=600kg
> 총 재료 무게=600÷(1−0.015)=600÷0.985≒609.14[kg]
> 밀가루 무게=609.14÷1.8≒338.41[kg]
> 밀가루 포대 수=338.41÷20=16.9205→ 올림→ **17포대**

23. 빵 발효에서 소금 1.5% 사용 시 가스압력이 929mmHg였다면 소금을 2.5% 사용하면
　　예상되는 가스 압력은?

　　가. 753mmHg　　　　나. 929mmHg　　　　다. 1,013mmHg　　　　라. 1,034mmHg

24. 일반적인 스펀지·도법에서 ⓐ 스펀지 믹싱 후 ⓑ 스펀지 발효 3시간 후 ⓒ 본반죽 믹싱 후
　　ⓓ 2차 발효 후 각각의 pH 로 가장 적당한 항목은?

	a	b	c	d
가.	4.5	5.5	5.0	5.5
나.	6.5	6.0	5.0	4.5
다.	4.5	5.0	5.5	6.0
라.	5.5	4.5	5.5	5.0

25. 일반적인 스펀지·도법으로 만드는 식빵의 공정별 pH 가 다음과 같을 때 가장 정상적인 항목은?
　　ⓐ 스펀지 믹싱 후 ⓑ 스펀지 발효 후 ⓒ 본반죽 믹싱 후 ⓓ 2차 발효 후 ⓔ식빵 완제품

	a	b	c	d	e
가.	5.5	4.6	5.4	4.9	5.7
나.	5.6	6.0	5.6	6.0	6.1
다.	6.0	5.2	4.8	4.5	4.3
라.	4.5	5.0	4.6	5.4	5.0

26. 어느 공장에서는 2포켓이고 분당 16회를 왕복하는 분할기(divider)를 사용할 때의 여유율을
　　6.25%로 본다. 2,700개를 분할하는데 필요한 시간은?

　　가. 85분　　　　　나. 90분　　　　　다. 95분　　　　　라. 100분

> **해설**
> ·1분당 분할 수(여유율 감안)=16×2×(1−0.0625)=32×0.9375=30[개]
> ·총 분할시간=2,700÷30=**90[분]**

27. 규격이 표준인 식빵 팬의 바닥 면적 1㎠당 2.4g의 반죽을 넣어 좋은 제품을 만든다면
    같은 팬의 윗면 면적 1㎠당 분할 무게로 적당한 것은?

    가. 2.0g   나. 2.4g   다. 2.8g   라. 알 수 없다.

28. 윗면이 개방되어 산(山) 모양이나 한 덩이 모양을 만드는 팬의 비용적이 3.40cc/g이라면
    샌드위치용 풀먼 식빵 팬의 비용적으로 가능한 항목은?

    가. 3.28cc/g   나. 3.35cc/g   다. 3.42cc/g   라. 3.80cc/g

29. 어느 식빵 라인은 3교대로 연속작업을 한다.
    식빵 팬은 최소한 몇 세트를 준비해야 이 라인이 원활하게 진행되는가?

기호/항목	오븐	2차 발효실	패닝, 냉각, 기름칠	합계(세트)
가.	1세트	1세트	1세트	3세트
나.	1세트	1세트	2세트	4세트
다.	1세트	1세트	3~5세트	5~7세트
라.	1세트	2세트	3~5세트	6~8세트

30. 정상적인 같은 온도에서 2차 발효시간을 증가했을 때의 일반적인 현상에 대한 설명으로 틀린 것은?

    가. 단위 무게 당 부피 증가   나. 빵의 pH 는 하강(산성화)
    다. 손실은 증가   라. 빵의 수분함량은 증가

31. 빵을 구울 때의 현상 중에서 가장 낮은 온도에서 일어나는 것은?

    가. 용해된 이산화탄소의 방출   나. 알코올의 증발
    다. 이스트 세포의 사멸   라. 단백질의 변성

32. 빵을 구울 때 껍질색을 만들고 향의 발달에 영향을 주는 마이야르 반응은 단백질의 아미노산이
    다음의 어느 것과 함께 가열될 때 일어나는가?

    가. 설탕(자당)   나. 전분   다. 포도당   라. 섬유소(섬유질)

33. 발효빵이 가지고 있는 향의 급원(給源)으로 가장 관계가 적은 것은?

    가. 이산화탄소   나. 사용한 재료   다. 발효산물   라. 열 반응산물

34. 굽는 시간 30분이 걸리는 오븐에서 시간을 1/4씩 단계별로 나누면 빵을 구울 때 일어나는
    오븐 팽창(oven spring)은 주로 어느 단계에서 일어나는가?

    가. 1단계   나. 2단계   다. 3단계   라. 4단계

35. 빵의 부피는 다소 커지지만 조직이 거칠고 굽기 손실이 많아지는 경우는?

가. 오븐 열이 과다　　　나. 오븐 열이 부족　　　다. 섬광열 과다　　　라. 증기분무 과다

36. 일정한 조건에서 반죽 25g당 굽기 시간이 약 1분이 소요된다면 반죽 600g인 빵은 몇 분동안 구어야 하는가?

가. 18분　　　나. 21분　　　다. 24분　　　라. 27분

37. 빵 반죽의 글루텐이 최대의 가스를 보유할 수 있어 팽창에 기여하기 위한 가장 적정한 pH 는?

가. pH 3　　　나. pH 5　　　다. pH 7　　　라. pH 9

38. 일반적으로 굽기가 끝난 직후의 빵 껍질(윗면)의 수분은 약 얼마나 되는가?

가. 14%　　　나. 22~25%　　　다. 37%　　　라. 45%

39. 전분이 많이 들어있는 빵의 노화에 영향을 주는 요인이 아닌 것은?

가. 시간의 경과　　　나. 높은 온도　　　다. 사용한 재료　　　라. 수분 손실

40. 빵의 노화속도가 가장 빠르게 진행하는 온도는?

가. -18℃ 이하　　　나. 0℃　　　다. 27℃　　　라. 43℃

41. 빵 제품의 노화를 지연시키는 조치로 틀리는 항목은?

가. -18℃ 이하에 저장　　　　나. 적정한 유화제의 사용
다. 방습 포장재의 사용　　　　라. 펜토산 함량이 적은 밀가루 사용

42. 빵의 노화현상은 크게 2가지로 수분 상실과 (　　　)에 기인된다.

가. 전분의 퇴화　　　나. 단백질의 부패　　　다. 지방의 산패　　　라. 미생물의 감염

43. 껍질색이 연하게 되는 결점의 원인으로 맞는 항목은?

가. 설탕 과다　　　나. 분유 과다　　　다. 굽기 시간 과다　　　라. 1차 발효 과다

44. 터짐성(break & shred) 부족의 원인으로 틀리는 것은?

가. 질은 반죽　　　　　　나. 짧거나 긴 발효시간
다. 낮은 2차 발효실 습도　　　라. 아경수 사용

45. 빵 껍질에 물집이 생기는 원인으로 틀리는 것은?

    가. 높은 2차 발효실 습도   나. 몰더 취급 부주의

    다. 오븐에서 거칠게 취급   라. 된 반죽

46. 지친 반죽에 대한 설명으로 틀리는 항목은?

    가. 부피는 증가 하다가 감소   나. 윗면 색상이 진하다

    다. 거칠고 얇은 세포벽   라. 속색이 힘이 없고 어두운 색

47. 다음과 같은 원인으로 만들어지는 결점은 어느 것인가?

· 덧가루 사용 과다   · 반죽통에 과도한 기름칠
· 분할기의 기름 과다   · 중간 발효 시 표면이 말라 껍질이 형성
· 발효실에서 표피가 건조

    가. 두꺼운 껍질   나. 껍질표면의 물집

    다. 빵 속에 줄무늬   라. 옆면이 들어감

48. 빵 윗면의 꼭대기 중앙부분이 평평해지는 원인으로 틀리는 항목은?

    가. 믹싱 과다   나. 산화제 과다

    다. 반죽에 물이 많음   라. 고율배합

49. 배합율이 170%인 빵 반죽에 수분이 69%이다.

    발효 손실과 굽기 손실이 12%이고 손실을 수분으로 본다면 굽기 후 수분 함량은 몇 %인가?

    가. 28.59%   나. 32.49   다. 40.59%   라. 43.49%

해 답

1.다 2.라 3.가 4.나 5.다 6.라 7.다 8.나 9.라 10.다 11.라 12.다

13.가 14.나 15.라 16.다 17.나 18.가 19.다 20.라 21.나 22.나 23.가 24.라

25.가 26.나 27.가 28.라 29.라 30.라 31.가 32.다 33.가 34.가 35.나 36.다

37.나 38.가 39.나 40.나 41.라 42.가 43.라 44.라 45.라 46.나 47.다 48.나

49.나

Part 2 배합표의 작성

　배합표는 빵, 과자를 만들 때 가장 기본이 되는 자료로 기존 제품은 물론, 신제품 개발과 공정의 변화에도 활용능력이 매우 중요하다.

통상적으로 '베이커스 퍼센트(Baker's percentages)'를 많이 사용하는데 이것은 밀가루를 100%로 하여 배합의 기준으로 삼는다.

재료	True %	Baker's %
밀가루	25	100
설탕	25	100
버터	25	100
계란	25	100
전체	100	400

I. 스트레이트/도법(Straight/Dough Method)을 비상 스트레이트/도법(Emergency Straight/Dough Method)으로 바꾸는 배합표

(1) 조치

필 수	선 택
· 흡수율(吸水率)을 1% 증가 · 이스트를 1.5배로 증가 · 설탕을 1% 감소 · 반죽온도를 30℃로 상승 · 믹싱시간을 20~25% 증가 · 1차 발효시간을 최저 15분으로 감소	· 소금을 1.75%까지 감소 · 이스트 푸드를 0.5%까지 증가 · 분유 사용량을 감소 · 식초를 0.25~0.75% 정도 사용 ※ 원리 : 발효를 촉진 및 발효지연 요인을 감소

(2) 연습

재 료	일반 스트레이트법		필수적인 조치	비상 스트레이트법	
	비율(%)	무게(g)		비율(%)	무게(g)
밀가루	100	1,200	–	100	1,200
물	64	768	1% 증가	A	B
이스트	2	24	1.5배 사용	C	D
이스트 푸드	0.2	2.4	선택	0.2	2.4
소금	2	24	선택	2	24
설탕	8	96	1% 감소	E	F
분유	3	36	선택	3	36
쇼트닝	5	60	–	5	60
믹싱시간	–	18분	20~25% 증가	–	G
반죽온도	–	27℃	상승	–	H
1차 발효	90분	–	단축	–	I

※ A=65, B=780, C=3, D=36, E=7, F=84, G=22분, H=30℃, I=최저 15분

2. 일반 스펀지/도법(Sponge/Dough Method)을
비상 스펀지/도법(Emergency Sponge/Dough Method)으로 바꾸는 배합표

(1) 조치

필 수	선 택
·이스트 사용량을 1.5배로 증가 ·스펀지에 80%의 밀가루 사용 ·전체 물 사용량에서 1%를 증가 ·증가한 물 전체를 스펀지에 사용 ·스펀지 반죽온도를 30℃로 상승 ·스펀지 발효시간을 최저 30분 ·본반죽 믹싱시간을 20~25% 증가	·소금을 1.75%까지 감소 ·분유 사용량을 1% 감소 ·이스트 푸드를 0.5%까지 증가 ·식초 또는 젖산(乳酸)을 0.25~1% 사용 ·플로어 타임을 단축

(2) 연습

구 분	재 료	비율(%)	조 치	비율(%)	비 고
스펀지	밀가루	60	필수	80	스펀지에 80% 사용
	물	33	**필수**	64	**전체 물에서 1% 증가**
	이스트	2	필수	3	1.5배를 사용
	이스트 푸드	0.2	선택	0.2	0.4%로 증가 가능
본반죽	밀가루	40	필수	20	100% - 스펀지 밀가루
	물	30	**필수**	-	**스펀지에 전량 사용**
	소금	2	선택	2	1.75%로 감소 가능
	설탕	6	-	6	
	탈지분유	3	선택	3	2%로 감소 가능
	쇼트닝	5	-	5	
스펀지 온도		24℃	필수	→ 30℃	
스펀지 발효		3~4시간	필수	→ 30분 이상	
본반죽 믹싱시간		16분	필수	→ 20분(20~25% 증가)	
식초 또는 젖산		0%	선택	→ 0.5% 사용가능	
플로어 타임		30분	필수	→ 10~20분으로 단축	

※ 일반 제빵법을 비상 제빵법으로 전환시키는 경우 필수적인 조치는 반드시 취하여야 하지만 선택적인 조치는 임의로 선택가능하다.

3. 일반 스펀지/도법(Sponge/Dough Method)을 비상 스트레이트/도법(Emergency Straight/Dough Method)으로 바꾸는 배합표

(1) 조치

필 수	선 택
· 이스트를 1.5배 사용 · 반죽온도를 30℃로 상승 · 1차 발효시간을 최저 15분으로 단축 · 믹싱시간을 20~25% 증가 · 물은 1% 증가	· 소금을 1.75%까지 감소 · 분유를 감소 · 이스트 푸드를 0.5%까지 증가

(2) 연습

구 분	일반 스펀지/도법		비상 스트레이트	
	재 료	비율(%)	재 료	비율(%)
스펀지 (Sponge)	밀가루	80	밀가루	100
	물	45	물	64
	이스트	2	이스트	3
	이스트 푸드	0.1	이스트 푸드	0.1
본반죽 (Dough)	밀가루	20	–	
	물	18	–	
	설탕	6	설탕	6
	소금	2	소금	2
	분유	3	분유	3
	쇼트닝	5	쇼트닝	5
반죽온도	스펀지 온도	24℃	본반죽 온도	30℃
믹싱시간	본반죽 믹싱	16분	본반죽 믹싱	20분
발효시간	스펀지 발효	3~4시간	1차 발효	15분 이상

① 스펀지법의 전체 물 = 스펀지의 45% + 도의 18% = 63(%)이므로 **비상법에서는 63%+1%=64%**
② 이스트는 1.5배를 사용하기 때문에 2×1.5=3
③ **본반죽(Dough)의 온도를 30℃로 상승**
④ 바꾸는 제빵법이 스트레이트법이기 때문에 밀가루는 전체를 사용
⑤ 본반죽 믹싱을 증가하여 반죽의 기계적 발달을 더 많이 진행시킴

4. 스트레이트/도법(Straight/Dough Method)을
비상 스펀지/도법(Emergency Sponge/Dough Method)으로 바꾸는 배합표

(1) 조치

필 수	선 택
· 스펀지에 80%의 밀가루 사용 · 이스트는 1.5배를 사용 · 전체 물 사용량은 변동없음 · 스펀지의 온도를 30℃로 상승 · 스펀지의 발효시간은 30분 이상 · 본반죽 믹싱시간은 20~25% 증가 · 플로어 타임을 단축 · 2차 발효시간을 다소 단축 · 설탕은 1% 감소	· 소금 사용량을 1.75%까지 감소 · 분유 사용량을 1%정도 감소 · 이스트 푸드를 0.5%까지 증가 · 식초를 0.25~1% 사용

(2) 연습

스트레이트/도법		조 치	비상 스펀지/도법		
재료	비율(%)		재료	비율(%)	구분
밀가루	100	80% 스펀지법	밀가루	80	스펀지
물	64	변동없음	물	64	
이스트	2	1.5배로 증가	이스트	3	
이스트 푸드	0.1	선택적 이스트	이스트 푸드	0.1	
			밀가루	20	본반죽 (도)
설탕	8	→	설탕	7	
소금	2	→	소금	2	
쇼트닝	5	→	쇼트닝	5	
탈지분유	3	→	탈지분유	3	

(3) 비상법의 원리 요약

① **발효를 가속** : 이스트 증가(필수), 반죽온도 상승(필수), 식초 사용(선택), 이스트 푸드 증가(선택)
② **발효지연 요소 감소** : 소금 감소(선택), 분유 감소(선택)
③ **수분 흡수율 변동없음** : 전량을 스펀지에 사용
④ **설탕 1% 감소** : 발효시간 단축에 따른 잔류설탕 증가에 대한 조치
⑤ **믹싱시간 증가** : 발효시간 단축에 따른 반죽의 숙성 부족을 기계적 발달로 반죽의 탄력성과
　　　　　　　　　신장성을 보완

5. 엔젤 푸드 케이크(Angel Food Cake)의 배합표

(1) 배합표 작성

재료	비율(%)	작성 요령
흰자	40~50	(1) 흰자량 결정 : **고수분의 케이크에는 흰자 증가**
설탕	30~42	(2) 설탕량 결정 : 2/3는 입상형(粒狀形), 1/3은 분당(粉糖)
소금	0.5~0.375	(3) 주석산크림+소금=1%
주석산크림	0.5~0.625	(흰자 사용량이 많으면 주석산 크림을 증가)
밀가루	15~18	(4) 밀가루 양 결정(선택의 폭이 좁다)
합계	100	(5) 합계 100%가 되도록 작성

※ 전체를 100%로 하는 백분율인 배합률도 사용

(2) 연습

재료	비율(%)	베이커스 퍼센트(%)	작성 요령
흰자	48	320	(1) 40~50% 중 수분이 많은 제품으로 선택
소금	0.4	2.7	(2) **소금과 주석산 크림은 합해서 1%**
주석산 크림	0.6	4	흰자 사용량이 많아 주석산 크림을 증가
설탕(입상형)	A	160	(3) **설탕=100-(흰자+밀가루+1)**
박력분	15	100	=100-(48+15+1)=36
분당	B	80	입상형=36×2/3=24% 〈머랭 제조용〉
합계	100	666.7	(4) 박력분은 15~18% 중 15%를 선택
			(5) 분당=36×1/3=12% 〈전체 반죽용〉

※ A= 24, B= 12

(3) 주석산크림 또는 주석산칼륨=KH($C_4H_4O_6$)을 사용하는 이유

① 일반적으로 사용하는 **흰자**의 pH는 pH 9 정도의 **알칼리성**
② 알칼리성의 흰자에 산(酸)을 첨가하여 **산성**으로 전환
③ 흰자를 구성하는 단백질의 등전점(等電點)은 산성에 있고, 산성에서 강한 구조를 형성
④ 흰자와 설탕의 거품을 튼튼하게 하여 구조가 강한 머랭(meringue)을 형성
⑤ 머랭의 색을 희고 밝게 한다.

6. 옐로 레이어 케이크(Yellow Layer Cake)의 배합표

재료	사용 범위(%)	작성 예(%)	작성 요령
박력분	100	100	기준으로 100%
설탕	110~140	110	범위 내에서 선택
유화쇼트닝	30~70	60	범위 내에서 선택(고지방→부드러움)
계란	**쇼트닝×1.1**	A	60×1.1=66
탈지분유	**변화**	B	우유=설탕+25-계란=110+25-66=69 탈지분유=우유×0.1=69×0.1=6.9
물	**변화**	(C)	물=우유×0.9=69×0.9=62.1
B.P	2~6	4	범위 내에서 적정량을 선택
소금	1~3	2	통상 2%를 기준으로 소량의 가감 가능
바닐라향	0~1	0.5	천연향인 경우 증량(增量)하여 사용

※ A=66, B=6.9, C=62.1

〈연습문제〉

1. 옐로 레이어에서 계란을 55% 사용했다면 유화쇼트닝의 사용량은?

 유화쇼트닝=계란÷1.1=55÷1.1=**50[%]**

2. 옐로 레이어에서 설탕 120%, 유화쇼트닝 50%를 사용한 경우
   ① 우유의 사용량은?
   ② 우유 대신에 탈지분유와 물을 사용한다면 탈지분유는?
   ③ 우유 대신에 물은 얼마를 사용하는가?

해설
   ① 우유=설탕+25-계란=120+25-55=**90[%]**
      ∵ 계란=유화쇼트닝×1.1=50×1.1=55
   ② 탈지분유=우유×0.1=90×0.1=**9[%]**
   ③ 물=우유×0.9=90×0.9=**81[%]**

3. 옐로 레이어에서 설탕을 120%, 유화쇼트닝을 60% 사용한 경우
   ① 계란의 사용량은?
   ② 탈지분유의 사용량은?

해설
   ① 계란=쇼트닝×1.1=60×1.1=**66[%]**
   ② 우유=설탕+25-계란=120+25-66=**79[%]**
      탈지분유=우유×0.1=79×0.1=**7.9[%]**

─ **해 답** ─
1. 50[%]   2. ① 90[%] ② 9[%] ③ 81[%]   3. ① 66[%] ② 7.9[%]

7. 화이트 레이어 케이크(White Layer Cake)의 배합표

재 료	비율(%)	작성 예(%)	작성 요령
박력분	100	100	밀가루가 기준
설탕	110~160	120	범위 내에서 선택
유화쇼트닝	30~70	50	범위 내에서 선택
흰자	계란×1.3	A	계란=쇼트닝×1.1=50×1.1=55 흰자=계란×1.3=55×1.3=71.5
탈지분유	변화	B	우유=설탕+30-흰자=120+30-71.5=78.5 분유=우유×0.1=78.5×0.1=7.85
물	변화	C	물=우유×0.9=78.5×0.9=70.65
소금	1~3	2	2%가 기준(가염 마가린인 경우 감소)
B.P	2~6	4	범위 내에서 선택
주석산크림	0.5	0.5	흰자 사용 제품에 사용(엔젤 푸드 케이크 참조)
향	0~1	0.5	범위 내에서 선택

※A=71.5, B=7.85, C=70.65

〈연습문제〉

1. 화이트 레이어에서 설탕을 130%, 유화쇼트닝을 60% 사용한 경우
   ① 흰자의 사용량은?
   ② 우유의 사용량은?
   ③ 탈지분유의 사용량은?

> **해설**
> ① 계란=쇼트닝×1.1=60×1.1=66[%] → 실제는 사용하지 않음
> **흰자=계란×1.3=66×1.3=85.8[%]**
> 또는 흰자=쇼트닝×1.43=60×1.43=85.8[%]
> ∵흰자=쇼트닝×1.1×1.3=쇼트닝×1.43
> ② 우유=설탕+30-흰자=130+30-85.8=**74.2[%]**
> ③ 탈지분유=우유×0.1=74.2×0.1=**7.42[%]**

2. 화이트 레이어 케이크에서 흰자를 57.2% 사용한 경우 유화쇼트닝은?

> **해설**
> 계란=흰자÷1.3=57.2÷1.3=44[%]
> 유화쇼트닝=계란÷1.1=44÷1.1=**40[%]**
> 또는 유화쇼트닝=흰자÷1.43=57.2÷1.43=40[%]

해답

1. ① 85.8 [%] ② 74.2 [%] ③ 7.42 [%]   2. 40 [%]

8. 데블스 푸드 케이크(Devil's Food Cake) 배합표

재료	사용 범위(%)	작성 예(%)	작성 요령
박력분	100	100	박력분이 기본 100%
설탕	110~180	120	범위 내에서 선택(감미, 부드러움)
유화쇼트닝	30~70	60	범위 내에서 선택
계란	쇼트닝×1.1	A	60×1.1=66
소금	1~3	1	범위 내에서 조정
탈지분유	변화	B	우유=설탕+30+(코코아×1.5)-계란 　　=120+30+(20×1.5)-66=114 탈지분유=우유×0.1=114×0.1=11.4
물	변화	C	물=우유×0.9=114×0.9=102.6
B·P	2~6	3	범위 내에서 사용
바닐라향	0~1	0.5	천연 바닐라는 증가 사용
코코아	15~30	20	특징 재료 범위 내에서 사용
중조	**천연코코아×7%**	-	천연 코코아는 산성이기 때문에 중조(탄산수소나트륨)를 코코아의 7% 사용

※ A=66, B=11.4, C=102.6

〈연습문제〉

1. 다음 표에서 데블스 푸드 케이크의 다른 조건이 같을 때 우유의 변화는?

(단위는 g)

재료	설탕의 변화 (설탕↑ → 액체↑)		코코아의 변화 (코코아↑ → 액체↑)	
	I	II	III	IV
설탕	120	140	120	120
유화쇼트닝	50	50	60	60
코코아	20	20	20	30
우유	A	B	C	D

※ A=120+30+30-55=**125**, B=140+30+30-55=**145**,

C=120+30+30-66=**114**, D=120+30+45-66=**129**

2. 데블스에 20%의 천연 코코아를 사용하면 탄산수소나트륨의 사용량은?

> 해설 $20\% \times 7\% = 20\% \times 0.07 = 1.4\%$

3 pH가 다음과 같을 때 제품의 색과 향이 가장 진하고 강한 경우는?

가. 3   나. 5   다. 7   라. 9

※ 코코아는 알칼리에서 색이 진해지고 향도 강해진다.

해 답

1. A=125, B=145, C=114 D=129   2. 1.4[%]   3. 라

---

9. 초콜릿 케이크(Chocolate Cake)

재료	사용 범위(%)	작성 예(%)	작성 요령
밀가루	100	100	기본 100%
설탕	110~180	110	범위 내에서 선택
유화쇼트닝	30~70	A	초콜릿 중의 유지를 적용
계란	쇼트닝×1.1	66	60×1.1=66
소금	1~3	1	범위 내에서 선택
탈지분유	변화	B	우유=설탕+30+(코코아×1.5)−계란 =110+30+(20×1.5)−66=104
물	변화	C	물 = 우유×0.9=104×0.9=93.6
초콜릿	30~50	32	범위 내에서 사용 코코아=초콜릿×5/8=32×5/8=20 코코아 버터=초콜릿×3/8=32×3/8=12 유화쇼트닝 효과=12×1/2=6
B·P	2~6	4	범위 내에서 선택
바닐라향	0~1	0.5	범위 내에서 선택

※ A=60−6=54, B=10.4, C=93.6

〈연습문제〉

1. 초콜릿 원액 24% 중
   ① **코코아** 함유량은?
   ② **코코아 버터** 함유량은?

   > 해설 ① 초콜릿의 5/8 → 24%×5/8=**15%**
   > ② 초콜릿의 3/8 → 24%×3/8=**9%**

2. 초콜릿 케이크에 설탕 120%, 유화쇼트닝 50%, 초콜릿 32%를 사용시
   ① 코코아의 함유량은?
   ② 사용할 우유의 비율은?
   ③ 탈지분유의 비율은?
   ④ 초콜릿 32% 중 코코아 버터 비율은?
   ⑤ 원래 배합에 사용하던 유화쇼트닝이 60%면 어떻게 조정하는가?

   > 해설
   > ① 32%×5/8=**20%**
   > ② 우유=설탕+30+(코코아×1.5)−계란
   >   =120+30+(20×1.5)−55=**125[%]**
   > ③ 탈지분유=우유×0.1=125%×0.1=**12.5%**
   > ④ 코코아 버터=32%×3/8=**12%**
   > ⑤ 초콜릿 32%중 코코아 버터가 12%이므로 이것은 유화쇼트닝 효과가 1/2인 6%이다.
   >   따라서 **6%**를 빼서 60%−6%=**54%**로 조정한다.

--- **해 답** ---

1. ① 15[%] ② 9[%]   2. ① 20[%] ② 125[%] ③ 12.5[%] ④ 12[%] ⑤ 54[%]

10. 손실을 적용하는 프랑스빵 배합표

(1) 배합표 작성 : 다음과 같은 조건일 때의 배합표 작성

① 완제품이 240g인 바게트 6개를 제조
② 굽기 손실=20%, 분할까지의 발효 손실 등=2%
③ 밀가루의 1g 미만은 올려서 정수화
④ 비타민 C 1g을 1,000㎖의 물에 용해시킨 "C"용액을 ㎖로 사용
⑤ 배합률의 ppm은 합계에서 제외

재료	비율(%)	무게(g)	작성 요령
강력분	100	A	(1) 완제품 무게=240g×6=1,440g
물	60	B	(2) 분할시 무게=1,440÷0.8=1,800[g]
이스트	3	C	(3) 재료의 무게=1,800÷0.98≒1,836.74[g]
이스트 푸드	0.1	D	(4) 총 배합률=165.5%
소금	2	E	(5) 밀가루 무게=1,836.74×100/165.5≒1,109.8g
맥아	0.4	F	=소수를 올림→1,110[g]
비타민C	15ppm	G	(6) 비타민C 무게=1,110g×15/1,000,000=0.01665g
			(7) "C"용액 1㎖ 중 "C"무게=0.001g

※ A=1,110, B=666, C=33.3, D=1.11, E=22.2, F=4.44, G=16.65㎖

〈연습문제〉

1. 비타민C 5g을 1,000cc의 물에 녹였을 때 이 용액 1cc 중의 "C"무게는?

> 해설
> ① 5/1,000[g]=**0.005[g]**

2. 밀가루 1,500g에 대한 10ppm은 몇 g인가?

> 해설
> ① 1,500g×10/1,000,000=**0.015g**

3. 어느 제과점이 완제품이 230g인 바게트 60개를 주문받았다.

   전체 배합률이 170%이고, 믹싱 손실과 발효 손실이 2.2%, 굽기 손실이 17%일 때
   ① 완제품의 총무게는?
   ② 분할시의 무게는?
   ③ 재료의 무게는?
   ④ 밀가루의 무게는?
   ⑤ 바게트 1개를 만들기 위한 분할무게는? (1g 미만은 버림)

해설	① 완제품=230g×60=**13,800g** ② 분할 무게=$13,800 \div 0.83 ≒ $**16,626.5[g]** ③ 재료 무게=$16,626.5 \div 0.978 ≒ $**17,000.5[g]** ④ 1g 미만은 버려서 정수로 함 　밀가루 무게=$17,000.5 \div 1.7 ≒ 10,000.3$ 　소수 버림 → **10,000[g]** ⑤ $230g \div 0.83 ≒ 277.11g →$ **277g**

11. 데니시 페이스트리 배합표

① 분할 무게가 40g인 크루아상 55개를 제조한다.
② 분할완료시까지 발효 손실 및 파치 손실은 합해서 6%로 본다.
③ 밀가루 무게는 소수 이하를 버려서 정수로 만들고 다른 재료는 밀가루를 기준으로 계산한다.

재료	비율(%)	무게(g)	작성 요령
중력분	100	A	
물	45	B	(1) **총 배합률**=195+39=234[%]
설탕	15	C	(2) **분할 무게**=40×55=2,200[g]
이스트	5	D	(3) **재료 무게**=2,200÷0.94≒2,340.4[g]
소금	2	E	(4) **밀가루 무게**=2,340.4÷2.34≒1,000.18
마가린	10	F	→ 소수 이하 버림 → 1,000[g]
탈지분유	3	G	
계란	15	H	
충전용 마가린	밀가루 반죽의 20%	I	밀가루 반죽의 배합률=195% ∴**충전용 마가린**=195%×0.2=39%

※ A=1,000, B=450, C=150, D=50, E=20, F=100, G=30, H=150, I=390

12. 소보로빵 배합표

① 소보로빵 50개를 제조
② 과자빵 반죽 45g당 소보로 30g을 토핑
　　(단, 토핑용 소보로의 손실은 없는 것으로 본다.)

재료	비율(%)	무게(g)	작성 요령
중력분	100	A	
설탕	60	B	
마가린	43	C	(1) **총 배합률**=250%
땅콩버터	D	120	(2) **토핑 필요량**=30g×50=1,500g
계란	10	E	(3) **밀가루**=1,500÷2.5=600g
물엿	10	F	(4) 무게를 %로 전환할 때는 "6"으로 나누기
소금	1	G	(5) %를 g으로 전환할 때는 "6"을 곱하기
B·P	2	H	
탈지분유	4	I	

※ A=600, B=360, C=258, D=20, E=60, F=60, G=6, H=12, I=24

13. 파운드 케이크(Pound Cake) 배합표

① 다음의 배합표로 완제품 630g인 파운드 케이크 56개를 제조
② 재료준비에서 팬에 넣을 때까지 손실이 2%, 굽기 손실이 10%인 경우
　단, 밀가루 무게는 1g 미만을 버려서 정수로 함.

재료	비율(%)	무게(g)	작성 요령
밀가루	100	A	(1) 완제품 무게=630g×56=35,280g
버터(가염)	100	B	(2) 분할 무게=35,280÷0.9=39,200
설탕	100	C	(3) 재료 무게=39,200÷0.98=40,000
계란	100	D	(4) 밀가루 무게=40,000×100/400=10,000[g]
계	400		

※ A=10,000, B=10,000, C=10,000, D=10,000

〈연습문제〉

1. 밀가루와 설탕을 고정시킨 파운드 케이크에서 유지를 증가시키면?

재료	증감	내　용
유지	증가	(1) 공기 함유능력 증가 (2) 구조 형성능력 약화
계란	A	(1) 구조 형성능력 강화 (2) 공기 함유능력 증가 (3) 액체 증가 ※계란≥유지×1.1
우유	B	(1) 계란의 액체 증가에 따른 조치 (2) 고형질 : 수분의 균형
B.P	C	유지와 계란의 공기 함유력이 크므로 감소 또는 사용하지 않음
소금	D	구조와 맛의 강화

※ A=증가, B=감소, C=감소, D=증가

2. 양질의 파운드 케이크 배합표를 원가상의 이유로 계란 100%에서 20%를 줄여서
   80%로 조정하려 할 때 다른 재료를 그냥 두고 조치할 사항은?
   ① 물 추가량은?
   ② 부족한 고형질을 밀가루로 보충한다면?
   ※ 기포제나 유화제의 사용이 바람직하다.

> 해 설 ① 계란의 수분이 약 75% 이므로 20% × 0.75 = **15%**
> ② 계란의 고형질이 약 25% 이므로 20% × 0.25 = **5%**

3. 파운드 케이크에 버터를 90% 사용했다면 계란의 사용량으로 적당한 것은?
   가. 40%   나. 70%   다. 100%   라. 130%
   ※ 계란은 쇼트닝과 동량 또는 쇼트닝의 1.1배이다. 90×1.1=99

해 답

1. A=증가, B=감소, C=감소, D=증가   2. ① 15[%] ② 5[%]   3. 다

---

14. 시폰 케이크(Chiffon Cake) 배합표

① 계란은 밀가루를 기준으로 180%를 사용
② 믹싱에서 패닝까지 손실이 2.3%, 굽기 손실이 12%
③ 완제품의 무게가 480g인 시폰 케이크 10개를 만드는 배합표를 작성

재료	비율(%)	무게(g)	작성 요령
박력분	100	A	(1) 총 배합률=465%
노른자용 설탕	65	B	(2) 완제품 무게=480g×10=4,800g
노른자	C	D	(3) 분할 무게=4,800÷0.88≒5,454.5g
흰자용 설탕	65	E	(4) 재료 무게=5,454.5÷0.977≒5,582.91g
흰자	F	G	(5) 밀가루 무게=5,582.91÷4.65≒1,200.625g
소금	2	H	1g미만은 버림 → 1,200[g]
주석산크림	0.5	I	(6) 노른자=계란의 1/3=180%×1/3=60%
B·P	2	J	(7) 흰자=계란의 2/3=180%×2/3=120%
식용유	30	K	
물	20	L	
오렌지 향	0.5	M	

※ A=1,200, B=780, C=60, D=720, E=780, F=120, G=1,440, H=24, I=6, J=24,
   K=360, L=240, M=6

15. 버터 스펀지 케이크(Butter Sponge Cake) 배합표

① 1개당 분할 무게 550g인 제품 6개를 제조
② 분할이 끝날 때까지의 손실은 2.3%
③ 계산한 밀가루의 무게는 1g 미만을 버려서 정수로 함

재료	비율(%)	무게(g)	작성 요령
박력분	100	A	(1) **총 배합률 = 422%**
설탕	120	B	(2) **분할 무게 = 550g × 6 = 3,300g**
계란	180	C	(3) **재료 무게= 3,300 ÷ 0.977 ≒ 3,377.7[g]**
소금	1.5	D	(4) **밀가루 무게= 3,377.7 ÷ 4.22 ≒ 800.4[g]**
바닐라향	0.5	E	1g 미만은 버림 → 800g
버터	20	F	

※ A=800, B=960, C=1,440, D=12, E=4, F=160

〈연습문제〉

1. 스펀지 케이크에서 계란을 180%에서 120%로 감소시켜 사용할 때 추가하지 않아도 좋은 재료는?
   가. 베이킹 파우더   나. 밀가루   다. 우유   라. 쇼트닝

해 답

1.라

---

16. 소프트 롤 케이크(Soft Roll Cake) 배합표

① 계란은 밀가루 기준으로 전체 270% 사용
② 분할 반죽 무게 1,500g인 10판을 제조(롤 케이크 20개용)
③ 분할이 완료될 때까지 손실은 1%
④ 밀가루 무게는 1g 미만을 버려서 정수로 하고 다른 재료의 기준으로 함

재료	비율(%)	무게(g)	작성 요령
노른자	A	B	
노른자용 설탕	80	C	
물엿	10	D	(1) 총 배합률 = 582.7%
소금	1	E	(2) 분할 무게 = 1,500g × 10 = 15,000g
물	20	F	(3) 재료 무게 = 15,000 ÷ 0.99 ≒ 15,151.5g
바닐라향	0.5	G	(4) 밀가루 무게 = 15,151.5 ÷ 5.827 ≒ 2,600.2g
흰자	H	I	→ 1g 미만은 버림 → 2,600g
흰자용 설탕	60	J	(5) 노른자 = 270% × 1/3 = 90%
B.P	1.2	K	(6) 흰자 = 270% × 2/3 = 180%
박력분	100	L	
식용유	40	M	

※ A=90, B=2,340, C=2,080, D=260, E=26, F=520, G=13, H=180, I=4,680, J=1,560, K=31.2, L=2,600, M=1,040

〈연습문제〉

〈조건〉 계란의 무게는 껍질 무게 포함 60g이다.

1. 노른자 2,340g을 사용하려면 몇 개의 계란을 준비해야 하는가?

> 해설
> ① 계란 1개 중의 노른자 = 계란의 약 30%
> → 60g × 0.3 = 18g
> ② 필요한 개수 = 2,340 ÷ 18 = **130[개]**

2. 흰자 4,680g을 사용하려면 몇 개의 계란을 준비해야 하는가?

해설

① 계란 1개 중의 흰자 = 계란의 약 60%
   → 60g × 0.6 = 36g
② 필요한 개수 = 4,680 ÷ 36 = **130[개]**

3. 계란 1,000g을 사용하려면 몇 개의 계란을 준비해야 하는가?

해설

① 계란 1개 중 계란 = 계란의 약 90%
   → 60g × 0.9 = 54g
② 필요한 개수 = 1,000 ÷ 54 ≒ 18.52
   → 소수 이하 올림 → **19개**

4. 엔젤, 시폰, 카스텔라를 생산하는데 다음과 같이 노른자와 흰자가 필요하다.

구분	엔젤푸드	시퐁	카스텔라	계
노른자(g)	–	1,000	3,000	4,000
흰 자(g)	2,000	2,000	2,000	6,000

(1) 계산상 필요한 계란 개수는?

해설

· 노른자용 개수 = 4,000÷18 ≒ 222.2→ 223[개]
· 흰자용 개수 = 6,000÷36 ≒ 166.7→ 167[개]
· 더 많이 필요한 노른자용을 준비

(2) 계산상 흰자의 과부족은?

해설

· 계란 223개의 흰자 = 36×223 = 8,028[g]
· 남는 흰자 = 8,028-6,000 = 2,028[g]

───── 해 답 ─────

1. 130[개]   2. 130[개]   3. 19[개]   4. (1) 223[개] (2) 2,028[g]

17. 더치빵(Dutch Bread) 배합표

(1) 배합표 작성

1) 더치빵 반죽
① 분할 무게는 230g이며 9개를 만드는데 분할까지의 손실은 1.2%
② 밀가루의 1g 미만은 버려서 정수로 하고 배합표를 작성

2) 토핑용 반죽
① 토핑반죽은 본반죽 분할 무게 100g당 20g을 바른다.
② 토핑까지의 총 손실은 2.4%이며, 과부족이 없도록 토핑 배합표를 작성
   (단, 멥쌀가루의 1g 미만은 올려서 정수로 하고 다른 재료는 밀가루를 기준)

더치빵 반죽			토핑 반죽			
재료	비율(%)	무게(g)	재료	비율(%)	무게(g)	작성 요령
강력분	100	A	멥쌀가루	100	a	(1) 1개당 토핑용 반죽
물	B	708	중력분	20	b	$= 20g \times 2.3 = 46g$
이스트	2.5	C	이스트	2	c	(2) 총 토핑용 반죽 무게
제빵개량제	1	D	설탕	2	d	$= 46g \times 9 = 414g$
설탕	2	24	소금	2	e	(3) 총 재료 $= 414 \div 0.976$
소금	2	24	물	80	f	$\fallingdotseq 424.18[g]$
마가린	E	36	마가린	30	g	(4) 멥쌀가루 $= 424.18 \div 2.36$
탈지분유	2	24				$\fallingdotseq 179.7[g] \rightarrow 180g$
흰자	F	36				(5) 총 배합률 = 236%

※ A=1,200, B=59, C=30, D=12, E=3, F=3 a=180, b=36, c=3.6, d=3.6, e=3.6, f=144, g=54

(2) 배합표 작성 요령
① 총 배합률=174.5%
② 총 분할 무게=230g×9=2,070g
③ 총 재료 무게=2,070÷0.988≒2,095.14
④ 밀가루 무게=2,095.14÷1.745≒1200.65
   1g 미만은 버림 → 1,200g
⑤ %에서 g으로 전환할 때는 곱하기 "12"
⑥ g에서 %로 전환할 때는 나누기 "12"
⑦ 총 토핑 무게=20g×2,070/100=414g 필요(빵 반죽의 1/5)

※ 기타 제품의 배합표도 작성할 수 있어야 함

Part 3 밀가루의 수분문제

밀가루의 수분은 품질, 구매, 작업에 영향을 끼치므로 수분함량 또는 고형질 함량을 계산하여 가격을 비교하는 선진형 방법을 도입하고 기본이 되는 7개 분야의 문제를 연습하고자 한다.

I. 수분 함량에 따른 회분 계산

두 가지의 서로 다른 밀가루에 함유되어 있는 회분량은 수분을 고려하지 않고 비교하면 의미가 없다.

같은 밀가루인 경우에도 정상수분일 때의 회분함량이 수분 증발 후의 회분함량보다 낮은 것과 같다. 한편 회분함량은 고형질과 정비례관계가 있다. 대부분의 실험실은 수분 14%를 기준으로 계산하여 비교한다.

(1) 수분 12.30%에서 밀가루의 회분이 0.464%라면 수분 14%일 때 환산된 회분 %는?

회분(%)	고형질(%)	수분(%)
0.464	87.70	12.30
A	86	14

〈풀이〉

회분과 고형질을 대각선으로 곱하여 계산한다.

$87.70 \times A = 86 \times 0.464$

$A = 86 \times 0.464 \div 87.7 \rightarrow 0.455[\%]$

단, 회분 %는 소수 셋째 자리까지 표시

(2) 수분 11.50%일 때 밀가루의 회분이 0.480%라면 수분 13.50%에서는?

회분(%)	고형질(%)	수분(%)
0.480	88.50	11.50
A	86.50	13.50

〈풀이〉

대각선으로 곱하고 미지수를 구한다.

$88.5 \times A = 86.5 \times 0.48$

$A = 86.5 \times 0.48 \div 88.5 \rightarrow$ **0.469[%]**

(3) 수분 12%에서 밀의 회분이 1.900%라면 수분 15%인 밀에서의 회분은?

회분(%)	고형질(%)	수분(%)
1.900	88.0	12.0
A	85.0	15.0

〈풀이〉

회분과 고형질을 대각선으로 곱한다.

$88 \times A = 85 \times 1.9$

$A = 85 \times 1.9 \div 88 \rightarrow$ **1.835[%]**

(4) 수분 13%에서 밀의 회분이 1.800%이고 제분율 90%로 제분하면 밀가루에는 밀 회분의 0.25배가 된다. 수분 15% 수준에서 밀가루의 회분 %는?

회분(%)	고형질(%)	수분(%)
1.800	87	13
A	85	15

〈풀이〉

밀 자체의 회분을 수분 15%에서 계산한다.

$87 \times A = 85 \times 1.8$

$A = 85 \times 1.8 \div 87 \rightarrow 1.7586 \rightarrow 1.759$

밀가루 회분 $= 1.759 \times 0.25 = 0.4398 \rightarrow$ **0.440[%]**

2. 수분 함량에 따른 단백질 계산

밀가루의 단백질함량도 회분과 마찬가지로 수분함량이 다른 상태에서 비교하는 것은 의미가 적다.
밀가루의 단백질도 밀가루의 고형질과 정비례한다.

(1) 수분 12%에서 밀가루의 단백질이 11%라면 수분 14%일 때 단백질 %는?

단백질(%)	고형질(%)	수분(%)
11	88	12
P	86	14

〈풀이〉
고형질과 단백질은 정비례하므로
$88 \times P = 86 \times 11$
$P = 86 \times 11 \div 88 = 10.75[\%]$
단, 단백질 함량은 소수 둘째자리까지 표시

(2) 수분 12.50%일 때 단백질이 11.50%인 밀가루가 수분 14%이면 단백질 %는?

단백질(%)	고형질(%)	수분(%)
11.50	87.50	12.50
P	86.00	14.00

〈풀이〉
단백질과 고형질을 대각선으로 곱한다.
고형질이 감소하면 단백질 %도 감소한다.
$87.5 \times P = 86 \times 11.5$
$P = 86 \times 11.5 \div 87.5 \rightarrow 11.30[\%]$

(3) 수분 15.10%일 때 단백질이 13.70%라면 수분 14%일 때 단백질 %는?

단백질(%)	고형질(%)	수분(%)
13.70	84.90	15.10
P	86.00	14.00

〈풀이〉
단백질과 고형질을 대각선으로 곱한다.
$84.9 \times P = 86 \times 13.7$
$P = 86 \times 13.7 \div 84.9 \rightarrow 13.88[\%]$

(4) 수분 6.20%인 밀가루의 단백질이 14.10%, 회분은 0.424%라면 14%의 수분을 기준으로
하면 단백질과 회분은 어떻게 변하는가?

단백질(%)	고형질(%)	회분(%)	수분(%)
14.10	93.80	0.424	6.20
P	86.00	A	14.00

1) 단백질 : 93.8 × P = 86 × 14.1
P = 86 × 14.1 ÷ 93.8 = 12.927 → **12.93%**
2) 회분 : 93.8 × A = 86 × 0.424
A = (86 × 0.424) ÷ 93.8 = 0.3887 → **0.389%**

3. 흡수율 변화의 계산

밀가루의 흡수(吸水)는 밀가루의 고형질이 물을 빨아들여 잡고 있는 능력이다.

어느 밀가루(반죽)의 총 수분량은 밀가루 내의 수분과 가수량(加水量)의 합이라 할 수 있다. 밀가루의 수분이 12.50%, 가수량이 63.00%인 반죽의 경우 총 수분량은 12.50% + 63.00% = 75.50%가 된다.

밀가루가 운송, 저장 중에 수분을 잃으면 반죽을 칠 때 흡수율을 높여야 하며, 반대로 저장중 수분이 증가하면 흡수율을 낮추어야 좋은 제품을 만들 수 있다. 같은 밀가루인 경우 밀가루 고형질과 총 수분은 정비례 관계를 갖는다.

(1) 입고 시 수분이 12%인 밀가루의 가수량이 63%였다면 저장 중에 수분함량이 10%로
떨어졌을 때 새로운 가수량을 계산하면?

1) 총 수분량 : T.W. × 88 = 75 × 90
T.W. = 75 × 90 ÷ 88 → **76.70[%]** (새로운 총 수분)
2) 새로운 가수량(X) : 새로운 총 수분 − 새로운 밀가루 수분
= 76.70 − 10.00 = **66.70[%]**

(2) 수분 12.50%일 때 밀가루의 흡수율이 60%이다. 저장 중에 수분이 10%로 감소하면
새로운 흡수율은 얼마가 되는가?

밀가루	흡수율(%)	수분(%)	전체 고형질(%)〈T.S.〉	전체 물(%)〈T.W.〉
입고시	60	12.5	87.5	72.5
저장 후	X	10	90	T.W.

〈풀이〉
총수분량 T.W.를 구한다.
T.W. × 87.5 = 72.5 × 90
T.W. = 72.5×90 ÷ 87.5 → **74.57**

총수분에서 새로운 수분을 뺀다.

X = 74.57 − 10 = **64.57[%]**

(3) 수분 12.90%인 밀가루의 단백질은 13.20%이고 흡수율은 66.20%였다.
6개월 저장 후 수분이 11.70%로 낮아졌을 때 새로운 흡수율은?

밀가루	흡수율(%)	총 고형질(%)	총 수분(%)
현재	66.20	87.10	79.1
6개월 후	X	88.30	T.W.

〈풀이〉

총 수분 T.W. = (79.1×88.3) ÷ 87.1→80.19[%]

흡수율 X = 80.19 − 11.70 = **68.49[%]**

4. 수분 함량에 따른 밀가루의 흡수율 계산

밀가루의 수분 함량을 고려하지 않고 흡수율을 직접 비교하는 것은 의미가 없다. 따라서 같은 수분을 기준으로 흡수율을 비교하는데 A.A.C.C.는 14%를 표준으로 하고 있다. 그러나 14%가 아니더라도 동일한 수분을 기준으로 하면 된다.

(1) "가" 밀가루는 수분 12.50%일 때 흡수율이 60%이고, "나" 밀가루는 수분이 10%일 때
흡수율이 63% 이다. 어느 밀가루의 흡수율이 더 높은가?

"가" 밀가루			
흡수율(%)	고형질(%)	수분(%)	총 수분(%)
60	87.50	12.50	72.50
X	86.00	14.00	T.W.

"나" 밀가루			
흡수율(%)	고형질(%)	수분(%)	총 수분(%)
63	90.00	10.00	73.00
X	86.00	14.00	T.W.

1) "가" 밀가루

① T.W.=(72.5×86)÷87.5=71.26[%]

② X=71.26−14=**57.26[%]**

2) "나" 밀가루

  ① T.W. $= (73 \times 86) \div 90 = 69.76[\%]$

  ② X $= 69.76 - 14 = \mathbf{55.76}[\%]$

   ∴ "가" 밀가루의 실제 흡수율(true absorption)이 더 높다.

(2) 다음의 표를 완성하여라.

수분(%)	흡수율(%)	회분(%)	단백질(%)	총고형질(%)	총수분(%)
12	65	0.550	13	①	②
14	③	④	⑤	⑥	⑦

  ① $= 100 - 12 = \mathbf{88}[\%]$

  ② $= 12 + 65 = \mathbf{77}[\%]$

  ③ $=$ ⑦ $- 14$

     ⑦ $=$ ② $\times$ ⑥ $\div$ ① $= (77 \times 86) \div 88 = 75.25[\%]$

     $\rightarrow 75.25 - 14 = \mathbf{61.25}[\%]$

  ④ $=$ (⑥ $\times 0.550) \div$ ① $= (86 \times 0.55) \div 88 = 0.5375 \rightarrow \mathbf{0.538}[\%]$

  ⑤ $=$ (⑥ $\times 13) \div$ ① $= (86 \times 13) \div 88 \rightarrow \mathbf{12.70}[\%]$

  ⑥ $= 100 - 14 = \mathbf{86}[\%]$

  ⑦ $= 14 +$ ③ $= 14 + 61.25 = \mathbf{75.25}[\%]$

(3) 밀가루 A는 수분 11.20%일 때 흡수율이 62.50%이고, 밀가루 B는 수분이 12.60%일 때 흡수율이 61.70%라면 실제 흡수율이 높은 밀가루는?

밀가루 A			
수분(%)	흡수(%)	고형질(%)	총 수분(%)
11.20	62.50	88.80	73.70
14.00	X	86.00	T.W.

밀가루 B			
수분(%)	흡수(%)	고형질(%)	총 수분(%)
12.60	61.70	87.40	74.30
14.00	X	86.00	T.W.

1) 밀가루 A

  ① 총 수분 T.W. $= (73.7 \times 86) \div 88.8 \rightarrow \mathbf{71.38}[\%]$

  ② 새로운 흡수율 $= 71.38 - 14 = 57.38[\%]$

2) 밀가루 B
  ① 총 수분 T.W. = (74.3×86) ÷ 87.4 → 73.11[%]
  ② 새로운 흡수율 = 73.11 – 14 = 59.11[%]
  ∴ 밀가루 B의 흡수율이 높다.

(4) 밀가루 "가"는 수분이 12.30%일 때 흡수율이 63.70%이고, 밀가루 "나"는 수분이 13.40%일 때 흡수율이
   63.80% 이다. "가"의 흡수율을 수분 13.40%를 기준으로 비교할 때 어느 쪽의 흡수율이 더 큰가?

밀가루 "가"			
수분(%)	흡수(%)	고형질(%)	총 수분(%)
12.30	63.70	87.70	76.00
13.40	X	86.60	T.W.

밀가루 "나"			
수분(%)	흡수(%)	고형질(%)	총 수분(%)
13.40	63.80	86.60	77.20
13.40	"	"	"

T.W. = (76 × 86.6) ÷ 87.7 → 75.05[%]
"가"의 새 흡수율 X = 75.05 – 13.40 = 61.65[%] 〈 "나"의 63.80%
총 수분은 "가"는 75.05% 〈 "나" 는 77.20% → "나"의 흡수율이 크다.

(5) 밀가루 A는 수분이 12.80%일 때 흡수율이 64.20%이고, 밀가루 B는 수분이 15.20%일 때
   흡수율이 61.80%이다. 수분이 12.80%인 경우 밀가루 B의 흡수율은?

	수분(%)	흡수율(%)	고형질(%)	총 수분(%)
밀가루 B	15.20	61.80	84.80	77.00
수분 12.80%	12.80	X	87.20	T.W.

1) 밀가루 B의 총 수분(T.W.) = (77 × 87.2) ÷ 84.8 → 79.18[%]
2) 밀가루 B의 흡수율(X) = 79.18 – 12.8 = 66.38[%]
3) 밀가루 A의 총 수분 = 12.80 + 64.20 = 77.00[%] → B와 같음
4) 그러나 밀가루 A의 흡수율은 64.20%, B의 흡수율은 66.38% 이므로 2.18%가 높다.

5. 밀가루의 고형질 기준에 따른 구매가격의 비교

제조공장에서의 조건에 맞는 품질이라면 구매가격은 밀가루의 고형질을 중심으로 결정할 필요가 있다. 물을 밀가루의 가격으로 살 필요가 없기 때문이다.

(1) 제조시험 결과 유사한 품질의 밀가루 두 제품에 대한 가격 비교

"가" 밀가루가 수분 11.70%, 20kg당 10,000원이고, "나" 밀가루가 수분 10.50%, 20kg당 10,500원일 때 어느 밀가루가 저렴한가?

항목	"가" 밀가루	"나" 밀가루
수분(%)	11.70	10.50
고형질(%)	100 − 11.70 = 88.30	100 − 10.50 = 89.50
kg당 가격(원)	10,000 ÷ (20 × 0.883) = 10,000 ÷ 17.66 = 566.25	10,500 ÷ (20 × 0.895) = 10,500 ÷ 17.9 = 586.59

(2) 밀가루 A는 수분 15.10%인데 가격이 10,000원/20kg이고, 밀가루 B는 수분 8.70%인데 가격이 10,500원/20kg라면 구매자 입장에서 어떤 밀가루가 경제적인가?
(단, 다른 조건은 같음)

항목	A 밀가루	B 밀가루
고형질(%)	100 − 15.10 = 84.90	100 − 8.7 = 91.30
kg당 가격(원)	10,000 ÷ (20 × 0.849) = 10,000 ÷ 16.98 = 588.93	10,500 ÷ (20 × 0.913) = 10,500 ÷ 18.26 = 575.03

(3) 어느 두 회사의 밀가루가 다음과 같은 조건일 때 20kg인 1,000포대를 구매하는 경우 고형질을 기준으로 하면 kg당 가격을 비교하고 전체 얼마의 가격차이가 나는지를 계산하면?

"가"회사 밀가루	수분 14.50%, 20kg 포대의 가격 10,000원
"나"회사 밀가루	수분 12.00%, 20kg 포대의 가격 10,000원

1) "가"회사 밀가루
   ① 20kg 중의 고형질 = 20 × (1 − 0.145) = 20 × 0.855 = 17.1[kg]
   ② 고형질 kg당 가격 = 10,000 ÷ 17.1 → **584.80[원]**
   ③ 1,000포대의 고형질 kg = 17.1 × 1,000 = **17,100[kg]**

2) "나"회사 밀가루
  ① 20kg 중의 고형질 = 20 × (1 − 0.12) = 20 × 0.88 = 17.6[kg]
  ② 고형질 kg당 가격 = 10,000 ÷ 17.6 = **568.18[원]**
  ③ 1,000포대의 고형질 kg = 17.6 × 1,000 = **17,600[kg]**
    "가"와 "나"회사 공통 밀가루 kg당 가격 = 10,000 ÷ 20 = 500[원]
    ∴ 1,000포대 고형질 차이가격 = 500 × (17,600−17,100) = **250,000[원]**

6. 밀가루 무게 부족 여부 계산

밀가루 수분에 대한 정부규격은 15% 이하이다. 벌크(bulk)로 구매하거나 포장인 경우에 순(純)중량을 점검하여 부족 여부를 판단하는 방법이다.

(1) 수분이 10.2%인 20kg 포장 밀가루의 내용물이 실제 19.5kg라면 국가규격에 비해 부족한가?
  ① 실제의 밀가루 무게 = 19.5[kg]
  ② 밀가루 안의 수분 무게 = 1.99[kg] ← 19.5 × 0.102 = 1.989[kg]
  ③ 밀가루의 고형질 무게 = **17.51[kg]** ← 19.5 − 1.99 = 17.51[kg]
  ④ 규격상 기준 = 20 × 0.85 = **17.0[kg]**
    ∴ 부족하지 않다.

(2) 어느 회사의 특정 밀가루를 구입하는데 가격은 20kg 포대당 10,000원,
    수분함량을 12.50%이하로 계약했는데 납품시의 수분을 정량하였더니 14.00%가 되었다.

  1) 1포대당 밀가루 고형질은 얼마나 부족한가?
    ① 수분 12.50%일 때 20kg당 고형질 = 20 × 0.875 = 17.5[kg] ← 계약시
    ② 수분 14.00%일 때 20kg당 고형질 = 20 × 0.86 = 17.2[kg] ← 납품시
    ∴ 17.5 − 17.2 = **0.3[kg]**이 부족

  2) 20kg포대당 몇 원의 손해를 보는가?
    ① 밀가루 고형질 1kg당 가격 = (10,000 ÷ 20) ÷ 0.875 → **571.43[원]**
    ② 20kg당 중량 부족 = 0.3kg, 손해금액 = 571.43 × 0.3 → **171.43[원]**

(3) 어느 제과점은 정부규격 수분 15% 이하의 밀가루 100kg을 구매하려 한다.
  1) 수분 10.20%, 순중량 99.3kg의 밀가루를 납품받았을 때, 같은 밀가루를 순중량 100kg으로
    환산하여 과부족을 계산하면?
    ① 수분 함량 = 99.3 × 0.102 = 10.1286 → 10.13[kg]
    ② 고형질 함량 = 99.3 − 10.13 = **89.17[kg]**
    ③ 같은 밀가루 100에 대한 고형질 = (100−10.13)% = 89.87% → 0.8987
    ④ 고형질 기대치 : 99.3kg × 0.8987 ≒ **89.24kg** → 부족

2) 수분 12.30%, 순중량 98.50kg의 밀가루를 납품받았을 때, 순중량 100kg으로 환산하여
　　과부족을 계산하면?

　　① 수분 함량 = 98.5 × 0.123 = 12.1155 → 12.12[kg]

　　② 고형질 함량 = 98.5 - 12.12 = **86.38[kg]**

　　③ 100에 대한 고형질 = (100-12.12)% = 87.88% → 0.8788

　　④ 고형질 기대치 : 98.5kg × 0.8788 → **86.56kg** ∴ 부족하다.

7. 반죽에 대한 물리적시험을 위한 밀가루 계산

패리노그래프, 믹소그래프, 아밀로그래프, 침강시험과 같은 여러 가지 물리적 실험에 사용되는 밀가루는
실험의 일관성과 평형을 유지하기 위하여 수분 14%의 특정무게를 기준으로 사용된다.

(1) 아밀로그래프(amylograph)에 사용하는 밀가루는 수분 14%일 때 무게는 100.0g 이다.
　　수분 11.78%인 밀가루는 얼마를 사용해야 하는가?

밀가루(g)	고형질(g)
100.0	86.0
X	88.22

① 기준 밀가루의 고형질= 100 - 14 = 86[%]

② 사용할 밀가루 고형질= 100 - 11.78 = 88.22[%]

③ X × 88.22 = 100 × 86

④ X = (100×86) ÷ 88.22 → 97.48 → **97.5[g]**

(2) 침강시험(Sedimentation Test)에 수분 14%인 밀가루 4.0000g을 사용한다면
　　수분 11.50%, 단백질 10.50%, 회분 0.480%인 밀가루는 얼마를 사용하면 되는가?

밀가루(g)	고형질(%)
4.0000	86.0
X	88.5

① 기준 밀가루의 고형질 = 100 - 14 = 86[%]

② 사용할 밀가루 고형질 = 100 - 11.5 = 88.5[%]

③ X × 88.5 = 4 × 86

④ X = (4) × (86) ÷ 88.5 → **3.8870[g]**

(3) 패리노그래프시험(Farinograph Test)에 수분 14%인 밀가루 300.0g을 사용한다면
수분 15.20%인 밀가루는 얼마를 사용해야 평형을 이루는가?

밀가루(g)	고형질(%)
300.0	86.0
X	84.8

① 기준 밀가루 고형질 = 100 − 14 = 86[%]
② 사용 밀가루 고형질 = 100 − 15.2 = 84.8[%]
③ X × 84.8 = 300 × 86
④ X = (300 × 86) ÷ 84.8 → 304.245 → **304.2[g]**

(4) 믹소그래프시험(Mixograph Test)에 수분 14%인 밀가루 35.0g을 사용한다면
수분 6.30%인 밀가루는 몇 g을 사용해야 하는가?

밀가루(g)	고형질(%)
35.0	86.0
X	93.7

① 기준 밀가루의 고형질 = 100 − 14 = 86[%]
② 사용 밀가루의 고형질 = 100 − 6.3 = 93.7[%]
③ X × 93.7 = 35 × 86
④ X= (35×86) ÷ 93.7→ 32.1238 → **32.1[g]**

〈연습문제〉

1. 밀가루를 구매할 때의 계약 조건이 수분 함량 12.0%일 때 20kg 1포대당 10,000원이었다.
그런데 납품시 측정하였더니 평균적으로 수분이 12.9%, 포장지를 뺀 밀가루의 순중량은
19.5kg으로 판명되었다.

1) 계약을 기준으로 고형질 순중량은 얼마나 부족한가?
① 계약상 밀가루의 고형질 비율 = 100 − 12 = 88[%]
② 납품한 밀가루의 고형질 비율 = 100 − 12.9 = 87.1[%]
③ 납품한 밀가루의 고형질 양 = 19.5 × 0.871 → 16.9845[kg]
④ 계약상 밀가루의 고형질 양 = 20 × 0.88 = 17.6[kg]
⑤ 계약과의 차이 = 17.6 − 16.9845 = 0.6155[kg] ← 20kg 1포대당

2) 1포대당 금액의 손실은 얼마인가?

① 계약상 고형질 kg당 가격 = 10,000 ÷ (20 × 0.88) = 10,000 ÷ 17.6 → 568.1818 → **568.18[원]**

② 1포대당 손실액 = kg당 가격 × 손실량 = 568.18 × 0.6155 → **349.71[원]** ≒ **350원**

3) 1포대당 가격은 얼마로 조정하는 것이 합리적인가?

가격(원)	고형질(%)
10,000	88.00
X	84.92

① 납품 밀가루 고형질 : 87.1 × 0.975=**84.92[%]**
② 계약 밀가루 고형질 : **88%**
③ X × 88 = 10,000 × 84.92
④ X = (10,000 × 84.92) ÷ 88 = **9,650[원]**

2. 다음은 어느 강력분을 실험실에서 분석한 결과이다.

수분(%)	회분(%)	단백질(%)	흡수율(%)	피크 타임(분)
11.50	0.463	12.16	62.50	10.5

14%의 수분 기준(Moisture-Basis)으로 전환하면?

수분(%)	회분(%)	단백질(%)	흡수율(%)	총 고형질(%)	총 수분(%)
11.50	0.463	12.16	62.50	88.50	74.00
14.00	A	B	C	86.00	D

1) 총 수분 D = (74 × 86) ÷ 88.5 → **71.91[%]**
2) 흡수율 C = 71.91 − 14 = **57.91[%]**
3) 회분 A = (0.463 × 86) ÷ 88.5 => 0.4499 → **0.450[%]**
4) 단백질 B = (12.16 × 86) ÷ 88.5 = 11.816 → **11.82[%]**
   ∴ A=0.450, B=11.82, C=57.91, D=71.91

───── 해 답 ─────

1. 1) 0.6155[kg] 2) 349.71[원] ≒ 350원 3) 9,650[원]
1. A=0.450, B=11.82, C=57.91, D=71.91

Part 4 재료과학

I. 탄수화물

(1) 일반적인 분류

항 목	단당류(單糖類) mono-saccharides	이당류(二糖類) di-saccharides	다당류(多糖類) poly-saccharides
종류	포도당 과당 갈락토오스	설탕(자당) 맥아당 유당	올리고당 (3당류~5당류) 전분
분자식	$C_6H_{12}O_6$	$C_{12}H_{22}O_{11}$	$C_m(H_2O)_n$
특징	당류의 기본단위 당의 최소단위	단당류-단당류(-H_2O) ※설탕은 비환원당	많은 단당류가 결합

(2) 탄수화물 분해효소

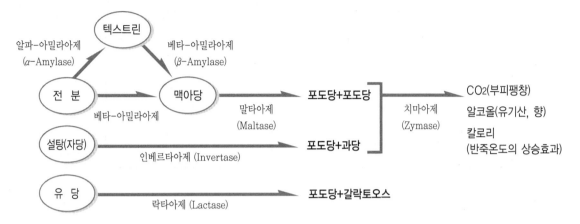

〈연습문제〉

밀가루에 설탕(자당)과 탈지분유를 넣고 만든 식빵을 먹고 소화시켰을 때 생성되는 단당류만으로 구성된 것은?

가. 포도당

나. 포도당 + 과당

다. 포도당 + 과당 + 갈락토오스

라. 포도당 + 과당 + 유당

—— 해 답 ——

1.다

(3) 전분의 구조

항목/분자	아밀로오스(Amylose)	아밀로펙틴(Amylopectin)
분자 구조	직쇄(直鎖)=곧은 사슬 구조	측쇄(側鎖)=가지를 친 사슬 구조
분자량	500~2,000개의 포도당	5,000개 이상의 포도당(많다)
요오드 반응	청색(靑色)	적자색(赤紫色)
주요 결합형태	알파-1, 4-결합(찰기가 적다)	알파-1, 6-결합(찰기가 많다)
베타-아밀라아제	100% 가수분해	최대 52%까지 가수분해
일반 곡물	17~28%(메밀=100%)	72~83%(찹쌀=100%)
퇴화 속도	빠르다	느리다

(4) 전분의 호화(糊化)와 퇴화(退化)

생전분
베타-전분
물에 불용성
소화가 불량
밀가루 전분
(56~60℃에서 호화 시작)
응용 〈스낵 반죽〉

호화
퇴화

호정(糊精)
알파-전분
수용성
소화가 양호
풀
〈스낵 제품〉
→ 알파 상태의 스낵 전분

(5) 노화

1) 현상
① 전분질 식품이 딱딱해지거나 거칠어지는 현상
② 미생물에 의한 변질과 구별

2) 원인
① 수분의 손실과 이동
  · 전체적인 손실 → 전체적인 노화
  · 부위별 이동 → 부위가 거칠어지거나 질겨짐
② 전분의 퇴화

3) 노화와 온도
① -18℃에서 정지
② -7~10℃(냉장온도)에서 노화가 가속

〈연습문제〉

1. 다음의 당 중 환원당이 아닌 것은?
　　가. 포도당　　　　　　나. 설탕　　　　　　다. 맥아당　　　　　라. 유당
　　※ 비환원당(非還元糖)은 설탕(자당)

2. 제빵용 이스트에 의하여 발효되지 않고 반죽과 빵에 남아있는 당은?
　　가. 설탕　　　　　　나. 맥아당　　　　　다. 유당　　　　　라. 과당
　　※ 제빵용 효모에는 유당을 분해하는 "락타아제(lactase)"가 없다.

3. 맥아당을 직접 생산하는 효소는?

　　가. 알파-아밀라아제　　　　　　나. 베타-아밀라아제

　　다. 말타아제　　　　　　　　　라. 인베르타아제

　　※ 베타-아밀라아제는 당화효소

　　※ 말타아제는 맥아당을 분해한다.

4. 아밀로오스에 대한 아밀로펙틴의 설명으로 틀리는 항목은?

번호	항 목	내 용
가.	분자량	많다(1,000,000 이상)
나.	요오드 반응	적자색(붉은 보라색)
다.	분자구조	알파-1,6결합을 가진 측쇄 구조
라.	퇴화속도	빠르게 진행

　　※ 상대적으로 퇴화가 느리다.(찹쌀, 찰옥수수 등)

5. 전분질 식품의 노화(老化)가 가장 빨리 진행되는 온도는?

　　가. -18℃ 이하　　　　나. 0℃　　　　다. 20℃　　　　라. 43℃

6. 일반적인 밀가루 전분이 본격적으로 호화를 시작하는 온도는?

　　가. -18℃　　　　나. 27℃　　　　다. 60℃　　　　라. 99℃

7. 제과, 제빵 제품의 노화를 지연시키는 방법을 서술하라.

―― 해 답 ―――――――――――――――――――――――――――――

　　1.나　　2.다　　3.나　　4.라　　5.나　　6.다

　　7. ① 냉동 보관 · 저장(-18℃ 이하), ② 적정한 유화제 사용, ③ 양질의 재료 사용

　　　　④ 철저한 포장관리, ⑤ 제조시 적정한 공정관리

2. 유지

유지는 글리세린과 지방산의 에스테르로 이루어져 있는데 지방산의 크기와 구조, 글리세린에 결합한 위치에 따라 유지의 특성이 달라진다.

(1) 글리세린(glycerine)

1) 분자구조

```
        H
        |
   H — C — OH
        |
   H — C — OH
        |
   H — C — OH
        |
        H
```

2) 특성
  ① 감미(甘味)를 가진 액체로 물보다 비중이 크다.
  ② 3개의 수산기(–OH)가 있어 '글리세롤' 이라 한다.
  ③ 수분 보유제 역할(빵류와 과자류의 저장성 개선)
  ④ 용매작용(향료)과 유탁액에 대한 안정 기능

(2) 포화지방산(飽和脂肪酸 : Saturated Fatty Acids)

1) 단일결합 = 탄소와 탄소의 결합수가 1개로만 된 지방산

```
    H   H   H   H   H   H   H   H   H   H
    |   |   |   |   |   |   |   |   |   |
 —C —C —C —C —C —C —C —C —C —C —
    |   |   |   |   |   |   |   |   |   |
    H   H   H   H   H   H   H   H   H   H
```

2) 탄소의 수 = 탄소수가 많을수록 융점(融點)이 높아진다.

3) 일반식 = $C_nH_{2n+1}COOH$

4) 화학반응 = 안정적

5) 결합수(結合手) = 1개의 탄소는 4개의 결합수를 가지고 반응

〈연습문제〉

1. 포화지방산의 탄소수가 다음과 같을 때 융점이 가장 높은 것은?

　　가. 4개　　　　　　나. 8개　　　　　　다. 12개　　　　　　라. 18개

　　※ 탄소수가 많으면 융점이 높다. 4개는 -8℃, 18개는 69℃이다.

2. 포화지방산의 탄소수가 다음과 같을 때 융점이 가장 낮은 것은?

　　가. 6개　　　　　　나. 12개　　　　　　다. 16개　　　　　　라. 20개

3 다음의 지방산 중 융점이 가장 낮은 것은?

　　가. C_3H_7COOH　　　　　　　　　　나. $C_7H_{15}COOH$

　　다. $C_{17}H_{35}COOH$　　　　　　　　　라. $C_{21}H_{43}COOH$

　　※ 모두 포화지방산으로 탄소수가 가=4개, 나=8개, 다=18개, 라=22개이다.

해 답

　　1.라　　2.가　　3. 가

---

(3) 불포화지방산(不飽和脂肪酸 : Unsaturated Fatty Acids)

1) 이중결합(二重結合) = 탄소와 탄소 사이에 결합수가 2개 있는 지방산

$$
\begin{array}{ccccccccccc}
& \text{H} & & \text{H} & & \text{H} & & \text{H} & & \text{H} & & \text{H} \\
& | & & | & & | & & | & & | & & | \\
-\text{C} & - & \text{C} & - & \text{C} & = & \text{C} & - & \text{C} & - & \text{C} & - \\
& | & & | & & | & & & & | & & | \\
& \text{H} & & \text{H} & & & & & & \text{H} & & \text{H} \\
\end{array}
$$

2) 이중결합의 수 = 탄소수가 같을 때 이중결합이 많을수록 융점이 낮다.

3) 수소의 수 = 이중결합 1개마다 수소 2개가 부족

4) 화학반응 = 불안정(다른 원소와 결합하여 이중결합→ 단일결합)

5) 필수지방산 = 리놀레산, 리놀렌산, 아라키돈산

〈연습문제〉

1. 탄소수가 같고 이중결합의 수가 다음과 같다면 융점이 가장 낮은 것은?

　　가. 0개　　　　　　나. 1개　　　　　　다. 2개　　　　　　라. 3개

2. 다음의 지방산 중 융점이 가장 낮은 것은?

　　가. $C_{17}H_{29}COOH$　　　　　　　　나. $C_{17}H_{31}COOH$

　　다. $C_{17}H_{33}COOH$　　　　　　　　라. $C_{17}H_{35}COOH$

　　※ 이중결합 1개마다 수소 원자 2개가 없으므로 수소가 적으면 융점이 낮다.

──── 해 답 ────────────────────────────────

　　1.라　　2.가

──

(4) 유지의 가수분해(hydrolysis)

1) 반응식

(트리-글리세리드)　　(디-글리세리드)　　(모노-글리세리드)　　(글리세린)

$+R_1-\overset{O}{C}-OH$　　$+R_2-\overset{O}{C}-OH$　　$+R_3-\overset{O}{C}-OH$

(유리지방산)　　　　(유리지방산)　　　　(유리지방산)

2) 중간산물인 모노-글리세리드와 디-글리세리드 → 유화제(乳化劑)

3) 유리 지방산의 생성

　　① 산가(酸價)가 높아진다.(0.01%→3.00%)

　　② 발연점(發煙點)이 낮아진다.(250℃→190℃)

4) 인체에서 "리파아제(lipase)"에 의하여 1개의 '글리세린'과 3개의 '지방산'으로 가수분해되는 것을 "소화(消化)"라 한다.

(5) 유지의 산화(oxidation)

1) 반응식

$$-\underset{H}{\overset{H}{C}} = \underset{H}{\overset{H}{C}}- \quad + \quad O_2 \quad \longrightarrow \quad -\underset{|}{\overset{H}{C}}-\underset{|}{\overset{H}{C}}-$$

(유지사슬의 2중결합)　　　　(산소)　　　　　　　　(과산화물)

2) 알데히드와 산을 생성 → 냄새 발생 → 지방의 변질 → **산패(酸敗)**

3) 산화를 가속하는 요인
　① 이중결합(불포화지방산)
　② 산소
　③ 온도
　④ 금속(구리)
　⑤ 자외선

4) **항산화제**(산화를 방지, 지연시키는 것) - 비타민 E, BHA, NDGA, BHT 등

5) **보완제**(산화제와 병용하면 항산화효과를 증대) - 비타민 C, 구연산, 주석산 등

(6) 수소첨가(hydrogenation) = 경화(硬化)

1) 반응 원리

$$-\underset{H}{\overset{H}{C}}-\underset{}{\overset{H}{C}} = \underset{}{\overset{H}{C}}-\underset{H}{\overset{H}{C}}- \quad + \quad H_2 \quad \longrightarrow \quad -\underset{H}{\overset{H}{C}}-\underset{H}{\overset{H}{C}}-\underset{H}{\overset{H}{C}}-\underset{H}{\overset{H}{C}}-$$

(유지의 2중결합)　　　　　(수소)　　　　　　　　(포화지방산)

2) 이중결합 → 단일결합

3) 불포화지방산 → 포화지방산

4) 낮은 융점(액체유지) → 높은 융점(고체유지)

5) 대두유 → 마가린

　※ '요오드가'와 '브롬가'란 요오드(I)나 브롬(Br)이 불포화지방산의 이중결합에 정량적으로 반응하는 특성을 이용하는 것으로 지방 100g에 작용하는 요오드나 브롬의 mg수로 표시하는데 숫자가 많으면 불포화도가 큰 것이다.

(7) 용도별 유지의 특성

특성	내용	적용 제품
유화성	액체와 **기름**의 분리를 방지	반죽형 케이크
가소성	모양을 지탱 ← **고융점 지방** 함유	파이, 페이스트리
안정성	산화를 지연 ← 장기간 유통, 고온	건과자류, 튀김
쇼트닝성(기능성)	제품을 부드럽게 함	빵
향미	특성에 맞는 맛과 향	용도에 맞게 선택

〈연습문제〉

1. '요오드가'나 '브롬가'가 다음과 같을 때 불포화도가 가장 큰 지방은?

가. 30 이하   나. 50~70   다. 90~120   라. 130 이상

2. 유지가 글리세린과 지방산으로 가수분해될 때에 생성되는 중간산물로 유화제의 역할을 하는
물질 2가지는?

3. 유지가 산화되어 생성되는 물질로 냄새발생 등 산패상태로 되는 것은?

가. 모노-글리세리드   나. 디-글리세리드   다. 과산화물   라. 글리세린

4. 유지의 '경화'란 무엇을 가리키는가?

가. 수소첨가   나. 가수분해   다. 유리지방산   라. 비누화(검화)

5. 산화를 가속하는 요인 4가지를 열거하라.

6. 발연점과 직접적으로 가장 관계가 깊은 물질은?

가. 항산화제   나. 과산화물   다. 수소   라. 유리지방산

7. 다음 중 유지의 산패를 방지하는 항산화제의 보완제가 아닌 것은?

가. 비타민 E   나. 비타민 C   다. 구연산   라. 주석산

※ 토코페롤(tocopherol=비타민 E)은 항산화제 자체

8. 유지의 특성과 제품의 관계가 잘못된 항목은?

    가. 유화성 = 파운드 케이크   나. 안정성 = 건과자

    다. 쇼트닝성 = 버터 크림   라. 가소성 = 파이

9. 다음 중 불포화지방산인 필수지방산이 아닌 포화지방산은?

    가. 리노레산(linoleic acid)   나. 리노렌산(linolenic acid)

    다. 아라키돈산(arachidonic acid)   라. 팔미트산(palmitic acid)

해 답

1.라 2. 모노-글리세리드(monoglyceride), 디-글리세리드(diglyceride) 3.다   4.가

5. ① 이중결합(불포화도)이 많을 것 ② 충분한 산소 ③ 높은 온도

    ④ 부산화제(금속, 자외선, 촉매 등)가 많을 것

6.라 7.가 8.다 9.라

---

3. 단백질

단백질은 탄수화물이나 지방에 있는 탄소(C), 수소(H), 산소(O)의 3가지 원소 이외에 **질소(N)**를 가지고 있으며, 기본단위인 아미노산이 복잡한 구조로 결합되어 이루어진 물질로 생물체의 중추적 기능을 담당하고 있다.

단백질의 질소함량이 12~19%이므로 일반식품(16%)은 질소에 6.25를 곱하여 단백질 함량을 계산하고, 밀가루(17.5%)는 질소×5.7로 단백질을 계산한다.

(1) 아미노산

1) 아미노산(Amino Acids)의 생성

    단백질 → 유도단백질 → 아미노산

2) 기본 구조

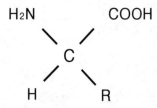

3) 카르복실기(-COOH) : 산(酸)을 나타내는 기(基)

4) 아미노기(-NH₂) : 염기(鹽基)를 나타내는 기(基)

5) 중성 아미노산(-COOH : -NH₂ = 1 : 1)
  ① Glycine ② Alanine ③ *Valine ④ *Leucine
  ⑤ *Isoleucine ⑥ Serine ⑦ *Threonine 〈*는 필수 아미노산〉

6) 산성 아미노산(-COOH : -NH₂ = 2 : 1)
  ① Aspartic acid ② Asparagine
  ③ Glutamic acid ④ Glutamine

7) 염기성 아미노산(-COOH : -NH₂ = 1 : 2)
  ① Arginie ② *Lysine
  ③ Citrulline ④ Hydroxylysine

8) 함황 아미노산 : 황(S)을 함유한 아미노산
  ① Cysteine ② Cystine ③ *Methionine 〈*는 필수 아미노산〉

9) 방향족 아미노산 : 방향족
  ① *Phenylalanine ②Tyrosine
  ③ Thyroxine ④ Diidotyrosine(I₂ Tyrosine) 〈*는 필수 아미노산〉

10) 이종환상 아미노산
  ① *Tryptophan ② Histidin
  ③ Proline ④ Hydroxyproline 〈*는 필수 아미노산〉
  ※ 시스테인과 시스틴은 밀가루 단백질에 함유되어 있다.

(2) 단백질의 분류

1) 단순 단백질 → AA만 생성
  ① 알부민(albumins)
  · 새로운 조직 형성 시 제1의 공급 단백질

- 다른 영양소를 운반
- 흰자, 혈청, 우유, 각종 조직 중에 존재
② 글로불린(globulins)
- **알파형=Cu를 운반**
- **베타형=Fe를 운반**
- **감마형=항체로 병균 방어**
- 계란, 혈청, 대마씨, 완두 등에 존재
③ 글루테린(glutelins)
- 중성용매에 불용성(不溶性), 열에 응고
- 곡식 낟알 특히, **밀의 글루테닌(glutenine)은 글루텐**을 구성하는 중요 단백질
④ 글리아딘(gliadins)
- 중성용매에 불용성, 열에 응고
- 밀〈gliadin〉, 옥수수〈zein〉, 보리〈hordein〉
- 프로라민(prolamins)이라고도 한다.
⑤ 알부미노이드(albuminoids)
- 동물의 결체조직(結締組織)인 인대, 건(腱), 발굽 등에 존재하는 단백질
- **collagen**, elastin, keratin(角素)
⑥ 히스톤(histones)
- 동물의 세포에만 존재
- 핵산과 결합 → 핵단백질, 철과 결합 → 헤모글로빈
⑦ 프로타민(protamins)
- 가장 간단한 구조의 단백질
- 배아 세포의 원형질 등 숙성된 생식세포에 존재

2) 복합 단백질 → AA+다른 물질
① 핵단백질(nucleoproteins)
- **단백질+핵산**
- 세포핵을 구성
- RNA, DNA와 결합하며 동식물의 세포에 존재
② 당단백질(glycoproteins)
- **단백질+당**
- 동물의 점액성 분비물〈mucin〉
- 연골과 건의 점성물질〈mucoid〉
③ 인단백질(phosphoproteins)
- **단백질+인산**
- 열에 응고되지 않는다.
- 우유의 '**카세인**', 노른자의 '오보비텔린'

④ 크로모단백질(chromoproteins)
- **단백질+발색단(發色團)**
- 포유류 혈액, 무척추 동물의 혈액, 녹색식물에 존재
- 헤모글로빈(hemoglobin)
- 헤마틴(hematin)
- 엽록소(chlorophyll)
⑤ 레시틴단백질(lecithoproteins)
- **단백질+레시틴**
- 레시틴의 인(P)은 가수분해되어 분리되지 않는다.
※ 지단백질(脂蛋白質)도 복합 단백질이다.

(3) 밀가루의 글루텐 형성 단백질

1) 젖은 글루텐(wet gluten)의 조성
밀가루+물+믹싱 → 탄력성과 신장성을 가진 새로운 복합물질

성 분	내 용		구성비(%)
물	수화(水化), 글루텐 형성		67
단백질	**글루테닌**	**탄력성×신장성**	26.4
	글리아딘	점성×유동성	
	메소닌, 글로불린 등		
전분	세척해내기 어려운 전분이 잔류		3.3
지방	글루텐에 결합된 지방		2.0
회분	밀가루에 함유된 회분		1.0
섬유질	밀가루에 함유된 섬유질		0.3

〈연습문제〉

50g의 밀가루에서 18g의 젖은 글루텐을 채취했다면 젖은 글루텐의 비율은?

$$젖은 \ 글루텐 \ \% = \frac{젖은 \ 글루텐 \ 무게}{밀가루 \ 무게} \times 100 = \frac{18}{50} \times 100 = \mathbf{36[\%]}$$

—— 해 답 ——

36[%]

2) 건조 글루텐(dry gluten)의 조성

성 분	젖은 글루텐		젖은 글루텐 %를 건조 글루텐 %로 전환	건조 글루텐 구성비(%)
	구성비(%)	고형질		
물	67	–	건조	0
단백질	26.4	26.4	$26.4/33 \times 100 \rightarrow$	80
전분	3.3	3.3	$3.3/33 \times 100 \rightarrow$	10
지방	2.0	2.0	$2.0/33 \times 100 \rightarrow$	6
회분	1.0	1.0	$1.0/33 \times 100 \rightarrow$	3
섬유질	0.3	0.3	$0.3/33 \times 100 \rightarrow$	1
계	100.0	33.0	$\rightarrow$	100

3) 건조 글루텐과의 관계

① 건조 글루텐의 % = 젖은 글루텐의 % ÷ 3
② 건조 글루텐의 % = 그 밀가루의 '단백질 %'로 본다.

〈연습문제〉

밀가루 25g에서 젖은 글루텐 10g을 얻었을 때 다음의 비율(%)을 구하시오.
1) 젖은 글루텐의 비율 = 10/25 × 100 = 40[%]
2) 건조 글루텐의 비율 = 젖은 글루텐의 비율 ÷ 3
            = 40 ÷ 3 ≒ 13.33[%]
3) 이 밀가루 단백질의 % = 건조 글루텐 % = 40 ÷ 3 = 13.33[%]

해 답

〈연습문제〉 1) 40[%] 2) 13.33[%] 3) 13.33[%]

1. 다음 중 염기성 아미노산은 어느 것인가?

번호	카르복실기	아미노기
가	1	1
나	1	2
다	2	1
라	2	2

※ 염기성인 '아미노기'가 많은 아미노산이다.

2. 다음 중에서 함황(S) 아미노산이 아닌 것은?
   가. 리신(lysine)　　　　　　　　나. 시스테인(cysteine)
   라. 시스틴(cystine)　　　　　　　다. 메티오닌(methionine)

3. 곡식에 널리 분포되어 있는 글리아딘(gliadin)은 다음 중 어디에 속하는가?
   가. 알부민　　　　나. 글로불린　　　　다. 글루테린　　　　라. 프롤라민

4. 혈액에서 산소를 공급하는 헤모글로빈은 다음 중 어느 단백질인가?
   가. 핵단백질　　　　　　　　　　나. 크로모단백질
   다. 인단백질　　　　　　　　　　라. 당단백질

5. 밀가루에서 중요한 역할을 하는 '글루테닌'은 다음 중 어디에 속하는가?
   가. 알부민　　　　나. 글로불린　　　　다. 글루테린　　　　라. 글리아딘

6. 밀가루 단백질 중 −황−황−(−SS−)의 분자구조를 가져서 결합력이 큰 것은?
   가. 시스틴　　　　나. 시스테인　　　　다. 메티오닌　　　　라. 트립토판

7. 밀가루의 특성인 '글루텐'을 형성, 탄력성과 신장성에 관계하는 단백질은?
   가. 글리아딘　　　　나. 글루테닌　　　　다. 알부민　　　　라. 알부미노이드

8. 젖은 글루텐에서 3.3%를 차지하고 있는 전분이 건조 글루텐에서는 몇 %가 되는가?
   ※ 젖은 글루텐의 고형질은 33% → 3.3/33 × 100 = 10[%]

9. 우유의 카세인(casein)은 다음 중 어느 단백질에 속하는가?
   가. 핵단백질　　　　나. 글로불린　　　　다. 인단백질　　　　라. 색소단백질

10. 혈액에서 항체를 만들어 병균을 방어하는 기능을 가진 단백질은?

　　가. 알파-글로불린　　　나. 베타-글로불린　　　다. 감마-글로불린　　　라. 피브리노겐

해 답

1.나　2.가　3.라　4.나　5.다　6.가　7.나　8.10[%]　9.다　10.다

---

4. 효소(酵素 : Enzymes)

효소란 어떠한 특정 기질(基質)이나 형태의 화학반응에 참여하여 과정을 가속시키지만 자신은 변화하지 않는 **생물학적 촉매**(觸媒)이다.

(1) 작용 기질에 따른 효소

1) 탄수화물

기 질	효소명	작 용
섬유질	셀룰라아제(cellulase)	섬유소를 분해
이눌린	이눌라아제(inulase)	돼지감자의 이눌린 → 과당
전분	**알파-아밀라아제**	전분 → 덱스트린
	베타-아밀라아제	전분, 덱스트린 → 맥아당
설탕(자당)	**인베르타아제(invertase)**	설탕 → 포도당+과당
맥아당	**말타아제(maltase)**	맥아당 → 포도당+포도당
유당	락타아제(lactase)	유당 → 포도당+갈락토오스
단당류	**치마아제(zymase)**	단당류 → CO_2+알코올+칼로리

2) 단백질

효소명	작 용
프로테아제(protease)	단백질 → 펩톤 → 펩티드 → 아미노산
펩신(pepsin)	단백질 → 펩톤 → 펩티드 → 아미노산(위액)
트립신(trypsin)	단백질 → 펩톤 → 펩티드 → 아미노산(췌액)
레닌(rennin)	단백질 → 펩톤 → 펩티드 → 아미노산(위액)
에렙신(erepsin)	단백질 → 펩톤 → 펩티드 → 아미노산(장액)

3) 지방

효소명	작용
리파아제(lipase)	유지 → 지방산+글리세롤
에스테라아제(esterase)	리파아제와 같음
스테압신(steapsin)	췌장

※ 명명법 : 작용하는 기질 어미에 -ase(-아제)를 붙인다.

ex) maltose → maltase

(2) 아밀라아제

1) 알파-아밀라아제와 베타-아밀라아제의 특성

항목	베타-아밀라아제	알파-아밀라아제
작용기질	전분, 덱스트린을 가수분해	전분을 가수분해
생성물	**맥아당(麥芽糖)을 직접 생산** ∴**당화효소(糖化酵素)**	**덱스트린을 생산(수용성)** ∴**액화효소(液化酵素)**
분해능력	아밀로오스(알파-1,4) = 100% **아밀로펙틴(알파-1,6) = 52%** ∴**외부 아밀라아제**	아밀로오스(알파-1,4) = 100% **아밀로펙틴(알파-1,6) = 100%** ∴**내부 아밀라아제**
열안정성	작다	크다
pH 안정성	크다(pH 4.5~9.2)	작다
자원	흔하다	맥아(麥芽, 엿기름)

2) 공급원별 알파-아밀라아제의 열안정성(활성이 반감)

곰팡이류(70℃) 아밀라아제 〈 맥아류(75℃) 아밀라아제 〈 박테리아(85℃) 아밀라아제

〈연습문제〉

1. 전분을 분해하는 효소는?

　가. 아밀라아제　　　나. 말타아제　　　다. 인베르타아제　　　라. 치마아제

2. 빵 발효를 하는 동안 직접 이산화탄소 가스를 발생시키는 효소는?

　가. 아밀라아제　　　나. 말타아제　　　다. 인베르타아제　　　라. 치마아제

3. 다음 효소 중 가장 낮은 pH에서 활성이 큰 효소는?

    가. 췌장의 아밀라아제   나. 위의 펩신

    다. 침의 프티알린   라. 장의 말타아제

4. 베타-아밀라아제에 대한 **알파-아밀라아제**의 설명으로 틀리는 것은?

    가. 알파-1,6결합도 분해한다.   나. 내부 아밀라아제라 한다.

    다. 전분을 맥아당으로 분해한다.   라. 액화효소라 한다.

5. 빵 발효와 관계되는 기질과 효소의 관계가 다른 항목은?

번호	기질	효소	생성물
가	전분	알파-아밀라아제	호정(덱스트린)
나	맥아당	말타아제	포도당+포도당
다	포도당	치마아제	이산화탄소+알코올
라	유당	락타아제	이산화탄소+알코올

    ※ 제빵용 이스트에는 락타아제가 없음.

      가수분해산물도 포도당+갈락토오스

6. 구워서 냉각시킨 식빵을 절단하여 자른 면을 평가했더니 빵 속이 끈적거리고 덜 익혀진 것처럼
   보이며 탄력성이 없고 손가락 자국이 그대로 남는 결점이 있다. 다음 어느 항목의 설명이 타당한가?

    가. 아밀로그래프 수치가 900 이상인 밀가루로 제조한 결과이다.

    나. 낮은 온도의 오븐에서 장시간 구운 제품이다.

    다. 베타-아밀라아제의 활성이 높아 맥아당 생성이 많은 밀가루로 만든 제품이다.

    라. 알파-아밀라아제의 활성이 높아 액화가 많이 진행된 밀가루로 만든 제품이다.

7. 다음 공급원 중 열안정성이 가장 큰 알파-아밀라아제는?

    가. 곰팡이류   나. 맥아류   다. 박테리아류   라. 공급원과 무관

───── 해 답 ─────────────────────────────────

     1.가   2.라   3.나   4.다   5.라   6.라   7.다

5. 이스트〈Yeast : 효모(酵母)〉

(1) 이스트의 일반적인 특성

1) 세포 형태

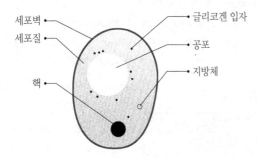

세포벽 — • 글리코겐 입자

세포질 — • 공포

핵 — • 지방체

- 미생물(微生物) : 직경 1~10μ의 크기
- 식물(植物) : **세포벽(cell wall)**을 가지고 있다.
- 타가영양체 : 엽록소가 없어 광합성 작용을 할 수 없다.
- 핵(核) : 유전물질(단백질 생합성), 핵산(DNA, RNA)

2) 학명(學名)

Saccharomyces cerevisiae〈속명(**屬名**) 종명(種名)〉

3) 생식(生殖)

- **주방법 = 출아법(出芽法)**
- 포자 형성
- 유성생식(잡종교배)

4) 화학적 구성

수분(%)	회분(%)	단백질(%)	인산(%)	pH
68~83(70)	1.7~2.0	11.6~14.5	0.6~0.7	5.4~7.5

5) 효소(酵素)

- **인베르타아제**
- **말타아제**
- **치마아제**
- 프로테아제
- 리파아제

6) 제품

① 생이스트(Fresh Yeast, Compressed Yeast)
- 28~32℃, pH 4~5에서 배양 증식 → 정형 → 템퍼링
- 저장온도 : **0℃(2개월=현실적인 저장온도)**, 13℃(2주), 22℃(1주), -18℃이하(1년)

② 활성 건조 효모(Active Dry Yeast)
- 생이스트 → 저온건조 → 효소의 활성화
- 수분 7.5~9%, 고형질 90%이상(제빵용, 제약용)
- 40~45℃의 물(4배 분량)에 풀어서 사용
- 냉수사용 → **글루타티온** 침출 → 빵 반죽 약화
- 실제 대체량=생이스트의 **40~50%**(이론상 1/3)

③ 불활성 건조 효모(Inactive Dry Yeast)
- 생이스트 → 고온건조 → 효소의 불활성화
- 빵, 과자의 영양보강제로 곡물에 부족한 **리신**이 풍부
- 영양제나 사료의 원료
- 당밀이나 유장 배지에서 배양한 효모나 맥주 부산물

④ 인스턴트 이스트(Instant Yeast)
- 내열성(耐熱性)이 큰 종균으로 만든 이스트를 건조
- 죽은 세포가 감소되는 활성건조효모

※ 생이스트의 고형질 비율 : 활성건조효모의 고형질 비율=30 : 90
즉, 활성건조효모의 경우 생이스트보다 고형질이 3배이므로 이론상 1/3만 사용해도 되지만 건조이스트는 건조, 저장, 수화 등의 과정을 통해 죽은 세포(dead cell)가 생기므로 이론상의 사용량보다 더 많은 양을 사용한다.

(2) 이스트의 작용 = 발효

1) 생육조건

① 영양소 : **설탕, 질소**, 광물질, 비타민, 물
② 환경요소
- 온도 : **38℃까지는 온도 상승∝발효 속도가속**
- pH 4~6 : 가스발생력 양호(세포 pH 5.8을 유지)
- 알코올(스펀지 반죽) 3% 이상 : 발효활동 감소
- 삼투압 : 소금 1%, 설탕 5% 이상 발효 속도 감속

2) 발효작용

① **팽창** : CO_2가스 발생 → 부피 팽창
② **글루텐의 숙성** : pH하강→탄력성과 신장성의 합(合)이 증가→이산화탄소 가스의 함유능력 증가
③ **향의 발달** : 알코올, 유기산, 알데히드→pH의 하강, 향의 발달
④ **칼로리의 발생** : $C_6H_{12}O_6 \rightarrow 2CO_2 + 2C_2H_5OH + $**66cal**

$$(100g \rightarrow 46.4g + 48.6g + 5g)$$

열량으로 인한 반죽온도 상승(27 → 29℃)

3) 사멸온도

① 세포 : 63℃ → 세포는 죽어도 이스트 내의 효소는 계속 작용
② 포자 : 69℃ → 굽기 공정 중 완전 사멸(死滅)

(3) 사용과 취급

1) 사용의 증감

① 증가시켜 사용할 경우
- **글루텐 질이 좋은 밀가루** : 팽창의 증가에 견디는 구조 형성
- **소금 증가** : 삼투압 증가 → 발효지연
- **설탕 증가** : 삼투압 증가 → 발효지연
- **우유 증가** : 완충역할(pH 변화 감소) → 발효지연 + 구조 강화(단백질)
- **낮은 반죽온도** → 발효지연
- **발효시간을 단축**하고자 할 때

② 감소시켜 사용할 경우
- **손으로 하는 작업공정**이 많을 때 → 발효시간이 연장
- **발효시간을 지연**시킬 때(야간에 믹싱할 경우)
- **자연효모와 병용**(竝用)할 때(sour-dough)
- **작업량이 많을 때** → 많은 시간 소요
- **작업장 온도가 높을 때**

2) 취급사항

- 높은 온도의 물에 직접 닿지 않게 한다.(48℃부터 이스트 세포의 파괴 시작)
- 소금과 직접 닿지 않게 한다.(소금으로 인한 삼투압 현상)
- 소규모 공장에서는 날씨를 감안한다.(고온다습 → 발효 촉진)
- 이스트는 도착 즉시 냉장고에 보관한다.(−1~5℃가 경제적인 보관온도)
- 선입선출(先入先出) 즉, 먼저 들어온 제품부터 사용한다.
- 사용직전에 냉장고에서 꺼내고 남은 이스트도 즉시 냉장고 보관한다.
- 믹서 성능이 나쁜 경우 물에 풀어 사용한다.

〈연습문제〉

1. 제빵용 효모의 학명은?

2. 이스트의 가장 일반적인 생식방법은?
   가. 분열법　　　　　　나. 출아법　　　　　　다. 유성생식　　　　　　라. 포자법

3. 활성 건조 효모를 냉수에 수화시킬 때 침출되어 나와서 빵 반죽을 약화시킨다는 물질은?
   가. 시스테인　　　　　나. 시스틴　　　　　　다. 글루타티온　　　　　라. 에틸알코올

4. 생이스트의 고형질은 약 30%, 활성 건조 효모의 고형질은 약 90%이다. 생이스트 1,000g 대신
   활성 건조 효모를 대치할 때 사용량은?
   가. 약 35%　　　　　　나. 약 45%　　　　　　다. 약 75%　　　　　　라. 약 90%

5. 다음의 설명 중 틀리는 항목은?
   가. 생이스트의 세포는 63℃가 넘으면 사멸한다.
   나. 이산화탄소 가스는 49℃가 넘으면 용해도가 감소하여 가스로 방출된다.
   다. 이스트는 생물이므로 영양요소와 환경요소에 영향을 받는다.
   라. 제빵용 이스트의 가스발생을 위한 최적 pH는 7~8이다.
   ※ pH는 4~6(산성), 온도는 28~32℃가 적정한 범위

6. 정상적인 경우에 비하여 이스트를 더 많이 사용해도 좋은 경우가 아닌 항목은?
   가. 글루텐 질이 좋은 경우
   나. 설탕 사용량을 증가할 경우
   다. 자연효모와 병용하는 경우
   라. 소금 함량이 많을 경우
   ※ 자연효모도 발효작용을 한다.

7. 제과점에서 생이스트를 보관하는 현실적인 온도는?
   가. -18℃　　　　　　나. 0℃　　　　　　다. 27℃　　　　　　라. 43℃

해 답

1.Saccharomyces cerevisiae

2.나　3.다　4.나　5.라　6.다　7.나

---

6. 밀가루(Wheat Flour)

(1) 밀알의 구성

항목 \ 부위	껍질(bran)	내배유(endosperm)	배아(germ)
구성비(%)	14	83	2~3
단백질(%)	19	70~75	8
단백질/구성비	19/14(>>1)	73/83(<1)	8/3(>>1)
회분(%)	많다(5.5~8.0)	적다(0.28~0.39)	중간(4.1~5.5)
지방(%)	중간(6)	적다(1)	많다(8~15)
섬유질	많다	적다	중간
탄수화물(%)	13~17	80~85	2~3

(2) 제분(milling of wheat)

1) 제분
① **껍질**과 **배아** 부위를 분리하여 **내배유** 부위를 분말화
② 정선, 세척, 템퍼링(tempering)한 밀을 **마쇄 · 체질**을 반복 → 밀가루를 혼합

2) 제분율
① **밀**에 대한 **밀가루** 비율(%) = 밀가루/밀×100
② 밀 100, 밀가루 100 → 100%(전밀가루)
　밀 100, 밀가루 72 → 72%

3) 분리율
① 제분한 밀가루에 대한 분리한 밀가루 비율(%)
② 제분율 80%인 밀가루의 분리율이 60%라면 밀 100%에 대하여 80%× 0.6=48%(고급 박력분)

4) 단백질의 변화
① 밀 → 1급 밀가루(-1%)
② 제분에 의해 **단백질이 많은 껍질과 배아를 제거**하기 때문에 밀단백질보다 1% 정도 **감소**하게 된다.

5) 회분의 변화
① 밀 → 1급 밀가루(1/4~1/5로 감소)
② 밀의 회분함량은 2.0%, 밀가루의 회분함량은 2%×1/4=0.5% 또는 2%×1/5=0.4% → 0.45%

6) 지방의 변화

① 밀 2~4% → 밀가루 1~2%
② 지방이 많은 배아와 껍질 분리(밀가루의 저장성과 관계)

7) 탄수화물의 변화

① 밀 70% → 밀가루 73%
② 내배유에 증가되는 유일한 성분
③ **적정 손상전분 = 4.5~8%**

(3) 밀가루의 종류

항목 \ 분류		강력분	중력분	박력분
양(量)	단백질 함량	12~15% (최소 11% 이상)	9~11%	7~9%
질(質)	흡수율	높다	중간	낮다
	믹싱 내구성	크다	중간	작다
	발효 내구성	크다	중간	작다
원맥(原麥)		경질소맥	중질소맥 (경질+연질 혼합)	연질소맥

(4) 제빵용 밀가루의 품질규격

품질 요소	식빵		하스 브레드	소프트 롤	단과자빵
	양산	제과점			
원맥	춘맥	경질동맥	춘맥	춘맥-동맥	춘맥
흡수율(%)	60~64	60~65	63~68	59~64	60~64
회분	0.39~0.46	0.40~0.50	0.44~0.52	0.39~0.45	0.39~0.45
아밀로그래프 (B.U)	475~625	450~600	400~600	475~625	475~625
단백질(%)	11~12.5	11.5~13.0	13.5~15.5	11.5~12.51	1.5~13
손상전분	5.5~7.8	6.0~8.0	7.0~8.5	5.5~7.8	5.5~7.8

(5) 제과용 밀가루의 품질규격

품질 요인	케이크		케이크 도넛	페이스트리	쿠키	비스킷
	고율배합	거품류				
원맥	연질동맥	연질동맥	경질+연질	연질동맥	연질동맥	경질+연질
흡수율(%)	46~52	44~48	52~58	50~56	48~52	50~54
회분(%)	0.30~0.36	0.29~0.33	0.40~0.44	0.40~0.46	0.40~0.46	0.36~0.44
점도(°) (맥미카엘)	35~50	30~45	80~110	45~60	35~55	60~90
단백질(%)	7~8	5.5~7.5	9.5~10	10.5~13.0	7.5~8.5	9~10

〈연습문제〉

1. 단백질 13%의 밀로 제분한 1급 밀가루의 예상 단백질 함량은?

   13% − 1% = 12%

   ※ 제분으로 인한 **1% 감소**

2. 회분 함량이 2.0%인 밀로 제분한 1등급 밀가루의 예상 회분 함량은?

   $2.0 \times 1/4 = 0.5$[%] 또는 $2.0 \times 1/5 = 0.4$[%]

   ※ 1/4~1/5로 감소, **평균=0.45%**

──── **해 답** ─────────────────────────────

   1. 12%   2. 0.45%

──

(6) 밀가루 등급과 회분 함량

1) 밀과 밀가루의 화학적 구성

제품	전체 질소(%)	단백질(%)	회분(%)
밀	2.05	11.69	1.73
상급 밀가루	1.82	10.37	0.40
하급 밀가루	2.33	13.28	1.34
등외분	2.47	14.08	4.10
껍질(기울)	2.33	13.28	6.38

① 같은 밀로 제분한 경우 껍질 부위가 적은 밀가루가 고급 밀가루이다.

② 껍질 부위가 적을수록 **회분**함량이 적다.

2) 회분의 의미

① **정제도 표시** : 껍질 부위가 얼마나 분리되어 있는가를 판단하는 척도

② 제분의 점검기준 : 공정단계별로 정제 상태를 점검

③ 제빵적성 : 제빵적성은 원맥과 제분율에 따라 영향을 받지만 밀가루를 혼합하면 회분함량이 조절되기 때문에 직접 관계되지는 않는다.

④ **밀 종류와 회분** : 일반적으로 회분은 **경질소맥〉연질소맥**, 같은 제분율인 경우에는 밀가루의 회분도 **강력분〉박력분**

(7) 밀가루의 표백과 숙성

산화제	사용량	작용	
		숙성	표백
산소(O₂)	–	O	O
브롬산칼륨(KBrO₃)	50ppm 이하	O	×
요오드산칼륨(KIO₃)	50ppm 이하	O	×
과산화벤조일(Benzoyl Peroxide)	100~160ppm	×	O
이산화염소(Chlorine Dioxide)	5~50ppm	O	O
비타민 C	200ppm	O	×
아조디카본아미드(Azodicarbonamide)	45ppm 이하	O	×
과산화아세톤(Acetone Peroxide)	20~40ppm	O	O
염소(Cl₂) 가스	1,300~1,700ppm	×	O
염소(Cl₂) 가스	200ppm 이하	O	×
표백 = ① 황색 색소를 제거(밀가루에 '카로테노이드'로 1.5~4ppm 함유) ② 색상 = 밀가루 입자, 껍질 입자 함량, 카로텐 색소 함량이 영향 숙성 = ① 제빵적성 개선 ② 양질의 속결과 기공 ③ 부피 증대			

(8) 밀가루의 저장

1) 미숙성 밀가루의 저장

① 제분 후 3주까지 **호흡기간(呼吸期間)**

② 호흡기간 중 사용할 경우 **발한(發汗)현상**, 신장성 결여 현상이 나타난다.

2) 저장 중 수분의 변화

① 상대습도 60% 이하인 곳에서는 수분의 증발

② 습도 유지에 주의

③ 습도가 높으면 수분을 흡수

3) 공기와의 접촉
① **표백효과** 곤충 증가
② 곰팡이의 활성 증가

4) 단백질의 변화(장기)
① 용해도 감소
② 단백질 일부 분해
③ 소화율 감소

5) 제빵적성
① 양호→ 제1차 악화→ 양호→ **제2차 악화**를 반복
② pH, 전체 산도, 수용성 질소, **글루텐의 양과 질**에 영향을 받는다.

6) 숙성기간
① 온도, 산소 등 조건에 영향을 받는다.
② **24~27℃에서 3~4주**

(9) 활성 밀 글루텐(vital wheat gluten)

1) 제조
① 밀가루+물+믹싱 → **글루텐**을 발달시킴
② 전분과 수용성 물질을 세척 → 젖은 글루텐을 채취
③ 글루텐을 건조(spray dry) → 수분 6% 이하의 분말
④ 젖은 글루텐+pH 4.6~5.1의 초산 → 건조

2) 구성
수분 4~6%, 광물질 0.9~1.1%, 지방 0.7~1.5%, 단백질(N×5.7) 75~77%

3) 기능
① 반죽의 **믹싱 내구성**(mixing tolerance)을 증대
② 1차 발효, 성형, 최종발효 과정 중 안정성을 높임.
③ **흡수율 증가** : 1%에 대하여 1.25~1.75%의 수분 증가
④ 제품 개선 : 부피 증대, 기공과 조직 개선
⑤ 저장성 연장(노화 지연)

4) 이용
① **하스**(hearth)형태의 빵(하드 롤, 프랑스빵, 이태리빵)
② 흑빵류(호밀빵 포함) : 껍질이 많아 구조가 약한 빵
③ **건포도빵** : 건포도의 중량에 의해 가라앉는 현상을 방지
④ 고단백빵 : 규정식 등 단백질 함량을 높이는 제품
⑤ 크래커와 프레첼(pretzel) 등 영양 강화 제품

※**영양 강화 밀가루(enriched flour)의 성분** 밀가루 1파운드(454g) 당

성 분	영양 강화 밀가루	일반 밀가루
티아민	2.0mg 이상	0.27mg
리보플라빈	1.2mg 이상	0.41mg
니아신	16.0mg 이상	4.50mg
철	함유	-

〈연습문제〉

1. 밀의 부위 중 (내)배유가 차지하는 구성비는?

　가. 2~3%　　　　나. 14%　　　　다. 75%　　　　라. 83%

2. 같은 밀로 제분한 밀가루의 성분이 다음과 같을 때 가장 고급 밀가루는?

번 호	단백질	회분
가.	11.5%	0.350%
나.	12.0%	0.390%
다.	12.5%	0.420%
라.	13.5%	9.550%

　※ 같은 밀일 경우에는 회분이 적을수록 고급

3. 다른 밀로 제분한 밀가루의 성분이 다음과 같으면 일반적인 관점에서 제빵적성이 가장 좋을 것으로 예상되는 밀가루는?

번 호	단백질(%)	회분(%)
가.	10.5	0.40
나.	11.5	0.40
다.	12.5	0.40
라.	13.5	0.40

　※ 제분율이 같으면 단백질 함량이 높은 밀가루가 제빵용으로 유리

4. 제빵용 밀가루의 손상 전분의 함량으로 적당한 것은?

    가. 0%   나. 3%   다. 6%   라. 9%

    ※ 권장함량=4.5~8%

5. 다음 밀가루 개선제 중 표백은 시키지만 숙성을 시키지 못하는 물질은?

    가. 산소   나. 과산화벤조일   다. 염소   라. 과산화아세톤

6. 밀가루의 색상에 관한 설명으로 틀리는 것은?

    가. 입자가 작을수록 밝은 색

    나. 껍질의 색소를 표백하여 희게 한다.

    다. 껍질 입자가 많을수록 어두운 색

    라. 배유의 황색색소는 표백제로 탈색

7. 밀가루의 종류(강력분, 박력분)를 분류하는데 가장 중요한 요인은?

    가. 제분율   나. 밀의 종류   다. 회분의 함량   라. 손상전분

해 답

    1.라   2.가   3.라   4.다   5.나   6.나   7.나

---

7. 감미제(sweetening agents)

(1) 설탕의 종류

1) 설탕(또는 자당(蔗糖), sucrose)

    ① 사탕수수 과즙→ 불순물 제거→ 농축→ 결정화, 원심분리→ **원당**(原糖)+**당밀**(糖蜜)

    ② 원당을 정제→ 정제당, **입상형**(粒狀形)

    ③ **입자**(粒子)의 크기가 다양

    ④ 사탕수수, 사탕무에서 추출

2) 분당(粉糖, powdered sugar)

① 정제당을 분말화+**3%의 전분**(+제3인산칼슘) → 덩어리 방지

② ×××××(6×) → 분말도 표시 (×자가 많으면 고운 분당)

③ **아이싱 슈거**(icing sugar)라고도 함

3) 액당(液糖, liquid sugar)

① 설탕이 물에 녹아있는 용액(**시럽**) 상태

② 형태 : 자당+물, 자당+전화당, 자당+포도당, 전화당+포도당, 자당+물엿

③ **고형질 함량**이 중요

4) 전화당(invert sugar)

① **설탕**(자당)을 가수분해 → **포도당+과당이 동량**(단당류의 혼합)

② 설탕 분해효소는 인베르타아제(invertase)

③ **보습성**(保濕性)이 증가

5) 포도당(dextrose)

① **전분** → 가수분해 → 맥아당

② **맥아당** → 가수분해 → **포도당+포도당**

③ 무수 포도당($C_6H_{12}O_6$)과 함수 포도당($C_6H_{12}O_6 \cdot H_2O$) → 일반 포도당

④ 잠열(潛熱) : **포도당=45.8Btu/파운드**(설탕=10Btu/파운드)

6) 물엿(corn syrup)

① 전분+물(가수분해) → 포도당+맥아당+**덱스트린**+물

② 전분 → **알파-아밀라아제** → 덱스트린(점성)

③점도(粘度) : **효소전환 물엿 < 산전환 물엿**(고형질=80%)

7) 맥아시럽(malt syrup)

① **전분당+덱스트린+가용성 단백질+광물질+물**

② 아밀라아제 활성 맥아시럽 : **가스 생산 증가**, 껍질색 개선, **제품수분 보유 증가**, 향

③ 린트너(Lintner)가(價) (30° 이하 =저활성, 70° 이상 =고활성)

8) 당밀(molasses)

① 사탕수수 → 원당+**시럽**(**당밀**의 설탕함량 = 50~70%)

② 럼(rum)주의 원료(Torula 균 발효)

9) 유당(lactose)

① 우유 중의 이당류로 제빵용 효모에 의해 **발효되지 않는다.**

② 입상형(100 mesh), 분말형(200 mesh), 미분말용(325 mesh)

※ 이외에 sorghum, 단풍나무당, 캐러멜 색소 등이 있다.

(2) 발효성 탄수화물(fermentable carbohydrates)

1) 이당류의 발효

$$C_{12}H_{22}O_{12} + H_2O \rightarrow C_6H_{12}O_6 + C_6H_{12}O_6$$

2당류   물   포도당   포도당

100g + 5.26g → 52.63g + 52.63g → 105.26 g

∴ 이당류 100g은 발효성 탄수화물 105.26g과 같다.

2) 포도당의 분자량

① 무수 포도당 : $C_6H_{12}O_6$ → 분자량 = 180

② 함수 포도당 : $C_6H_{12}O_6 \cdot H_2O$ → 분자량 = 180+18 = 198

③ 함수 포도당의 발효성 탄수화물 = 180/198 ≒ 90.91%(물은 발효와 무관)

④ 함수 포도당 100g중의 발효성 탄수화물 = 100g × 180/198 ≒ 90.91g

⑤ 발효성 탄수화물을 기준으로 할 때, 무수 포도당 100g과 같은 함수 포도당의 양 구하기

→ 함수 포도당의 발효성 탄수화물은 180/198이므로 증가시켜야 함

즉, 무수 포도당 ÷ (180/198) = 100 × (198/180) = 110[g] → **110g**과 같음

3) 설탕과 포도당의 관계

① 발효성 탄수화물을 기준으로 설탕 100g에 해당하는 무수 포도당의 양

→ 가수분해에 반응하는 물의 무게만큼 증가하므로

설탕(100g) + 물(5.26g) → 포도당(52.63g) + 포도당(52.63g) → 105.26g

② 발효성 탄수화물을 기준으로 설탕 100g에 해당하는 함수 포도당의 양

→ 설탕 100g은 무수 포도당 105.26g과 같고

무수 포도당 100g은 함수 포도당 110g과 같으므로

함수 포도당의 양 = 105.26g × 1.1 = 115.786 → **115.8g**

③ 일반 포도당(함수 포도당) 100g을 발효성 탄수화물 기준으로 대치할 설탕의 양

→ 일반 포도당 100g은 무수 포도당 90.91g과 같은 발효성 탄수화물 함유

무수 포도당 100g은 설탕 95g(← 100 ÷ 100/105.26)

무수 포도당 90.91g의 설탕 양은 90.91 ÷ (100/105.26) ≒ 86.367

→ **86.4[g]**

또는 100g × (100/115.8) = 10,000 ÷ 115.8 ≒ 86.36g → **86.4g**

〈연습문제〉

전화당(invert sugar)이란 무엇인가?

―― 해 답 ―――

포도당 50%, 과당 50%의 혼합물

8. 유지 제품(shortening products)

(1) 제품의 종류

1) 버터(butter)

① 지방은 꼭 **유지방**(乳脂肪)만으로 구성

② **지방 함량** 80% 이상

③ 맛과 향이 우수

④ 원료 : 우유지방

2) 마가린(margarine)

① 지방 종류에 관계없이 **지방 80% 이상**

② 버터 대용으로 제과 · 제빵용, **파이용** 등 다양

③ 기능성이 양호

④ 원료 : 동물성 지방, 식물성 지방, 동물성과 식물성 혼합

3) 쇼트닝(shortening)

① 지방 종류에 관계없이 **지방 100%**

② 다목적 쇼트닝, 유화 쇼트닝, 안정성 쇼트닝,

③ 기능성이 양호

④ 원료 : 동물성 지방, 식물성 지방, 동물성과 식물성 혼합

4) 라드(lard)

① 돼지의 지방조직을 정제

② **쇼트닝가**(價)**가** 중요 → 부드러움 제공

③ 원료 : 돼지 지방

5) 식용유(edible oil)

① 대두유, 채종유, 면실유, 옥배유 등

② **튀김용 기름 : 안정성**을 높인 기름

③ 샐러드 오일(salad oil) : **저온처리**(wintering)를 거친 기름

④ 원료 : 식물성 기름, 동물성 기름

6) 액체 쇼트닝(fluid shortening)

① 쇼트닝의 **유동성**(流動性)을 높인 제품

② 고체 지방을 감소시키고 **유화제**를 첨가

③ 가소성 쇼트닝의 기능을 가진 액체 형태

④ 원료 : 쇼트닝의 원료

(2) 튀김 기름(frying fats)

1) 일반적인 튀김 기름
① 사용에 적당한 기름 : **안정성**이 높은 기름, 식용유
② 기름 온도 : **180~196℃**, 무거운 제품은 낮은 온도

2) 튀김 기름의 요건
① 안정성 = 산패(酸敗)에 강한 성질
② 튀김 중 또는 포장 후 **불쾌한 냄새**가 없어야 한다.
③ **발한현상**이나 **지방침투현상**이 없어야 한다.
④ 열 전도 능력이 높고 튀기는 동안 튀김물의 구조 발달이 양호해야 한다.

3) 유리 지방산
① 양질의 도넛 생산에 적당한 **유리지방산** = 0.5% 수준
② **품질 기간**(quality period) = 0.5% 수준이 되는 기간
③ **발연점**(연기가 나기 시작하는 온도)이 낮아진다. (유리 지방산↑ → 발연점↓)

4) 튀김 기름의 4가지 적(敵)
① **온도 = 열** (185~195℃의 고온에서 튀김)
② **물 = 수분** (튀김물의 수분이 기름으로 들어감)
③ **공기 = 산소** (튀김이 공기에 노출)
④ **이물질** (가수분해 또는 산화의 촉매작용)

〈연습문제〉

버터, 마가린, 쇼트닝의 근본적인 차이는 무엇인가?

───┤ 해 답 ├────────────────────────────

버터는 유지방 80% 이상, 마가린은 일반지방 80% 이상, 쇼트닝은 일반지방 100%이다.

───────────────────────────────────────

(3) 계면활성제(界面活性劑, surfactants)

1) 화학적 구조
① **표면장력**을 수정 → 빵·과자 제품의 **노화지연**
② 친수성(親水性)그룹과 친유성(親油性)그룹을 공유
③ **친수성**(hydrophilic)그룹 → 극성기 → 물에 용해
④ **친유성**(lipophilic)그룹 → 비극성기 → 기름에 용해
⑤ **친수성-친유성의 균형**(Hydrophile-Lipophile Balance)

$$\text{HLB} = \frac{\text{친수성 부분}}{\text{계면활성제 분자}} \times 100 \div 5$$

※ HLB = 10은 계면활성제 중 친수성이 50%

　　HLB **9 이하** → **기름**에 용해(모노-글리세리드 = 2.8~3.5)

　　HLB **11 이상** → **물**에 용해(폴리솔베이트 60 = 15)

2) 주요 계면활성제

① 레시틴
- 동식물 세포 내의 필수적인 물질
- 2분자의 지방산=친유성, 1분자의 인산콜린 = 친수성
- 노른자와 대두에 함유

② 모노 · 디-글리세리드
- 지방 가수분해의 중간산물(모노-글리세리드=50%, 디-글리세리드=30~40%, 기타)
- 밀가루 대비 0.5% → 기공과 속결 개선, 부피 증가, 노화 지연 효과
- 유화쇼트닝=쇼트닝+쇼트닝의 6~8%의 유화제 혼합

③ 모노 · 디-글리세리드 DTAE
- Diacetyl Tartaric Acid Esters of Mono-Di-glyceride
- 무수디아세틸 주석산에 수산기를 반응
- 친수성기 : 친유성기=1 : 1

④ 아실 락티레이트
- Acyl Lactylate
- 스테아르산과 젖산을 칼슘염으로 중화시킨 반응산물
- 비극성 용매와 뜨거운 유지에 용해
- SSL(Sodium Stearoyl-2-Lactylate)은 빵에 많이 사용

⑤ 호박산 모노-글리세리드
- Succinylated Monoglyceride
- 물에는 불용성, 뜨거운 식물성유와 라드에 용해
- 기공과 조직 개선, 글루텐 강화로 인한 부피 증가, 노화지연

⑥ 기타 유화제
- 스테아르 푸마르산 나트륨(Sodium Stearyl Fumarate)
- 프로필렌 글리콜 모노 · 디-글리세리드(Propylene Glycol Mono-di-glyceride) : 빵제품에 효과적인 유화제

〈연습문제〉

HLB 12인 유화제는 어디에 잘 녹는가?

──── **해 답** ────────────────────────────────

　　물에 용해된다.

────────────────────────────────────

9. 우유와 유제품(milk and milk products)

(1) 우유와 유제품의 계통도

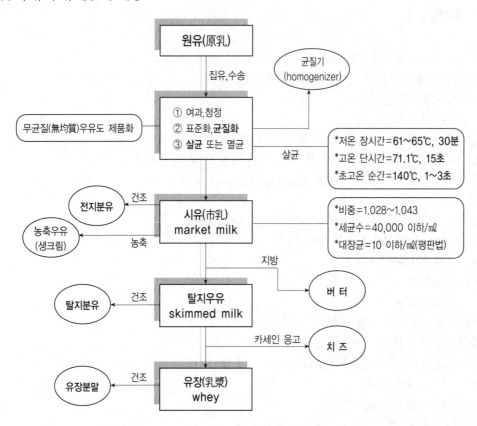

(2) 우유의 성분

1) 포유동물 젖의 평균 조성(%)

동 물	수 분	지 방	단백질	유 당	회 분
젖소	87.50	3.65	3.40	4.75	0.70
사람	87.79	3.80	1.20	7.00	0.21
양	80.60	8.28	5.44	4.78	0.90
돼지	80.63	7.60	6.15	4.70	0.92
말	89.86	1.59	2.00	6.14	0.41
낙타	87.67	3.02	3.45	5.15	0.71
개	74.55	10.20	3.15	11.30	0.80

2) 중요 성분

① 우유지방(milk fat, butter fat)
- 유지방 입자는 0.1~10μ(**평균 3μ**)의 미립자
- **비중 = 0.92~0.94**(유장보다 낮기 때문에 크림의 분리가 가능)
- 황색색소 물질인 **카로텐**과 콜레스테롤, 지용성 비타민
- **버터**의 원료

② 단백질(protein)
- **카세인 → 3% → 산(酸)**에 의해 응고 → **치즈의 원료**
  락트알부민과 락토글로불린은 **열(熱)**에 의해 응고
- 필수아미노산을 고루 함유

③ 유당(lactose)
- 평균 4.8%함유(젖의 종류에 따라 차이)
- 실온에서 연유의 알파 유당으로 모래알 같은(sandy) 결정체
- 유산균(乳酸菌)에 의하여 발효 → **pH 4.6(산가 0.5~0.7%) 이하** → **카세인** 응고
- **제빵용 이스트에 의해 발효되지 않는다.**

④ 광물질(minerals)
- 평균 0.72%(젖의 종류에 따라 차이)
- 전지분유 100g당 **칼슘(970mg)**, **인(750mg)**, 칼륨(1,100mg), **마그네슘(70mg)** 등
- 용액 중의 광물질 상태와 카세인과의 유기적으로 결합된 상태

⑤ 효소와 비타민(enzymes, vitamins)
- 각종 효소 함유 → 살균과 **분유제조**시 대부분이 불활성화
- **리파아제(lipase)**는 지방을 분해 → 탈향(off-flavors)의 원인
- 비타민 D, E는 결핍 → **비타민 D 강화우유**를 제조

3) 제빵과의 관계

① 완충제의 역할
- 탈지분유가 빵 발효 중 **pH의 변화**를 적게 하는 역할을 한다.
  즉, 탈지분유 미사용시 믹싱 후 pH 5.8 → 45분간 발효 후 → pH 5.1(△0.7 만큼 하강)
  또한 탈지분유 사용시 pH 5.94 → 45분간 발효 후 → pH 5.72(△0.22 만큼 하강)
- 발효 진행 중 산의 생성으로 pH가 떨어짐 → **발효상태** 확인
- 빵의 **과발효를 방지**
- 약한 밀가루, 아밀라아제 활성이 과도한 경우, 밀가루가 쉽게 지치는 경우에 분유를 사용한다.

② 껍질색 향상
- 잔류당으로 남는 **유당(乳糖)** → 껍질색을 진하게 함
- 유당(**환원당**의 일종)+**아미노산** → 멜라노이딘 색소로 갈변
  이를 **"갈변 반응"** 또는 **"마이야르 반응(Maillard Reaction)"** 이라 한다.

③ 6% 사용으로 인한 그 밖의 효과
　　· 부피 증가
　　· 기공과 조직 개선
　　· 껍질색 개선
　　· 브레이크 양호

〈연습문제〉

1. 다음 중 우유의 유장 비중으로 적당한 것은?

　　가. 0.93　　　　　나. 1.00　　　　　다. 1.03　　　　　라. 1.30

2. 다음 중 유당(乳糖) 함량이 가장 많은 유제품은?

　　가. 전지분유　　　나. 탈지분유　　　다. 생크림　　　라. 유장분말

3. 제빵에서의 우유의 기능이 아닌 것은?

　　가. 껍질색　　　　나. 감미　　　　다. 완충제　　　라. 구조 형성

4. 수분 88%, 유지방 3.5%인 우유 1,000g을 수분증발의 방법으로 농축시켜 400g으로 만든 연유에
　관한 내용이다.

　(1) 유지방 함량은?

　　가. 3.5%　　　　나. 7.0%　　　　다. 8.75%　　　라. 10.25%
　　※ 우유 중 유지방의 무게＝1,000g × 0.035＝35g
　　　연유 중 유지방 함량(%)＝35/400 × 100＝8.75[%]

　(2) 총 고형질은 몇 %가 되는가?

　　가. 30%　　　　나. 24%　　　　다. 12%　　　라. 6%
　　※ 우유 중 총 고형질 무게＝1,000g × 0.12＝120g
　　　연유 중 총 고형질 함량＝120/400 × 100＝30[%]

5. 수분 함량 88%, 단백질 3.40%인 우유 1,000g을 증발시켜 200g으로 만들고 여기에 100g의 설탕을
　첨가하여 만든 가당연유에 관한 내용이다.

　(1) 단백질 함량은?

　　가. 3.40%　　　　나. 6.80%　　　　다. 11.33%　　　라. 13.60%

※ 우유 중의 단백질 무게 = 1,000g × 0.034 = 34g
　　　가당연유의 총 무게 = 200g + 100g = 300g
　　　가당연유 중 단백질 함량 = 34/300 × 100 ≒ 11.33[%]

(2) 수분 함량은?

　가. 26.67%　　　　　나. 46.67%　　　　　다. 66.67%　　　　　라. 88.00%

　　※ 우유 중의 수분무게 = 1,000g × 0.88 = 880g
　　　증발시켜 농축시킨 후의 수분 = 880 − (1,000−200) = 880 − 800 = 80[g]
　　　가당연유 중의 수분 = 80/300 × 100 ≒ 26.67[%]

───| 해 답 |────────────────────────────────────

　　　1.다　2.라　3.나　4. 1)=다, 2)=가　5. 1)=다, 2)=가

10. 계란과 계란제품(Eggs and Egg Products)

(1) 계란의 구조와 부위별 구성

1) 구조

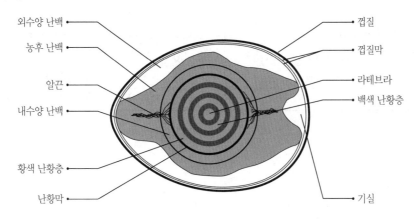

- · 껍질은 액체물질을 보호하는 용기의 역할
- · 껍질의 내막과 외막 사이에 공기포가 생성
- · 노른자의 **인단백질**인 **비텔린**(vitellin)이 막(膜)을 형성→공 모양을 유지
- · 알끈이 닻 역할
- · 흰자에는 진한 알부민과 묽은 알부민이 막으로 싸여 구분된 상태

2) 부위별 조성(%)

항목	껍질	전란	노른자	흰자
구성비	10.3(10)	89.7(90)	30.3(30)	59.4(60)
수분	–	75.0	49.5(50)	88.0
고형질	–	25.0	50.5(50)	12.0
단백질	–	12.7	16.1	11.0
지방	–	11.2	32.5	0.1
회분	–	1.1	1.9	0.8

(2) 계란의 중요 성분

부위	성분	함량(%)	특성
흰자	오브알부민(ovalbumin)	54	함황(S) 변성용이
	콘알부민(conalbumin)	13	철과 결합 항세균성
	오보뮤코이드(ovomucoid)	11	효소 트립신의 억제제
	라이소자임(lysozyme)	3.5	다당류 분해효소 항미생물
	아비딘(avidin)	0.05	비오틴(biotin) 흡수방해
노른자	인단백질(vitellin, phosvitin 등)	17~30	인(P)을 1~2% 함유
	지단백질(lipovitellin 등)	28~31	복합지방과 단백질이 결합
	인지질(lipoprotein)	2	레시틴, 세파린, 스핀고미에린

(3) 계란제품

1) 생계란(shell eggs)

· 흰자는 산란 직후 pH 7.6 → CO_2 가스 방출 → 24시간 내 pH 9.0

· 껍질과 내막은 많은 구멍과 반투막으로 인해 기체 교환이 가능

· 배(胚)의 발달로 **박테리아(Salmonella)**에 **오염** 가능(**위생에 주의**)

· 신선도 측정 : 등불 검사(candling test), 노른자의 높이와 공(球)모양

※ **난황계수**=난황 높이/난황 지름 → **0.361~0.442**

2) 냉동계란(frozen eggs)

- 껍질을 **세척, 살균** → 내용물로부터 분리하여 제거
- 노른자, 흰자로 분리하고 이물질 제거 → 계란과 강화란도 제조
- 냉동온도= -23~-26℃ → 저장온도= -18~-21℃ → 해동 후 사용
- 노른자의 응고 방지제로는 설탕, 소금, 글리세린이 있다.
- **강화란**=전란+**노른자**(전란의 약 25%)

3) 분말계란(powdered eggs)

- 제조방법 : 액체 계란 → **분무 건조**(팬 건조) → 분말화
- 성분

항목	흰자 분말	노른자 분말	계란 분말
수분	8.0[%] 이하	5.0[%]	5.0[%]
pH	7.0±0.5	6.3±0.3	8.0±0.5
지방	0.25[%]	59.0[%]	45.0[%]
단백질	82.0[%]	33.0[%]	46.5[%]
회분	5.5[%]	2.5[%]	5.0[%]
환원당	0.1[%] 이하	0.5[%] 이하	1.5[%] 이하

(4) 계란의 기능과 취급

1) 기능

- 팽창 작용 : 거품을 형성 → 부피 팽창 역할〈스펀지 케이크〉
- 결합제 : 주로 단백질의 변성으로 결합 능력〈**커스터드 크림**〉, 전분의 약 1/4 능력
- 속색을 개선 : **식욕**을 돋우는 황색 계열 제공
- **유화 작용** : 노른자의 **레시틴**(lecithin)
- **쇼트닝 효과** : 노른자의 **지방**이 제품을 부드럽게 하는 역할
- **영양가** 보강 : 단백질, 지방, 무기질, 비타민 등 **완전식품**

2) 취급

- **신선한 상태**로 사용 : 6~10[%]의 소금물(비중=1.08)에 가라앉는 상태, 난황계수가 큰 계란, 장기 사용할 경우 **냉장고**에 저장
- 껍질에 묻은 이물질 등을 세척, 살균하여 사용(위생란 상태)
- 계란 분말의 사용방법
  계란 분말 : 물=1 : 3, 노른자 분말 : 물=1 : 1.25, 흰자 분말 : 물=1 : 7

1. 카스텔라를 만드는데 계란 16.6kg이 필요하다면 껍질포함 60g인 계란을 몇 개를 준비해야 하는가?

   가. 277개   나. 308개   다. 462개   라. 923개

   ※ 계란 1개의 전란 무게 = 60[g] × 0.9 = 54[g]

      사용량 ÷ 1개당 무게 = 16,600 ÷ 54 ≒ 307.41 → 308[개]

2. 다음의 배합표를 기준으로 재료비를 절감하기 위하여 **계란을 100%**로 줄인다면
   이에 상당하는 **밀가루**와 물은 각각 얼마를 추가하는 것이 좋은가?

   (단, 베이킹 파우더 추가는 별도)

재료	비율(%)	무게(g)
박력분	100	10,000
설탕	150	15,000
계란	180	18,000
소금	2	200

   가. 1,000g, 9,000g   나. 1,500g, 6,500g

   다. 2,000g, 6,000g   라. 2,500g, 7,500g

   ※ 계란 감소량 = 10,000[g] × (1.8−1.0) = 8,000[g]

      계란 8,000[g]에서

      1) 고형질 = 8,000[g] × 0.25 = 2,000[g] → 밀가루로 대치

      2) 수분 = 8,000[g] × 0.75 = 6,000[g] → 물로 대치

3. 흰자의 성분으로 비오틴(biotin)의 흡수를 방해하는 것은?

   가. 콘알부민   나. 오보뮤코이드   다. 아비딘   라. 비텔린

4. 일반적인 흰자 분말(수분 = 8%) 1kg에 약 얼마의 물을 넣어야 일반 흰자와 비슷한 조성(고형질 = 11.5%)
   이 되는가?

   가. 3kg   나. 5kg   다. 7kg   라. 9kg

   ※ 흰자 분말 1,000[g] 중 **고형질** = 1,000 × 0.92 = **920[g]**

      첨가하는 물을 X라 하면,

      (1,000+X) : 920 = 100 : 11.5

      $11.5 × (1,000 + X) = 920 × 100$

      $11.5X + 11,500 = 92,000$

      $11.5X = 92,000 − 11,500 = 80,500$

      $X = 80,500 ÷ 11.5 = $ **7,000[g]**

5. 일반적인 **계란 분말(수분=5%)** 100g에 얼마의 물을 넣고 풀어주면 생계란(수분=75%)과
   같은 조성이 되는가?

   가. 100g   나. 125g   다. 225g   라. 280g

   ※ 계란 분말 100g 중의 고형질=100×0.95=95g

   첨가할 물의 무게를 X라 하면,

   $95 : (100+X)=25 : 100$

   $25 \times (100+X)=95 \times 100$

   $25X=9,500-2,500=7,000$

   ∴ **X=280g**

   또는 수분을 중심으로 계산하여도 같은 결과가 나온다.

   첨가할 물을 X라 하면

   (X+5) : (X+100)=75 : 100

   $100 \times (X+5)=75 \times (X+100)$

   $100X+500=75X+7,500$

   $100X-75X=7,500-500$

   ∴ **X=280g**

6. 계란에 있는 물질로 미생물의 침입을 방어하는 항세균역할을 하는 것은?

   가. 오브알부민(ovalbumin)   나. 콘알부민(conalbumin)
   다. 아비딘(avidin)   라. 비텔린(vitellin)

7. 노른자에 존재하여 제과에서 유화제의 역할을 하는 레시틴(lecithin)은 다음 중 어느 것에 속하는가?

   가. 인단백질   나. 지단백질   다. 인지질   라. 단순지질

8. 같은 계란인 경우 난황계수가 다음과 같을 때 가장 신선한 상태는?

   가. 0.361   나. 0.388   다. 0.415   라. 0.442

9. 스펀지 케이크를 만들 때, 일반적인 제조조건이 같고 같은 무게의 계란을 사용하는 경우에
   수율이 가장 낮게 나올 수 있는 계란의 생산계절은?

   가. 1월   나. 4월   다. 7월   라. 11월

   ※ 스펀지 케이크의 실험 결과 4월에 생산된 계란이 7월에 생산된 계란보다 15% 정도 부피 등이
     좋다는 보고가 있다.
     (다른 계절에 생산된 계란의 수율〉여름철에 생산된 계란의 수율)

10. 생계란을 세척, 살균하여 사용하는 이유는 주로 어떤 식중독을 예방하기 위한 것인가?

    가. 살모넬라균   나. 유해성 금속   다. 보툴리누스균   라. 장염 비브리오균

해 답

1.나   2.다   3.다   4.다   5.라   6.나   7.다   8.라   9.다   10.가

---

11. 제빵에서의 물과 이스트 푸드

(1) 물의 경도(硬度)

1) 경도별 분류

물의 경도	ppm	내 용
연수	0~120 미만	칼슘염, 마그네슘염의 양
아경수	120~180 미만	$Ca(HCO_3)_2$, $CaCl_2$, $Ca(NO_3)_2$, $CaSO_4$
경수	180 이상	$Mg(HCO_3)_2$, $MgSO_4$, $MgCl_2$, $Mg(NO_3)_2$

2) 산도별 분류

물의 경도	pH	내 용
산성 물	7 이하	산성비에 의한 지표수, 유기산이 많은 물
중성 물	7~8	일반 물
알칼리성 물	8 이상	칼슘과 마그네슘이 중탄산염 형태로 존재

3) 일시적 경수와 영구적 경수

일시적 경수	영구적 경수
탄산염	황산염
칼슘과 마그네슘이 가열에 의해 탄산염으로 침전되어 물의 경도를 낮추는 물	칼슘과 마그네슘이 가열하여도 용액으로 남아 있는 물

(2) 경도별 제빵 특성

물의 형태	제빵 특성	이스트 푸드 형태	이스트 푸드 요구량	기타의 조치
연수	· 글루텐을 연화 · 약하고 끈적이는 반죽	정규	증가	· 스펀지에 소금 첨가 · 정도에 따라 이스트 푸드
아경수	**가장 적합**	**정규**	**정상**	**불필요**
경수	· 글루텐을 강화 · 발효를 지연시키고 된반죽 상태	정규	**감소**	· 정도에 따라 감소 · 심한 경우 **맥아 첨가** · **이스트 증가**
산성	· 생물학적 순도 · 염소 가스가 10ppm 이상 → 효모 활성에 문제	정규	정상 경수 → 감소	· 심한 경우 황산칼슘 첨가
알칼리성	· 효소 작용 적정 · pH 4~5 도달에 문제 **→ 발효 지연**	산성	정상 경수 → 감소	· **맥아 첨가** · **유산(乳酸) 첨가**

(3) 반죽과 빵 속의 수분

1) 반죽의 흡수

성분	구성비(%)	흡수비율(%)	가수량이 65%일 경우	흡수량/구성비
생전분	68	45.5	30	30/68 → 0.44
단백질	14	31.2	20	20/14 → 1.43
펜토산	1.5	23.4	15	15/1.5 → 10.00

① **손상전분**은 자체 무게의 2배를 흡수
② 밀가루 1[g]의 표면적=235[㎡] → 복잡한 흡수 과정
③ 1·2차 발효 중 2~4[%]의 수분 발생 → 다소 질게 됨

2) 식빵의 수분변화

① **반죽의 수분 45%** → 굽기와 냉각 → **식빵의 수분 35%~38%**
② 굽기 중 단백질이 변성 → 물을 방출 → 전분이 젤라틴화하면서 물을 흡수
③ 굽기 후 껍질(15%)+중심(45%) → 냉각 후 35~36%

(4) 이스트 푸드(yeast food)

1) 기능
① **물 조절제** : 칼슘염을 공급 → 물을 아경수(120~180ppm)화
② **반죽 조절제** : 산화제 공급 → -SH→ -SS- → 결합 → 글루텐을 강화
③ **효모의 영양** : 암모늄염 공급 → 질소(N)공급 → 이스트 활성화

2) 형태
① 완충형
  · 중성인 물에 일반적으로 사용
  · **산성인산칼슘**(50%)+염화나트륨(19.35%)+전분(23.43%)+**황산암모늄(7%)**
    +**브롬산칼륨**(0.12%)+**요오드칼륨**(0.1%)
  ※ 아조디카본아미드=산화제
② 알카디형
  · 중성 또는 **산성**인 물에 일반적으로 사용
  · **황산칼슘**(25%)+염화암모늄(9.7%)+전분(40%)+**브롬산칼륨**(9.7%)+염화나트륨(25%)
③ 알칼리형
  · **알칼리성** 물에 주로 사용
  · **과산화칼슘**(0.65%)+전분과 밀가루(90.35%)+인산암모늄과 **인산디칼슘**(9%)

3) 제빵용 개량제
  · 주로 설탕을 적게 사용하는 빵류에 사용
  · **효소제**+**비타민 C**+**유화제**+포도당+밀가루와 전분
  · 발효 촉진, 부피 증대, 조직 개선

〈연습문제〉

1. 일반적으로 제빵에 적당한 물의 경도는?
   가. 0~60ppm 미만   나. 60~120ppm 미만
   다. 120~180ppm 미만   라. 180ppm 이상

2. 일반적인 분류상 물의 경도가 180ppm이라면 다음 중 어디에 속하는가?
   가. 연수   나. 아연수   다. 아경수   라. 경수

3. 경수를 끓이면 연수가 되는 원인은 다음 중 어느 것에 의한 것인가?
   가. 중탄산칼슘   나. 황산칼슘   다. 염화마그네슘   라. 황산마그네슘

4. 경수로 빵을 만들 때 조치할 사항으로 틀리는 것은?
   가. 맥아 첨가   나. 소금 증가   다. 이스트 푸드 감소   라. 이스트 사용량 증가

5. 단위 무게당 흡수율의 크기를 바르게 표시한 항목은?

　　가. 생전분〈손상전분〈단백질〈펜토산　　　　나. 생전분〈단백질〈손상전분〈펜토산

　　다. 펜토산〈단백질〈손상전분〈생전분　　　　라. 펜토산〈생전분〈단백질〈손상전분

6. 이스트 푸드의 성분 중 주로 반죽 조절제의 역할을 하는 것은?

　　가. 인산칼슘　　　　나. 황산암모늄　　　　다. 아조디카본아미드　　　　라. 염화나트륨

※ 다음과 같은 조건으로 빵을 만들 때 제품의 수분(%)을 계산하시오. (7~8번 문항)

재료	비율(%)	비고(수분)
밀가루	100	15[%]
설탕	5	−
쇼트닝	5	−
생이스트	4	75[%]
소금	2	−
물	64	

7. 믹싱에서 굽기까지의 수분 손실이 15%라면 완제품의 수분은 약 몇 %인가?

　　가. 16%　　　　　　나. 25%　　　　　　다. 36%　　　　　　라. 45%

　※ 총 배합률은 180%이다. 이 중 수분함량이 64+15+(4×0.75)=82%

　　반면 수분손실은 180×0.15=27% 이므로 남은 수분은 82−27=55%

　　제품 최종배합률은 180−27=153%

　　따라서 제품의 수분은 55/153×100≒35.95%

8. 믹싱에서 발효까지의 손실이 2%, 굽기 손실이 12%라면 제품의 수분은 약 몇 %인가?

　　가. 33.56%　　　　나. 36.87%　　　　다. 38.955%　　　　라. 40.12%

　※(1) 총 배합률=180%

　　(2) 수분=82%

　　(3) 발효 손실=180×0.02=3.6%

　　(4) 발효 후 반죽 무게=180−3.6=176.4%

　　(5) 굽기 손실=176.4×0.12=21.168

　　(6) 굽기 후 수분=82−3.6−21.168=57.232%

　　(7) 제품 무게=176.4−21.168=155.232

　　(8) 제품 수분=57.232/155.232×100≒36.87%

──── 해 답 ────

　　　1.다　　2.라　　3.가　　4.나　　5.나　　6.다　　7.다　　8.나

12. 초콜릿

(1) 초콜릿의 원료

1) 카카오 매스(cacao mass)
① 카카오 원두를 발효 → 세척 → 볶기 → 껍질 제거 → 마쇄 → 페이스트
② 비터 초콜릿(bitter chocolate)

2) 코코아 버터(cocoa butter)
① 카카오 매스에서 분리한 지방
② 초콜릿의 풍미를 좌우하는 성분으로 카카오의 원두종류와 탈취 정도에 따라 풍미와 향의 강도가 다양

3) 코코아 분말(cocoa powder)
① 카카오 매스에서 지방을 분리하고 남은 박(粕)을 분말화
② 알칼리 처리를 한 것 → 더치 코코아(Dutched Cocoa) = 중성
③ 알칼리 처리를 안한 것 → 천연 코코아(Natural Cocoa) = 산성

4) 당류(sugars)
① 일반적으로 정백당이나 분당을 사용
② 포도당과 물엿은 설탕의 일부를 대치하여 사용
③ 당뇨병 환자용 = '솔비톨'이나 '만니톨'을 사용

5) 우유(dry milk)
① 밀크 초콜릿 제조에 사용
② 전지분유, 탈지분유, 버터밀크 파우더 등 수분 4[%] 이하 제품
③ 우유의 풍미와 신선미가 중요한 요건

6) 유화제(emulsifier)
① 초콜릿은 '물/지방' 형(W/O) → 친유성 유화제가 필요
② 일반적으로 레시틴을 0.2~0.8[%] 사용
③ 슈거에스텔, 솔비탄지방산에스텔, 폴리솔베이트 등도 사용

7) 향(flavor)
① 초콜릿 특성에 맞는 향료를 사용
② 바닐라 향, 박하향, 견과류 계통의 향, 우유 향, 조합 향 등
③ 소금 = 미국식이나 유럽식에 따라 사용 여부가 다름
※ 비터 초콜릿 = 기본 초콜릿 원액
　1) 코코아 : 코코아버터 = 5/8 : 3/8 = 62.5% : 37.5%
　2) 통상적으로 가당(加糖)
　3) 다크 초콜릿과 밀크 초콜릿 제조의 기본 초콜릿

※ **화이트 초콜릿** = 코코아 버터를 주재료로 하는 초콜릿

　　1) **코코아를 사용하지 않은 초콜릿**

　　2) 통상적으로 가당

　　3) 전지분유를 넣어 맛을 부드럽게 함

　　4) 초콜릿의 풍미(風味)는 **코코아 버터**가 좌우

※ 카카오 원두의 배유(胚乳)의 평균 조성

　　지방=55%, 단백질=10%, 전분=6%, 탄수화물=12%, 수분=5%, 산류=2.3%, 회분=2.5%, 탄닌=5.5%

(2) 분류

1) 배합에 따른 종류

① 밀크 초콜릿(milk chocolate)

　　· 비터 초콜릿+분유+설탕+유화제+향

　　· 분유=15~25% → 부드러운 맛

② 다크 초콜릿(dark chocolate)

　　· 비터 초콜릿+설탕+유화제+향

　　· 설탕 사용량에 따라 감미를 조절

③ 화이트 초콜릿(white chocolate)

　　· 코코아 버터+설탕+유화제+향

　　· 통상적으로 전지분유 사용

2) 형태에 따른 종류

① 몰드 초콜릿(moulded chocolate)

　　· 초콜릿 틀(mould)에 넣어 굳히는 제품

　　· 가운데에 견과류, 크림, 웨이퍼 충전=shell moulded

② 엔로브 초콜릿(enrobed chocolate)

　　· 중앙부분의 누가 등에 초콜릿을 피복해서 냉각

　　· 충전물 : 누가, 퍼지, 비스킷, 캐러멜, 크런치 등

③ 팬 초콜릿(panned chocolate)

　　· 당의(糖衣=dragee)를 입히는 제품

　　· 견과류(아몬드) 등에 초콜릿을 코팅하거나 원형으로 성형하여 당액을 입힌 초콜릿

(3) 초콜릿의 제조공정

1) 믹싱(kneading)

이중 솥 형태의 Z자 믹서로 **온도를 유지**하면서 재료를 믹싱

2) 정제(refining)

초콜릿 **입자를 미세하게** 만드는 공정

다크 초콜릿은 25μ 이하, 밀크 초콜릿은 30μ 이하의 입도(粒度)

3) 콘칭(conching)

· 콘체(conche)기계를 사용하여 이취를 제거하고 수분을 감소

· 유화작용과 균질화 → 점도의 감소

4) 템퍼링(tempering)

· **조온**(調溫)과정 → 가열과 냉각과정을 통하여 지방을 안정화

· 46℃ → 다크 초콜릿은 28~30℃ → 밀크 초콜릿은 27~29℃

· 지방입자별 융점 : 감마(γ)형=17[℃], 알파(α)형=21~24[℃], 베타 프라임(β')형=27~29[℃],

베타(β)**형**=34[℃]

5) 주입(depositing) 및 당의(enrobing)

· **몰드 바**는 25~28℃의 품온을 가진 틀에 주입 → 내부 공기 제거

· **엔로브 바**는 26℃의 품온을 가진 내용물을 초콜릿으로 피복

6) 냉각(cooling)

18℃ → 5℃ → 15℃(외부와 온도 차이가 크면 이슬이 생긴다)

7) 포장(packaging)

· 저온, 저습도 포장실에서 작업

· 가급적 방습(防濕) 포장재 사용

8) 숙성(aging)

· 온도 18℃, 상대습도 50[%] 이하에서 7~10일간 숙성 → 조직이 안정

저장조건 : 21[℃], **습도 50[%] 이하**

· **설탕 블룸**(sugar bloom) : 초콜릿 중의 설탕이 공기 중의 수분을 흡수하여 녹았다가 재결정되어 하얗게 변하는 현상

· **지방 블룸**(fat bloom) : 높은 온도나 광선에 녹은 지방이 다시 굳어지면서 얼룩을 만드는 현상 → 외관상 품질의 가치를 저하

〈연습문제〉

1. 같은 초콜릿을 같은 양만큼 사용할 때 색이 가장 진한 반죽의 pH는?

　가. pH 3　　　　　나. pH 5　　　　　다. pH 7　　　　　라. pH 9

2. 초콜릿의 설탕 블룸과 가장 직접적인 관계가 있는 것은?

　　가. 수분　　　　　나. 공기　　　　　다. 온도　　　　　다. 곰팡이

3. 어떤 다크 초콜릿에 설탕이 32.0%, 유화제가 0.6%, 바닐라향이 0.4% 들어있다.
　　일반적인 초콜릿이라면 초콜릿 1kg 중에 코코아는 약 얼마나 들어있는가?

　　※ 비터 초콜릿 = 100 − (32 + 0.6 + 0.4) = 100 − 33 = 67[%]
　　　코코아의 양[%] = 67[%] × 5/8 = 41.875[%]
　　　1,000[g] × 0.41875 = **418.75[g]**

4. 일반적인 화이트 초콜릿인 경우 설탕 43%, 전지분유 21%를 사용했다면 나머지 35% 정도는
　　어떤 성분인가?

　　가. 코코아　　　　나. 코코아 버터　　　다. 카카오 매스　　라. 레시틴과 향

5. 비터 초콜릿 1,000g에 설탕 1,260g, 전지분유 570g, 레시틴 20g, 바닐라향 10g을 넣고 믹싱하여
　　밀크 초콜릿 커버처를 만들었다면 전지분유의 구성비는 얼마나 되는가?
　　(단, 소수 첫째자리에서 반올림하여 정수로 표시)

　　※ 총 무게 = 1,000 + 1,260 + 570 + 20 + 10 = 2,860[g]
　　　전지분유 [%] = (570 ÷ 2,860) × 100 ≒ 19.93 → 20[%]

6. 초콜릿을 다음과 같이 '템퍼링'을 하였다.

> (1) 잘게 다진 초콜릿을 중탕으로 용해시켜 46℃로 만든다.
> (2) 용해된 초콜릿 일부(약 2/3정도)를 대리석 작업대에 얇게 펴면서 냉각시키고
> 　　나머지 용해된 초콜릿과 섞으면서 32~35℃로 만든다.
> (3) 다시 냉각작업을 반복하여 다크 초콜릿의 경우는 28~30℃로,
> 　　밀크 초콜릿이나 화이트 초콜릿은 27~29℃로 냉각시킨다.
> (4) 코팅을 하기 전에 31~33℃로 가온하여 유동성을 높인 상태에서 사용한다.

　　지방의 결정입자 **베타(β)형**을 얻기 위한 조치는 위 설명 중 어느 것인가?

　　가. 1　　　　　나. 2　　　　　다. 3　　　　　라. 4

─── **해 답** ─────────────────────────────────

　　1.라　2.가　3. 418.75[g]　4.나　5.20[%]　6.나

13. 팽창제와 안정제

(1) 팽창제(leavening agents)

1) 베이킹 파우더(baking powder)
① 사용 목적 : 제품의 크기와 퍼짐을 조절 → 적정 부피와 내상
② 구성
   · **탄산수소나트륨**(CO_2가스의 공급원)
   · **산염 : 가스의 발생속도**를 조절
   · 부형제로는 전분이나 밀가루가 이용된다. 이는 탄산수소나트륨과 산염을 격리하며, 계량을 용이하게 한다.
③ 원리

$$2NaHCO_3 \quad \rightarrow \quad CO_2 \quad + \quad H_2O \quad + \quad Na_2CO_3$$

   탄산수소나트륨　　**이산화탄소**　　물　　탄산나트륨
④ 규격 : 베이킹 파우더 무게의 **12[%] 이상의 유효가스** 발생
⑤ 중화가(N.V.= neutralizing value)
   산(酸)에 대한 탄산수소나트륨의 백분비
⑥ 가스발생속도

빠른 순서	산작용제	실온에서의 발생량
1	주석산($C_4H_4O_6$) **주석산칼륨〈$KH(C_4H_4O_6)$〉**	작용 후 수분 내에 대부분의 가스를 발생
2	산성인산칼륨(ortho-형)	1/2~2/3의 가스 발생
3	피로인산칼슘, 피로인산나트륨	1/2 정도의 가스 발생
4	인산알루미늄소다	1/3 이하의 가스 발생
5	황산알루미늄소다	거의 작용하지 않음

2) 암모늄염
① 장점
   · 물이 있으면 단독으로 작용 → **가스 발생**
   · 쿠키 등 제품의 **퍼짐**을 좋게 한다.
   · 굽기 중 **3가지 가스**로 분해되어 **잔유물**이 남지 않는다.
② 원리

$$NH_4HCO_3 \quad \rightarrow \quad NH_3 \quad + \quad CO_2 \quad + H_2O$$

   탄산수소나트륨　→ 암모니아 가스 + 이산화탄소 + 　물

$$(NH_4)_2CO_3 \quad \rightarrow \quad 2NH_3 \quad + \quad CO_2 \quad + \quad H_2O$$

· 공기 중의 수분을 흡수 → **가스 발생** → 역가(力價)가 떨어짐

· 습기로 **덩어리**가 생기면 분산이 어렵게 됨

· 깨끗하고 건조한 저장실에 **뚜껑**을 덮어서 보관

(2) 안정제(stabilizers)

1) 사용목적

① 젤리 상태의 보형성(保形性) 유지

② 내용물의 침전 방지

③ 아이싱의 끈적거림 방지

④ 표면이 갈라지는 현상 방지

⑤ 아이싱 표면이 부서지는 현상 방지

⑥ 토핑의 거품 안정

⑦ 표피가 마르는 현상 방지

⑧ 포장성 개선

⑨ 무스 제조

⑩ 젤리 제조

⑪ 머랭의 수분 배출 억제

⑫ 충전물의 농후화제

2) 종류

① 한천(agar-agar)

· **우뭇가사리**로부터 추출하여 건조

· **끓는 물**에 용해 → 냉각 → 교질화〈예 : 양갱〉

· 물에 대하여 1~1.5[%] 사용

② 젤라틴 (gelatin)

· **동물**의 '콜라겐'을 정제

· 끓는 물에 용해 → 냉각 → 교질화〈예 : 무스〉

· 물에 대하여 1[%] 정도 사용

· **산(acid)**에 의하여 분해 → 교질 능력이 감소

③ 펙틴 (pectin)

· 과일과 식물의 조직에서 추출(귤의 껍질)

· 물과 함께 진한 용액이 되지만 교질이 약함

· **설탕 농도 50[%] 이상+pH 2.8~3.4의 산** 상태에서 젤리를 형성〈예 : 펙틴 젤리〉

· 메톡실기 7[%]이상 → 당과 산이 존재해야 교질이 형성〈예 : 마멜레이드(marmalade)〉

④ 알기네이트(alginate)
- · 해초에서 추출
- · 냉수 용해성, 끓는 물에도 용해
- · 물에 대하여 1[%]농도로 단단한 교질 형성
- · **칼슘**이 많은 재료(우유)와 더 단단한 교질 형성
- · 산 재료(오렌지 주스)에서는 교질이 감소

⑤ 씨엠씨(C.M.C.)
- · Carboxy Methyl Cellulose
- · 셀룰로오스로부터 얻는 안정제
- · 냉수 용해성 → 진한 용액
- · **산**에 대한 안정성은 약하다.

⑥ 로커스트 빈 검(locust bean gum)
- · 지중해 연안의 로커스트 빈 나무껍질의 수지
- · 물에 대하여 0.5[%]=진한 액체, 5[%]=페이스트
- · **산**에 강한 성질

⑦ 기타
- · 트래거캔스
- · 카라야 검
- · 아라비아 검
- · 아이리시 모스 등

〈연습문제〉

1. 베이킹 파우더 50g에서는 유효가스가 얼마나 발생되어야 하는가?
   가. 1.2g   나. 3.6g   다. 6.0g   라. 7.2g
   ※ 50g×12%=50×0.12=6g

2. 베이킹 파우더 10g에서 몇 ㎖의 이산화탄소 가스가 발생되어야 하는가?
   가. 120㎖   나. 256㎖   다. 419㎖   라. 611㎖

   ※ 발생되어야 할 이산화탄소 가스의 무게=10g×0.12=1.2g
   CO_2 가스 1몰(mole)의 부피는 22.4=22,400㎖
   CO_2 1분자의 분자량=12×1+16×2=44
   CO_2 1.2g의 부피=22,400㎖×1.2/44≒610.91㎖ → **611㎖**

3. 어느 케이크 제조에 3,054㎖의 유효한 이산화탄소 가스가 필요하다면 몇 g의 베이킹 파우더가 필요한가? (유효가스 발생은 12%, 반올림하여 정수화)

   ※ CO_2 1g당 가스의 발생량=22,400㎖÷44≒509㎖

   필요한 가스의 무게=3,054÷509=6[g]

   필요한 베이킹 파우더의 무게=6÷0.12=**50[g]**

4. 어떤 베이킹 파우더 10kg에 전분이 34% 들어있고, 중화가가 120인 경우 탄산수소나트륨의 양은 얼마가 되는가?

   ※ 전분의 양=10kg×0.34=3.4kg

   산+탄산수소나트륨=10-3.4=6.6[kg]

   산을 X라 하면 탄산수소나트륨은 1.2X이므로

   X+1.2X=6.6

   2.2X=6.6

   X=3

   탄산수소나트륨=산×1.2=3×1.2=**3.6[kg]**

5. 베이킹 파우더 100g 중 전분이 28%, 중화가가 80인 경우의 산작용제는?

   ※ 산+탄산수소나트륨=100g×0.72=72g

   산을 X라 하면

   X+0.8X=72

   1.8X=72

   ∴ X=40[g]

6. 50% 이상의 당과 산성이어야 단단한 교질을 만드는 안정제는?

   가. 한천 　　　　나. 젤라틴 　　　　다. 펙틴 　　　　라. 알기네이트

7. 다음 중 동물성 안정제는?

   가. 한천 　　　　나. 젤라틴 　　　　다. 펙틴 　　　　라. 로커스크 빈 검

──── 해 답 ────

　　1.다　2.라　3. 50[g]　4. 3.6[kg]　5. 40[g]　6.다　7.나

14. 물리 화학적 실험

밀가루의 물리적, 화학적 특성을 판별할 수 있는 감도 높은 기계를 이용하여
제과 · 제빵의 적성을 판단한다.

(1) 믹소그래프(Mixograph)
- 온 · 습도 조절 장치, 고속기록장치가 있는 믹서로 측정
- 반죽 형성 및 글루텐 발달 정도를 기록
- 밀가루 **단백질의 함량과 흡수**와의 관계를 판단
- 믹싱 시간, 믹싱 내구성을 판단

(2) 패리노그래프(Farinograph)
- 믹서와 연결된 '파동고속기록기'로 기록하여 측정
- 밀가루의 **흡수율, 믹싱 시간, 믹싱 내구성**을 판단
- 500B.U에 도달해서 이탈하는 시간 등으로 특성 판단

(3) 익스텐시그래프(Extensograph)
- 반죽의 **신장성**에 대한 저항을 측정
- 50[mm]거리에 곡선의 높이를 E.U로 표시
- 밀가루에 대한 산화 처리 효과를 판단
- 밀가루의 신장 내구성→ 발효시간 추정

(4) 아밀로그래프(Amylograph)
- 밀가루와 물의 현탁액을 저어주면서 1.5℃/분 상승시킬 때 점도의 변화를
  계속적으로 자동 기록하는 장치
- **알파-아밀라아제**의 활성을 측정
- 제빵용 밀가루의 적정 그래프 = 400~600 B.U
- 너무 높으면 속이 건조 → 노화 촉진
  너무 낮으면 축축하고 끈적거리는 반죽 → 내상 악화

(5) 믹사트론(Mixatron)
- 믹서 모터에 전력계를 부착하여 반죽 상태를 곡선 표시
- 믹싱 중 표준 곡선과 비교하여 이상 상태를 항상 점검
- 재료, 공정 등에서 **사람과 기계의 잘못**을 계속적으로 확인할 수 있어 **즉시 수정**하게 하는 장치

(6) 페카칼라시험(Pekar Color Test)

· 유리판 위에 여러 가지 밀가루를 놓고 매끄럽게 다듬어 물에 담가 젖어있는 상태로 색상을 비교
· 100℃에 건조시켜 색상을 비교 → 껍질의 함유 정도, 표백 정도를 판별

(7) 분광 분석기 시험(Spectrophotometer Test)

· 밀가루를 물–노르말 부탄올 포화용액으로 추출
· 여과액을 **분광분석기**로 측정 → 색상을 판별
· 색광 반사를 직접 읽을 수 있는 광학기계도 활용

(8) 일반성분 분석

· 수분
· 회분(550~590℃ 회화법)
· 조단백질(N×5.7)

(9) 팽윤시험(Sedimentation Test)

· 밀가루+물+**젖산(乳酸)** → 혼합 후 침강
· 제빵용은 55[mm] 이상

(10) 가스 생산 측정

· 압력계 방법
· 부피 측정 방법

〈연습문제〉

1. 다음의 그래프와 관계가 없는 항목은?
   가. 믹싱 내구성을 알 수 있다.
   나. 발효 내구성을 알 수 있다.
   다. 흡수율을 알 수 있다.
   라. 신장성을 알 수 있다.

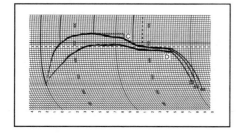

2. 다음의 그래프와 관계가 없는 항목은?

　가. 식빵 반죽을 믹싱하면서 측정

　나. 알파-아밀라아제의 활성을 측정

　다. 제빵용 밀가루의 적정 곡선은 400~600 B.U이다.

　라. 곡선의 수치가 너무 높으면 속이 건조하여 노화가 빨라진다.

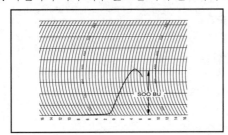

3. 다음의 그래프는?

　가. 패리노그래프

　나. 믹사트론

　다. 믹소그래프

　라. 아밀로그래프

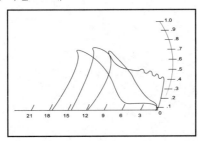

4. 어느 밀가루를 '켈달(Kjeldahal)법'으로 정량하였더니 "질소"가 2.0%이었다.
　이 밀가루의 단백질은 얼마인가?

　※ 밀가루 단백질 중 질소 구성비가 17.5%

　　단백계수 $=100 \div 17.5 = 5.7$

　　밀가루 단백질 $=$ 질소 $\times 5.7 = 2 \times 5.7 = 11.4[\%]$

5. 믹사트론에서 믹싱 초기에 표준보다 빨리 정점에 도달하는 경우는?

　가. 물의 부족　　　　나. 밀가루 부족　　　　다. 유지 부족　　　　라. 이스트 부족

해 답

　　1.라　2.가　3.나　4. 11.4[%]　5.가

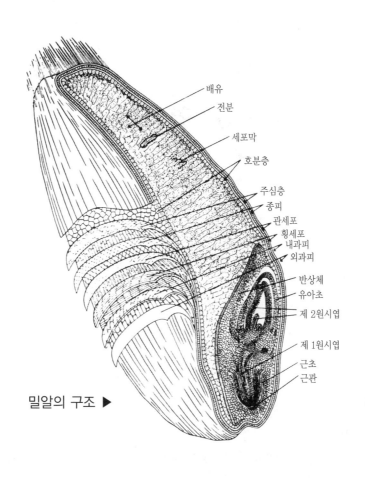

배유
전분
세포막
호분층
주심층
종피
관세포
횡세포
내과피
외과피
반상체
유아초
제 2원시엽
제 1원시엽
근초
근관

밀알의 구조 ▶

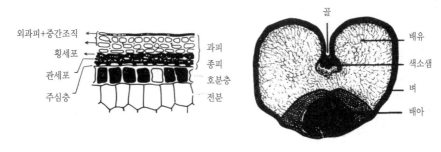

외과피+중간조직
횡세포
관세포
주심층

과피
종피
호분층
전분

골
배유
색소샘
벼
배아

▲ 밀알의 횡단면 ▲

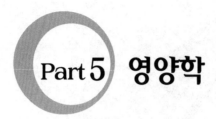

Part 5 영양학

I. 영양 개요

(1) 일반 개요

1) 영양의 정의

생명이 있는 유기체가 생명의 유지, 성장, 발육, 장기와 조직의 정상적 기능을 영위하기 위하여 에너지 생산과 기능 조절에 필요한 식물(食物=diet)을 이용하는 과정 – 「WHO」

2) 영양학

영양에 관하여 연구하는 학문

3) 식품과 식물

① **식물(食物)** : 조리하여 섭취할 수 있는 상태로 식품을 변형
② **식품(食品)** : 음식물의 재료

4) 음식물의 생리적 기능

① 에너지 공급
② 세포나 조직의 형성(구성물질)
③ 체내 기능의 조절 및 지배

5) 동물성 식품과 식물성 식품의 비교

	동물성 식품	식물성 식품
많이 함유되어 있는 성분	단백질 지방 인(P), 칼슘(Ca) 비타민 A, D	당질 인(P) 비타민 A, B, C, E
적게 함유되어 있는 성분	**비타민 C**	단백질 지질 **칼슘(Ca)**

6) 영양소 : 식품에 들어있는 양분의 요소

	영양소	소화흡수	열량(1g당)	구성 원소	비고
열량소 (熱量素)	당질	98%	4 Cal	C, H, O	구성소 (構成素)
	식이섬유	50%	2 Cal	C, H, O	
	지질	95%	9 Cal	C, H, O	
	단백질	92%	4 Cal	C, H, O, N	
조절소 (調節素)	무기질	5% 이하	없음	–	
	비타민	70% 이상	–	–	–

(2) 산성 식품과 알칼리성 식품

1) 산성 식품
· 음식물을 섭취하여 소화, 흡수한 후 산성 물질을 만드는 원소가 많은 식품
· **황(S), 인(P), 염소(Cl)**
· 곡류(쌀, 밀가루), 고기류(소, 돼지), 유제품(치즈, 버터), 어류(잉어, 복어)

2) 알칼리성 식품
· 알칼리성 물질을 만드는 원소가 많은 식품
· **칼슘(Ca), 칼륨(K), 마그네슘(Mg), 나트륨(Na)**
· 채소류(토마토, 오이), 과실류(감귤, 배), 두류(콩, 두부), 우유, 미역, 홍차 등
※ 단백계수 : 단백질 중 **질소함량**=16%, 식품 단백질=질소(N)×**6.25**

2. 당질(탄수화물)

(1) 종류

단당류	포도당	혈당으로 0.1%=100mg/100ml
		180mg/100ml(혈액)→당뇨병
	과당	저온에서 알파형으로 감미 상승
	갈락토오스	유당의 가수분해→포도당+갈락토오스
이당류	설탕(자당)	**효소 인베르타아제→포도당+과당**
	맥아당	효소 말타아제→포도당+포도당
	유당	효소 락타아제→포도당+갈락토오스
다당류	전분	아밀로오스(1,4결합), 아밀로펙틴(1,6결합)
		전분=아밀라아제→맥아당→포도당+포도당
	호정(糊精)	덱스트린(dextrin)=수용성
		전분을 효소 알파-아밀라아제로 분해
	글리코겐	동물의 저장 탄수화물=주로 간(肝)에 저장

(2) 소화

1) 경로

입 : 저작, 침샘의 **프티알린(ptyalin)** → 식도(통로) → 위 : 일부분만 소화→ **소장 : 대부분이 소화** (각종 효소분비) → 소장 모세관 → 문맥(소장과 간장의 연결 정맥) → **간장(저장, 혈액)**

2) **흡수속도 : 갈락토오스(110) → 포도당(100) → 과당(43) → 만노오스**

3) 소화흡수율 : 98%

(3) 영양

1) **단당류 → 해당 작용 → TCA 회로 → CO_2+H_2O+에너지**

2) **혈당 유지 : 정상인의 혈액은 80~120mg/100ml**

3) 섭취 부족시
   ① 체단백질 분해 심화→단백질 낭비
   ② 지방의 산화 불충분→"케톤(ketone)체" 다량 생성

4) **섭취 과잉시**
   ① 체지방 축적→비만(肥滿)
   ② 대사계의 원활성 상실→비타민 B군을 더 요구

(4) 대사

1) 해당작용(解糖作用=glycolysis)

포도당→피루빈산→ ① 호기적 조건 : TCA 회로 → ATP → 에너지
② 혐기적 조건 : 유산(lactate) 축적

2) 글리코겐의 합성과 분해

3) 당신생(糖新生=gluconeogenisis) : 탄소수 5 이하의 아미노산과 글리세린에서 당을 생성

4) 당질로부터 다른 영양소 생성 : 아미노산과 지방

(5) 식이섬유(食餌纖維)

1) 셀룰로오스, 펙틴, 알긴산 등으로 곡류, 감자류, 과실류, 채소류, 해조류에 많다.

2) 장병, 동맥경화증, 당뇨병, 장의 근육운동, 변비 예방

(6) 당뇨병

인슐린(insulin)의 결핍, 활성의 저하 등 요인으로 혈당이 증가

3. 지방질

(1) 지질의 종류

1) 단순지질

① 글리세린 1분자에 **지방산** 3분자가 결합된 **에스테르(ester)**→트리-글리세리드(triglyceride)
② 지방산에 종류와 크기에 따라 지방의 특성이 결정

2) 복합지질

① 인지질
· 1개의 지방산에 인(P)이 결합
· **레시틴**은 뇌, 신경, 폐, 노른자, 대두에 존재
② 지단백질
· 지방에 단백질이 결합→ 수용성
· **혈액 내에서 지방을 운반하는 형태**
③ 당단백질
· 지방에 당이 결합
· 뇌, 신경, 조직에 존재

3) 유도지질
  ① 콜레스테롤(cholesterol)
    · 고등동물의 조직에 존재(뇌, 척추, 담즙산, 성호르몬)
    · 혈액 중 200mg/100ml(240mg이상일 경우 고혈증)
    · 고농도→혈관벽에 침착(沈着)→동맥경화 가능
    · 자외선 조사(照射)→ **비타민 D3**(비타민 D 전구체)
  ② 에르고스테롤(ergosterol)
    · 식물(효모, 고등균류, 크로렐라 등)에 존재
    · 자외선을 받으면 비타민 D2로 전환(프로비타민 D)

(2) 소화와 흡수

  1) 십이지장에서 담즙, 췌액, 장액이 혼합→ **지방을 중화**

  2) 소장에서 소화
    ① 트리-글리세리드→ ② 디-글리세리드+유리지방산→ ③ 모노-글리세리드+유리지방산
    → ④ 글리세린+유리지방산

  3) **임파관을 통하여 신체에 공급**(지단백질과 적은 분자는 혈액)

  4) 소화 흡수율 : **95%**

(3) 대사와 영양

  1) 에너지 발생 : 열량 9.45 Cal×소화율 95%≒**9 Cal**

  2) 지방산의 산화분해→ 기아(饑餓), 당뇨병, 당질이 적고 지질이 많은 식사

     → 케톤체(ketone body)의 생성→ TCA 회로 불원만

  3) 정상적인 대사에 지방 2분자에 포도당 1분자가 필요

  4) 지질대사 이상
    ① 고지혈증
    ② 비만 = (섭취 칼로리)소비 칼로리)

  5) 섭취 부족시
    ① 필수지방산 부족
    ② 당질 비율 증가→ 위에 부담

  6) 섭취 과잉시
    ① 고지혈증

② 관상동맥 경화→심장병

③ 내당성(耐糖性) 저하→ **당뇨병**

(4) 필수지방산

1) Burr 증상에 유효 : 성장 정지, 피부염, 모발성장정지, 생식능력 저하

2) 콜레스테롤 혈증 방지, 항지방간

3) 종류

리노레산(linoleic acid), 리노렌산(linolenic acid), 아라키돈산(arachidonic acid)

4. 단백질

(1) 화학적 분류

1) 단순단백질 : 가수분해되면 아미노산만 생성

① 알부민(혈청, 흰자, 근육, 우유)

② 글로불린(근육, 혈청, 완두, 대두)

③ 글루테린(밀의 글루테닌)

④ 프롤라민(밀의 글리아딘, 옥수수의 제인, 보리의 호르데인)

⑤ 알부미노이드(콜라겐, 모발의 케라틴)

2) 복합단백질 : 단백질에 지질, 당질, 인산, 금속 등이 결합

① 핵단백질(RNA, DNA)

② 당단백질(흰자의 오보뮤코이드)

③ 인단백질(난황의 오보비텔린)

④ 지단백질(혈액 내 지방운반)

⑤ 색소단백질(헤모글로빈, 엽록소)

⑥ 금속단백질(철, 아연, 구리)

3) 유도단백질 : 단백질의 분해 중간산물(펩톤, 펩티드)

(2) 영양학적 분류

1) 완전단백질 : 필수아미노산이 고루 충분한 단백질

2) 부분적 불완전단백질 : 필수아미노산 중 몇 종류가 부족

3) 불완전단백질 : 동물의 성장 지연, 체중 감소, 몸의 쇠약

(3) 소화와 흡수

1) 위
① 펩신(pepsinogen → 위산 → pepsin)
② 카세인 → 레닌 → 응유

2) 소장과 췌장에서 소화(소화 흡수율=92%)

3) 흡수 속도
① L–아미노산〉D–아미노산
② 중성 아미노산〉염기성·산성 아미노산

4) 대장
① 대장 내 미생물에 의하여 탈탄산, 탈아미노 반응
② 아미노산 → 탈아미노산($-NH_2$) → 지방산
아미노산 → 탈탄산($-CO_2$) → 아민(amine)

(4) 대사

1) 식이단백질

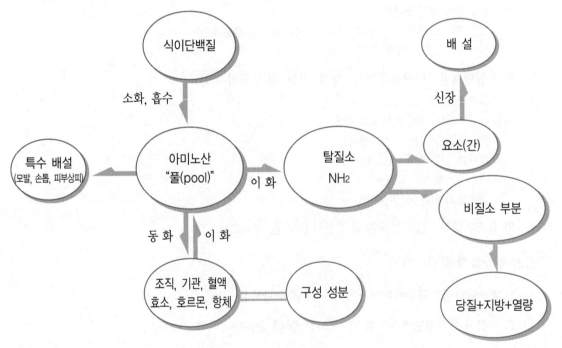

2)단백질 대사에 작용하는 호르몬

①성장 호르몬   ②인슐린   ③성 호르몬   ④갑상선 호르몬

3)대사전환율(turnover rate) : 신·구의 아미노산이 바뀌는 속도

소장 점막(3~4일), 간장단백질(6~10일), 근육(180일), 콜라겐(1년 이상)

(5) 영양

1) 단백질의 기능

① 에너지원(당질, 지질 사용 후 전체 에너지의 20% 이하)

② **새로운 조직의 합성과 보수**(세포 원형질의 주성분)

· 뇌, 근육, 혈액, 모발, 피부, 손톱, 혈관벽의 주성분

· 체성분 증가 : 단백질 다량공급, 성장 후에도 분해·합성을 계속

③ 효소, 호르몬, 항체의 주성분

· 효소의 구성분

· 갑상선 호르몬⟨thyroxine⟩ ← 불필수아미노산

· 부신수질 호르몬⟨adrenalin⟩ ← 티로신(tyrosin)

· 췌장 호르몬⟨insulin⟩ ← 아미노산 유도체

④ 혈장단백 형성 알부민 : 제1의 공급단백질, 알파-글로불린 : 구리 운반, 베타-글로불린 : 철 운반, 감마-글로불린 : 항체로 병균 방어

⑤ 체내 대사과정을 조절(수분 평형, 산·알칼리의 평형)

2) 단백질의 영양가

① 필수아미노산

· isoleucine (이소류신)

· leucine (류신)

· lysine (리신)

· methionine (메티오닌)

· threonine (트레오닌)

· phenylalanine (페닐알라닌)

· tryptophan (트립토판)

· valine⟨histidin⟩(발린)- 히스티딘은 유아에게 필수적

② **생물가** : 체내 보류 질소의 양/섭취 질소의 양×100 ← 소화를 고려한 방법

③ **단백가** : 식품 중 가장 부족한 아미노산/표준 아미노산×100

④ **화학가** : 식품 중 해당 아미노산 양/계란 단백질 아미노산 양×100

⑤ 필수아미노산 Index : 식품과 계란의 필수아미노산 기하평균

3) 섭취 부족시

① 섭취량 부족, 흡수장해, 대사장해→ 성장 장해, 세균 감염 증가

② Marasmus : 단백질과 에너지 영양소 결핍→ 기아 상태의 쇠약

③ Kwashiorkor : 에너지 영양소는 섭취되지만 단백질은 결핍→ 저알부민 혈증, 부종(浮腫), 피부 질환

4) 섭취 과잉시

① 다량의 단백질 대사물질→ 오줌으로 배설→ 신장(腎臟)에 부담

② 유아에게 고농도 우유 공급→ 수분 부족→ 탈수 상태

③ 기타

· 심장, 신장의 장해

· 부종

· 생존기간 단축

5) 스트레스(stress)와 단백질

① 스트레스→ 부신수질 호르몬 아드레날린 분비

② → 뇌하수체 부신피질 자극 호르몬→ 부신피질 호르몬 분비

③ 부신피질 호르몬〈cortisone, hydrocotisone〉→ 체단백질 분해

④ 단백질 부족 시 스트레스→ 적응능력 상실

5. 무기질

(1) 일반적 기능

1) 경조직(硬組織)의 구성→ 골격, 치아

2) 연조직(軟組織)의 구성→ 근육, 피부, 장기, 혈액의 고형분

3) 생체 기능의 조절

① 체액의 **삼투압**, pH의 조절

② **효소의 활성**을 촉진

③ 산 · 알칼리 평형

④ 신경의 흥분성

⑤ 위산 생성

⑥ 호흡작용

⑦ 에너지 생성에 관여

⑧ **호르몬**과 **비타민**의 성분

(2) 무기질 각론

1) 칼슘(Ca)
① 체중의 약 2%(**골격**과 치아, 혈액, 신경, 근육에 소량 존재)
② 흡수 촉진
  · 부갑상선 호르몬
  · 아미노산 **리신**, 알기닌
  · 구연산
  · **유당** → 비타민 D 활성화, Ca의 용해도 증가
③ 흡수 방해
  · 신장기능 불량
  · **수산염** = 수산이 칼슘과 결합하여 불용성 물질로 됨
  · 유리지방산 등
④ 체내 대사작용의 조절
  · 세포막의 투과성 조절=영양소의 이동
  · 혈액의 응고 : 칼슘 이온이 fibrinogen → 〈fibrin〉
    혈장 중의 피브리노겐 → Ca^{++} → 피브린 → 응혈(凝血)
  · 부갑상선 호르몬이 혈액 중의 Ca을 일정하게 유지
  ※**부갑상선 호르몬 이상**(異常)
  · 신장 장해(다뇨증, 요독증)
  · 소화기계 장해(식욕부진, 소화불량)
  · **중추신경 장해(성격)**
  · 전신증상(피로, 권태, 근육통, 두통, 무력증)
⑤ 권장 섭취비
  · 성인인 경우 Ca : P = 1 : 1(일반 식생활은 Ca : P=0.75 : 1)
  · 유아인 경우 Ca : P = 2 : 1(이상적인 섭취비)
  · 혈액 중 [Ca]×[P]=36mg/100ml
⑥ FAO/WHO의 Ca 권장 보건량

연 령	Ca 권장 보건량(mg/일)
0~12개월(비모유)	500~600
1~9세	400~500
10~15세	600~700
16~19세	500~600
성인	400~500
임부, 수유부	1,000~1,200

2) 인(P)

① 체중의 약 1%(골격=**86%**, 근육=8%, 뇌 · 신경 · 간장 · 혈액=6%)

② 섭취량의 70% 정도 흡수(흡수촉진은 **비타민 D**)

③ 작용

  · 뼈의 석회화 : 뼈나 치아 중 **칼슘의 1/2**

  · 고에너지 인산화합물(ATP)의 구성요소 → 에너지 대사에 관계

  · 유기태의 인산화합물 구성 재료

  · pH와 삼투압 조절

  · **세포의 재생산**과 단백질의 합성

  · 신경 자극의 전달 등

④ 특성

  흡수속도 : 무기태 〉유기태

  흡수율 : 곡물 중의 인 〈 **동물성 식품** 중의 인

3) 마그네슘(Mg)

① 체내분포 = 20~35g(70%가 경조직에, 30%는 연조직에 존재)

② 작용

  · 골격과 치아 구성

  · **신경 안정, 근육 이완**

  · 마취제나 항마취제의 성분

  · 효소의 활성화(펩티다아제)

③ 결핍증 : 마그네슘 경련 → 근육, 신경이 떨림

④ **엽록소의 구성분** : 식물성 식품에 풍부(견과류, 두류, 코코아)

4) 황(S)

① 체중의 0.25%(175g) : 결체조직, 피부, 모발, 손톱에 존재

② 함황아미노산 : **메티오닌**(필수), 시스틴, 시스테인

③ 소장에서 유기물과 결합된 황이 흡수됨

④ 비타민(티아민, 비오틴, 엽산)의 성분

⑤ 연골, 건(腱), 골격, 피부, 심장판막의 결합조직의 성분

5) 나트륨(Na), 칼륨(K), 염소(Cl)

① 체내 분포 : Na=105g, K=245g, Cl=100g

② 작용

나트륨(Na)	칼륨(K)	염소(Cl)
· 산-알칼리 평형 · 근육과 신경의 정상화 · **세포외액**에 존재	· 세포 내 산-알칼리 평형과 삼투압 · **세포내액**에 존재	· **위산**(HCl) 생성 · 위의 단백질 분해효소의 활성화

③ 결핍 또는 과잉시 나타나는 현상

나트륨(Na)	칼륨(K)	염소(Cl)
· 과잉시 부종 · 혈관 수축, 호르몬 변화 유도 　→ **고혈압**	· 결핍시 구토, 무기력, 　**근육 마비** · 과잉시 소변으로 배설	· 결핍시 가벼운 청각 　자극에도 경련

6) 철(Fe)

① 체중의 0.04%(3~5g) : **혈액**=60%, 간 · 비장 · 골수=30%
② **헤모글로빈(혈색소)** 형성 : 조직으로 산소(酸素) 운반
③ 적혈구 형성 : 성인은 골수(骨髓)(엽산, B12, Cu가 촉진)
④ **제1철**(ferrous iron, Fe++, 환원형)만 흡수
⑤ 비타민 C, 유기산, 트립토판, 구리는 흡수 촉진
⑥ 결핍증
　· **빈혈증(貧血症)**
　· 노동효율 감소
　· 면역기능 감소

7) 아연(Zn)

① 체내에 2~3g(간, 신장, 췌장, 뇌, 모발, 안구, 골격, 피부)
② **인슐린** 합성 및 작용 활성화 → **당질대사**
③ 췌장 중 함량이 정상치 1/2 이하 → 인슐린 감소 → 당뇨병
④ 결핍증
　· 철 결핍성 **빈혈**
　· **피부염**
　· 성장정지
　· 미각 둔화
　· 탈모증
　· 자연유산
⑤ **아연 독성** : 오심, 구토, 설사(혈변)

8) 구리(Cu)

① 체내에 약 80mg : 뇌, 적혈구, 골수, 간장, 신장, 모발
② **헤모글로빈**(hemoglobin)의 합성을 촉매(觸媒)
③ 효소의 구성성분, 무척추 동물의 혈액성분(hemocyanin)
④ 결핍
　· **저혈색소성 빈혈**
　· 백혈구 수의 감소

· 골격 이상

· 철 흡수능력 저하

· 부종

9) 요오드(I)

① 체내에 약 30mg 정도인데 갑상선에 20mg 정도로 농축(40mg/ml)

② 갑상선에서 **티록신(thyroxine)** 호르몬 형성

③ 티록신 : **기초대사 관장** 호르몬→ 세포, 성장, 지능발달

④ 결핍증

· 갑상선 비대

· 어린이일 경우 크레틴병(백치병)

· 에너지 대사 이상

· 근육이 약해짐

· 추위에 민감

※ 티록신 과다 생성→ **바세도우(Basedow)병**

10) 불소(F)

① 골격과 **치아**의 기능 유지

② 음료 중 1ppm : 치아의 에나멜층 보호→충치 예방

음료 중 2ppm 이상 : **반상치**→ 백색 반점→ 갈색 반점

11) 망간(Mn)

① 성인에 약 10mg(간, 피부, 골격, 근육의 조직)

② 골격 형성, 생식, 중추신경계의 기능에 관여, 효소 활성화

12) 셀레늄(Se)

① **항산화 작용**(비타민 E와 상호작용)

② 수은(Hg)과 카드뮴(Cd) 중독에 대한 방어작용

③ 결핍시 심장 손상, 과잉시 모발과 손톱이 빠지는 증세

13) 코발트(Co)

① 비타민B$_{12}$의 구성분

② 결핍시 적혈구 형성 장해로 **악성빈혈**

③ 효소부활제 : 효소 활동을 촉진

14) 기타

① 카드뮴(Cd) 중독 시 "이타이이타이병"

② 수은(Hg) 중독 시 "미나마타병"

6. 비타민(Vitamins)

(1) 비타민 일반
- 미량으로 동물의 **생리기능**을 **조절**하여 완전한 대사
- **에너지 대사, 물질 대사**에 필수적인 영양소
- 단위 : mg, μg, I.U(생리적 효능 단위)

(2) 지용성 비타민
- 지방과 지방 용매에 용해(물에는 불용)
- 간 또는 지방조직에 저장(비타민 A, D, E, K)

1) 비타민 A(retinol)
① 산·알칼리에 안정, 공기·자외선에 불안정
② 생리적 기능
- **시각작용 물질**의 성분
- 상피조직의 보호(각막, 피부)
- 골격과 연조직의 세포 성장
③ 결핍증
- **야맹증**(夜盲症)
- **피부 건조**
- **결막 건조**
④ 과잉증
- 피부 황변
- 뇌 주위의 액압(液壓) 상승
⑤ 프로비타민 D : **카로텐**(체내에 흡수되어 활성화)

2) 비타민 D(calciferol)
① 열에 안정, 알칼리에 불안정, 산에 서서히 분해
② **칼슘(Ca)과 인(P)**의 흡수와 대사
③ 결핍
- 소아는 **구루병**
- 성인은 뼈의 연화
④ 자외선 조사(照射)→ **피부에서 비타민 D를 생산**
⑤ 프로비타민
- 콜레스테롤 → 비타민 D_3
- 에르고스테롤 → 비타민 D_2

3) 비타민 E(tocopherol)

① **알파(α)**, 베타(β), 감마(γ), 시그마(δ)의 4종류 중에서 알파가 인체 내 최대의 생물학적 활성 **(항불임성 비타민)**

② **항산화제**(비타민 A, C의 항산화 작용)

③ 뇌하수체 전엽 호르몬의 기능 항진

④ 철의 흡수 촉진+헴(heme)합성 효소활성→빈혈 방지

⑤ 결핍시 반응

· 흰쥐의 경우 자궁 내 태아 발육불량

· 사람의 경우 용혈성 빈혈

⑥ 곡물의 **배아(胚芽)**에 다량 존재(배아유)

4) 비타민 K(koagulation)

① 열에는 안정하지만 알칼리, 강산, 빛에는 불안정

② 피브리노겐 → Ca+비타민 K 등 → 피브린(fibrin)→ 혈액 응고

③ 결핍증

· **혈액응고 지연**, 출혈 계속

④ 혈액응고 비타민, 항출혈성 비타민

⑤ **비타민 K**의 형태

· 녹색식물인 경우 phylloquinone = K_1

· 박테리아인 경우 menaquinone = K_2

· 합성 비타민 K인 경우 menadione = K_3

※ **항비타민 K** : 혈전증과 관상동맥 심장병 치료

(3) 수용성 비타민

· 물에 용해(지방에는 불용성)

· 초과량은 **배설**, 저장하지 않음(필요량을 매일 공급)

1) 비타민 B_1(티아민, thiamine)

① 열 · 중성 · 알칼리에 불안정, 산에는 비교적 안정

② 인산 화합물(간)→ 당질 분해 및 보조효소 기능

③ 말초신경계의 기능에 관여

④ 결핍증

· 소화기계, 신경계, 심장의 이상 초래

· **각기(脚氣)** : 사지 말초의 마비, 전반사 기능 약화

⑤ 권장량=0.5mg/1,000Cal(**당질 섭취↑**∝비타민 B_1 필요량↑)

2) 비타민 B_2(riboflavin)

① 열에 강하나 수용액은 광선에 의해 파괴

② 생체내의 전자 이동에 관여(산화·환원 반응), 조효소
③ 결핍증
  · 어린 동물의 성장 정지, 피부와 신경 장해
  · 구순구각염
  · 시력 약화 및 충혈
  · 설염(舌炎)

3) 니아신(또는 나이아신, niacin)
① 열, 산, 알칼리에 안정
② 인산과 결합→ 탈수소효소의 보조효소로 당질, 지방, 단백질 대사에 중요한 역할
③ 결핍증
  · **펠라그라** : 붉은 반점→ 암갈색→ 표피탈락
  · 피부염
  · 소화기 장해(설사, 빈혈증)
  ※ **트립토판** 60mg→ 전환→ 니아신 1mg
  ※ **4D's disease**
  · dermatitis(피부염)
  · diarrhea(설사)
  · dementia(치매)
  · death(사망)

4) 비타민 B6(pyridoxine)
① 산성 용액에 안정, 자외선에 파괴
② 단백질 대사
  · **아미노기를 이전**
  · 탈카르복실 반응
  · 황(S)의 이전
  · 트립토판→ 니아신
③ 당질과 지방 대사
④ 결핍증
  · 피부, 신경, 혈액에 이상
  · 유아인 경우 흥분, 경기(驚氣), 근육마비

5) 판토텐산(pantothenic acid)
① 알칼리에 의해 분해되며 열에도 불안정
② 조효소로 지방산의 합성과 분해에 관여
③ 결핍증 : 사람에게 드물다.(식욕부진, 소화불량, 대사 이상)

6) 비오틴(biotin)

① 열, 광선, 산에 안정
② 흰자의 **아비딘**(avidin)과 결합→ 아비딘이 흡수 방해
③ 효소의 구성성분, 퓨린(purine, 핵산과 단백질을 형성) 생성
④ 결핍증
  · 탈피
  · 권태
  · 근육통
  · 식욕감퇴 등

7) **엽산**(folic acid, folacin)

① 열에 강하나 산과 광선에 불안정(**항빈혈성 인자**)
② 핵산 합성에 필요, 헤모글로빈 합성, 조효소
③ 결핍증
  · **거대적혈구성 빈혈**(적혈구 수 감소)
  · 소화불량
  · 혀가 붓고 붉어짐

8) 비타민 B_{12}(cobalamine)

① 적혈구 생성 및 악성빈혈증 조절=골수에서 생성
② 신경조직의 유지와 열량소의 대사에 관여
③ 결핍증
  · **악성빈혈**
  · 위액 분비 저하
  · 거대 적혈구→ 헤모글로빈 양의 감소
  · 창백한 피부
  · 기력 부진 · 체중 감소

9) 콜린(choline)

① 아미노산, 레시틴, 아드레날린을 합성
② 간장에 지방이 축적되지 않게 하는 간장보호 작용
③ 결핍
  · **지방간**
  · 체중 감소
  · 신장의 출혈성 변성

10) 비타민 L

① **최유**(催乳)**작용** : 비타민 L_1과 비타민 L_2가 공존하면 증가
② 비타민 L_1은 간장에, 비타민 L_2는 효모에 많이 존재

11) 이노시톨(inositol)

① 산과 알칼리 용액에 안정
② **항지방간(抗脂肪肝)** 인자 : 지방 합성과의 관계
③ 결핍증
 · 피부염
 · 탈모
 · 쥐의 경우 성장 장해

12) 리포산(lipoic acid)

① 미생물의 발육인자
② 탈탄산(티아민과 리포산)→ TCA 회로→ **당질대사**
③ 비타민 E, C의 작용을 대신

13) 비타민 C

① 산에는 안정하지만 열, 알칼리, 산소, 광선에 불안정
② 소장 상부 모세관 → 문맥 → 간 → 혈액 → 조직
③ 기능
 · 비타민 A와 E, 필수지방산에 대한 **항산화제**
 · **콜라겐의 생합성**
 · 방향족 아미노산의 대사
 · 히스타민 해독
 · 칼슘과 철의 흡수 증가
 · 엽산 활성화
 · 백혈구의 면역활동 증진
④ 결핍증
 · **괴혈병(壞血病)** : 혈액 중 1mg(0.5mg는 괴혈병), 피하 내출혈, 치근과 치아에 영향, 어린이 뼈 약화
 · 심장병, 간장병, 혈관의 노화
 · 감기 감염
 ※ 혈장 중 비타민 C의 농도↑ ∝ 지능지수(IQ)↑
 ※ 추운 온도, 운동량 증가, 흡연량 증가→ 비타민 C의 요구량↑

7. 에너지 대사

(1) 생리적 열량가

	항 목	탄수화물	지방	단백질
A	폭발열량계 열량(kcal/g)	4.10	9.45	5.65
B	질소의 불연소 손실(kcal/g)	0	0	1.25
C	체내 소화율(%)	98	95	92
D	생리적 열량가(kcal/g)	4	9	4

∴ D=(A−B)×C/100

(2) 기초대사

1) 정의

· 생명현상을 유지하기 위해 필요한 최소한의 에너지
· 심장박동, 두뇌활동, 호흡작용, 혈액순환(정신과 육체 안정 시)
  → 소화, 흡수, 근육활동 제외→ 1,200~1,800 kcal

2) 기초대사량에 미치는 요인

① **체표면적↑** ∝ 기초대사량↑
② 연령별 : 유아기→ 점차 증가→ 청소년기에 최대→ 점차 감소
③ 성별 : **남자** 〉 여자
④ 영양상태 : 섭취 부족→ 대사량 감소
⑤ 체구성 성분 : 근육조직 대사량 〉 **지방조직** 대사량
⑥ 음식물 섭취(특이동적 대사)로 기초대사량 증가
⑦ 수면시 6~10% 감소
⑧ 체온 상승(1℃ 상승)에 약 13% 증가
⑨ 내분비선 : 티록신과 아드레날린 분비↑ ∝ 기초대사율↑
⑩ 기후 : 저온 환경→대사율 증가(겨울=5%↑, 여름=5%↓)

(3) 활동대사

1) 특이동적 대사(specific dynamic action=SDA)

· 음식물 섭취시 에너지 대사 증가(당질, 지질=5%, **단백질**=30%)

2) 수면시 에너지 대사

· 기초대사보다 6~8% 감소

3) 휴식 대사

· 쾌적한 생활환경에서 휴식할 때의 에너지대사

4) 활동에 따른 에너지 소비량(kcal/kg/시간)

활동의 종류	kcal/kg/시
앉아있기, 식사, TV보기	0.4
자동차 운전하기	0.9
설거지하기, 다림질하기	1.0
걷기, 뛰기	2.0~7.0
계단 오르내리기	15.6~46.8
피아노 치기, 청소하기	0.8~2.7

5) 에너지 소요량=기초대사량+활동대사량+특이동적 대사량

특이동적(特異動的) 대사량=(기초대사량+활동 대사량)×1/10

8. 빵·과자 관련식품의 열량가

칼로리원(g)			열량 (Cal)	식 품		무기질			비 타 민			
지방	당질	단백질		양	종류	무게 (g)	Ca (mg)	Fe (mg)	A (I.U)	C (mg)	티아민 (mg)	리보플래빈 (mg)
6	16	3	129	Ø5cm	비스킷(강화)	35	42	0.6	–	–	0.07	0.07
–	12	2	60	1조각	전밀빵(20조각/#)	23	20	0.3	–	–	0.03	0.02
1	13	2	65	1조각	프랑스빵(20조각/#)	23	10	0.6	–	–	0.06	0.05
1	12	2	60	1조각	건포도빵(20조각/#)	23	16	0.3	–	–	0.01	0.02
1	12	2	63	1조각	식빵(강화, 20조각/#)	23	20	0.6	–	–	0.06	0.04
1	12	2	63	1조각	식빵(무강화, 20조각/#)	23	26	0.2	–	–	0.02	0.02
–	8	1	43	2ts	빵가루	11	13	0.4	–	–	0.03	0.03
1	10	1	60	중간 2개	크래커(그램)	14	3	0.3	–	–	0.04	0.02
1	6	1	35	소형 2개	크래커(가염)	8	2	0.1	–	–	–	–
–	32	5	155	1컵	마카로니(무강화)	140	11	0.6	–	–	0.01	0.01
25	44	18	475	1컵	마카로니(치즈)	220	394	2.0	970	–	0.22	0.46
1	19	4	100	1/2컵	국수(강화, 조리)	80	8	0.7	61	–	0.12	0.07
2	8	2	60	Ø10cm	팬 케이크(강화)	27	34	0.3	30	–	0.05	0.06
6	23	8	180	Ø36cm	피자, 치즈	75	157	0.7	570	8	0.03	0.09
–	4	–	20	5스틱	프레첼(소)	5	1	–	–	–	–	–
–	22	2	100	1/2컵	백미, 조리	84	7	0.3	–	–	0.01	0.01
2	20	3	115	1롤	롤빵(강화)	38	28	1.0	–	–	0.11	0.07
2	31	5	162	1개	하드 롤(강화)	52	24	1.4	–	–	0.14	0.12
7.8	27	6.6	206	Ø15cm	와플(강화)	75	199	1.0	173	–	0.11	0.17
–	11	2	51	2ts	밀가루(강화)	14	2	0.3	–	–	0.06	0.04
–	23	3	110	Ø25(1/12)	엔젤 푸드 케이크	40	2	0.1	–	–	–	0.05
14	70	5	420	Ø25(1/16)	초콜릿, 퍼지 케이크	120	118	0.5	520	–	0.03	0.10
6	24	2	152	7.5×7.5×2	과일 케이크(흑)	40	29	1.0	48	–	0.05	0.06
10	27	2	206	5×5×5	생강빵	57	63	1.4	69	–	0.07	0.05
5	31	4	180	7×5×2	케이크(무아이싱)	55	85	0.2	200	–	0.02	0.05
3	23	3	130	1개	컵 케이크(무장식)	40	62	0.2	150	–	0.01	0.03

칼로리원(g)			열량 (Cal)	식 품		무기질			비 타 민			
지방	당질	단백질		양	종류	무게 (g)	Ca (mg)	Fe (mg)	A (I.U)	C (mg)	티아민 (mg)	리보플래빈 (mg)
7	15	2	130	1조각	파운드 케이크	30	16	0.5	300	–	0.04	0.05
2	22	3	115	Ø20, 1/12	스펀지 케이크	40	11	0.6	210	–	0.02	0.06
3	19	2	110	Ø7.5, 1개	쿠키	25	6	0.2	–	–	0.01	0.01
6	15	1	116	Ø7.5, 1개	버터 스카치	24	11	0.5	22	–	0.04	0.03
6	16	2	125	1개	케이크 도넛	32	13	0.4	26	–	0.05	0.05
5	24	4	152	1/2컵	옥수수 푸딩	125	144	0.1	195	–	0.04	0.21
8	15	3	137	1/2컵	크림(지방 10%)	71	104	–	312	–	0.03	0.15
11	13	2	158	1/2컵	크림(지방 16%)	71	55	–	469	–	0.01	0.08
15	51	3	346	Ø22, 1/7	사과 파이	135	11	0.4	40	1	0.03	0.03
15	32	8	320	Ø22, 1/7	커스터드 파이	135	130	0.8	311	–	0.07	0.22
15	33	5	274	Ø22, 1/7	호박 파이	130	66	0.7	3,211	–	0.04	0.14
15	52	4	352	Ø22, 1/7	체리 파이	135	19	0.4	594	–	0.03	0.03
1	30	1	140	1/2컵	셔벗	97	15	–	58	2	0.01	0.03
–	17	–	60	1Tb	꿀	21	1	0.2	–	1	–	0.01
–	4	–	17	1ts	설탕	4	–	–	–	–	–	–
10	12	9	165	1컵	우유	244	285	0.1	390	2	0.08	0.42
6	–	7	88	1개	계란(전란)	54	26	1.2	550	–	0.06	0.16
–	–	4	17	1개분	흰자	33	3	–	–	–	–	0.09
5	–	3	60	1개분	노른자	17	24	0.9	550	–	0.04	0.07
19	7	7	215	1/4컵	아몬드	36	83	1.7	–	–	0.09	0.33
18	7	10	210	4ts	땅콩(볶은 것)	36	26	0.8	–	–	0.12	0.05
10	2	2	104	1/3개	호두	16	16	0.4	–	–	0.06	0.02
9	–	7	105	1조각	치즈(체다)	28	214	0.2	350	–	–	0.12
6	–	1	55	1ts	크림치즈	15	9	–	230	–	–	0.04
10	–	23	185	3온스	햄버거	83	10	3.0	20	–	0.08	0.20
14	2	5	147	3조각	베이컨	23	4	0.6	–	–	0.14	0.07
19	–	18	246	3온스	햄(스모크)	85	8	2.2	–	–	0.40	0.15
–	1	1	5	4개, 소형	상추	50	11	0.2	270	4	0.02	0.04
–	11	2	50	중간크기	양파	110	35	0.6	60	10	0.04	0.04

〈연습문제〉

1. 어떤 식품의 질소를 정량하였더니 1.4%였다. 이 식품의 단백질 비율은?
   가. 1.4%   나. 7.98%   다. 8.75%   라. 9.8%
   ※ 일반적인 식품 단백질에는 약 16%의 질소가 함유되어 있으므로 질소에 100/16를 곱하여
     단백질 비율을 구한다.
     단, 100÷16=6.25를 단백질 계수로 계산한다.
     ∴ 1.4%×6.25=8.75%

2. 다음 중 생리적 알칼리성 식품에 많이 들어있는 원소로만 짝지어진 것은?
   가. Ca, K, Mg, Na 나. Ca, S, P, Cl 다. K, P, S, Mg 라. Mg, Na, Cl, S

3. 당질의 해당 작용(解糖作用)중 혐기적인 조건일 때 생성되는 것은?
   가. 에너지   나. 유산(乳酸)   다. ATP   라. 글리코겐

4. 정상적인 혈당은 혈액 100ml당 몇 mg의 포도당이 들어있는가?
   가. 60mg   나. 100mg   다. 140mg   라. 180mg

5. 당뇨병은 어느 호르몬의 결핍이나 활성의 저하로 발생할 수 있는가?
   가. 아드레날린 나. 티록신   다. 성장 호르몬 라. 인슐린

6. 다음 중 필수 지방산이 아닌 것은?
   가. 리노레산   나. 리노렌산   다. 아라키돈산 라. 올레산

7. 콜레스테롤(cholesterol)에 대한 일반적인 설명으로 틀리는 것은?
   가. 고등동물의 조직에 존재   나. 혈액 중 200mg/100ml 정도 함유
   다. 고농도인 경우 동맥경화증의 원인 라. 장 근육 운동, 변비 예방의 역할

8. 다음 표와 같은 경우 쌀의 단백가는 얼마로 보는가?

아미노산	이소류신	류신	리신	페닐알라닌	메티오닌	트레오닌	트립토판	발린
표준	250	440	340	380	220	250	60	310
쌀	263	513	225	500	231	206	81	363

    가. 66   나. 82   다. 105   라. 135

    ※ 표준 아미노산에 대하여 가장 부족한 제1제한아미노산은 리신이므로
       단백가 = $225/340 \times 100 ≒ $ **66.18**

9. 다음 무기질 중에서 혈액의 빈혈증세와 가장 관계가 적은 것은?

    가. 철(Fe)   나. 아연(Zn)   다. 구리(Cu)   라. 불소(F)

10. 혈액의 응고와 관계가 깊은 무기질과 비타민으로 연결된 항목은?

    가. 인-비타민 A   나. 마그네슘-비타민 D
    다. 칼슘-비타민 K   라. 코발트-비타민 C

11. 칼슘(Ca)의 흡수를 방해하는 물질은?

    가. 라이신   나. 수산염   다. 구연산   라. 유당

12. "레티놀(retinol)"은 어느 비타민의 이름인가?

    가. 비타민 A   나. 비타민 B
    다. 비타민 C   라. 비타민 D

13. 항불임성 비타민E의 항산화 작용을 가장 많이 상승시키는 비타민은?

    가. 비타민 A   나. 비타민 B_1
    다. 비타민 C   라. 비타민 K

14. 탄수화물을 많이 섭취할수록 더 많이 공급할 필요가 있는 비타민은?

    가. 비타민 B_1 나. 비타민 B_2
    다. 비타민 C   라. 비타민 L

15. 1일 기초대사량이 1,500kcal, 활동대사량이 900kcal인 사람의 총 에너지 소요량은 얼마로 보는가?

가. 600Cal   나. 2,400Cal   다. 2,640Cal   라. 3,300Cal

※ 특이동적 대사량=(1,500+900)×0.1=240

∴1,500+900+240=2,640

16. 다음과 같은 샌드위치에 우유를 마시면 열량가는 얼마인가?

구분	무게(g)	지방(g)	탄수화물(g)	단백질(g)
프랑스빵	46	2	26	4
상추	50	–	1	1
양파	50	–	5	1
햄	85	19	–	18
피클	20	–	7	–
우유	200	7	10	7

※ 지방 합계=2+19+7=28

탄수화물 합계=26+1+5+7+10=49

단백질 합계=4+1+1+18+7=31

총 열량=(28×9)+(49+31)×4=252+320=572

∴ **572 칼로리**(kcal 또는 Cal)

✽ 수용성 비타민의 특징

약호·명칭	함유식품	성 질	기 능	결핍증	1일 권장량
B₁·티아민 (thiamine)	쌀겨, 대두, 땅콩, 돼지고기, 노른자, 간(肝), 배아	·미색의 결정 ·물에 쉽게 녹음 ·산성에 안정, 알칼리 중성에 분해되기 쉬움	·당질 대사의 보조 작용 ·신경조직 유지에 관계	·각기병 ·피로, 권태, 식욕부진, 부종, 신경통	성인 1.0~1.3mg 임산부 1.4mg 수유부 1.6mg
B₂·리보플라빈 (riboflavin)	이스트, 알, 쌀겨, 치즈, 내장, 우유	·황등색의 결정 ·알칼리에 약함 ·빛에 의해 쉽게 분해	·체내에서 산화·환원에 필요한 효소의 구성 성분 (열량소 대사에 필수적인 비타민) ·발육 촉진, 입안의 점막 보호	·발육 장애 ·설염 ·구각염 ·피부염	성인 1.2~1.6mg 임산부 1.5mg 수유부 1.7mg
B₆·피리독신 (pyridoxine)	이스트, 간, 쌀겨, 배아, 두류	·무색의 결정 ·물, 알코올에 녹음 ·산에 안정 ·빛에 약함	·아미노산 대사에 관여 ·체내의 단백질·필수 지방산 이용에 관여 ·피부의 건강 유지	·신경염 ·체중 감소 ·빈혈 ·현기증 ·구토	
B₁₂·시아노코발라민 (cyanocobalamin)	간, 노른자, 육류 식물에는 거의 들어 있지 않음	·암적색의 결정 ·물, 알코올에 녹음	·적혈구의 형성 (항빈혈 작용). ·성장촉진	·악성 빈혈 ·간 질환 ·성장 정지	
니아신 (niacin)	이스트, 육류, 두류	·무색의 결정 ·더운물에 녹음 ·알칼리에 불안정	·탈수소 효소의 조효소의 주성분 ·에너지 대사에 관여함	·펠라그라병 ·피부염 ·설사 ·지능저하	·성인 13~17mg ·임산부 17mg ·수유부 19mg
엽 산 (vitamin M)	간, 두부, 치즈, 밀, 노른자	·황색의 결정 ·산·알칼리에 녹음	·헤모글로빈, 핵산의 생성에 필요 ·장내 점막의 기능 회복	·빈혈, 장염, 설사 ·성장 장애 ·식욕부진, 정신장애	
판토텐산 (pantothenic acid)	이스트, 치즈, 두류	·기름상태 ·물·알코올에 녹음 ·산·알카리 열에 분해	·탄수화물이나 지방의 대사에 필요한 효소의 구성 성분	·식품에 널리 분포되어 있으므로 좀처럼 결핍 증이 나타나지 않음.	
C·아스코르브산 (ascorbic acid)	과실류(딸기, 감귤), 야채류, 감자류	·열, 알칼리에 불안정 ·저장시 쉽게 파괴됨	·성장에 필수적이다 ·세포내의 산화·환원에 관여 ·결합 조직을 구성하는 주 된 단백질인 콜라겐의 형 성과 유지에 필요. ·탄수화물, 지방, 단백질 대사에 관여 ·질병에 대한 저항력 증강 ·철의 흡수율 증진	·피부염, 신경계의 변성 ·피부 점상, 잇몸에 출혈이 되기 쉬움	·성인 50~55mg ·임산부 70mg ·수유부 90mg

Part 6 식품위생

Ⅰ. 식품 미생물

(1) 세균류

바실루스 (Bacillus)	· 그램 양성의 호기성 아포형성 간균 · 탄수화물과 단백질 분해력이 강한 균 · 빵의 점질성인 **로프(rope)** 형성균
미크로코쿠스 (Micrococcus)	· 그램 양성의 호기성 무아포 구균 · 대부분이 황색, 홍색 색소를 생산 · 단백질 분해세균은 부패균(소시지 표면의 점질물)
슈도모나스 (Pseudomonas)	· 그램 음성의 무아포, 단모성 편모를 가진 간균 · 저온에서도 증식하는 균주→ **저온저장식품**의 부패 · 방부제,항생물질에 강하나 열에는 약함(저온살균)
비브리오 (Vibrio)	· 그램 음성, 무아포, 주모성의 편모를 가진 간균 · **콜레라균, 장염 비브리오균**이 여기에 속함
프로테우스 (Proteus)	· 그램 음성 간균으로 장내세균과 토양, 물, 하수 · 육류, 어패류, 두부 등 **단백질 식품의 부패균**

세라티아 (Serratia)	· 붉은 색소를 생성하는 그램 음성,무아포균 · 단백질 분해력이 강하여 식품을 적변(赤變) 부패
에세리키아 (Escherichia)	· 장내세균과로 대장균이 대표적 · **대장균(E. coli)**→ 식품과 물의 분변 오염도 지표균
락토바실루스 (Lactobacillus)	· 그램 양성 간균으로 당류를 발효→ **젖산균** · 치즈나 젖산음료의 발효균
클로스트리디움 (Clostridium)	· 그램 양성, 아포 형성 간균으로 편성 혐기성 · 통조림, 우유, 야채 등 **산소가 없는 곳**에서도 부패

(2) 곰팡이

고지 곰팡이 (Aspergillus)	· 당화력과 단백질 분해력이 강한 곰팡이속(屬) · A. oryzae→ 약주, 탁주, 된장, 고추장 등 제조
푸른 곰팡이 (Penicillium)	· 치즈, 버터, 통조림, 야채, 과실 등의 변패 곰팡이 · **P. notatum**→ 항생제 '페니실린' 을 생성
털곰 팡이 (Mucor)	· 균종에 따라 식품의 변패 또는 식품 제조에 관여 · M. racemous→ 전분의 당화, 치즈의 숙성
거미줄 곰팡이 (Rhizopus)	· 딸기, 채소, 밀감의 변패균 · **R. nigricans**(검은 빵 곰팡이)→ 빵 표면을 검게

(3) 효모

사카로미세스 (Saccharomyces)	· S. sake→ 맥주,포도주 등 알코올 제조에 사용 · **S. cerevisiae**→ 제빵용 효모(酵母)
토룰라 (Torula)	· 식용 효모로 사용되는 것이 있음(Mycoderma) · 맥주와 치즈 등에 산막(酸膜)을 형성 (Mycoderma)

2. 식품의 변질

(1) 용어

1) 부패(腐敗)

단백질 식품이 미생물의 작용에 의하여 악취와 유해물질을 생성하여 가식성(可食性)을 잃게 되는 현상

2) 변패(變敗)

단백질 이외의 성분이 있는 식품이 변질되는 것

3) 산패(酸敗)

지방이 변질되는 현상

(2) 변질방지법

1) 물리적 조치

건조법	· **수분 15 %이하**(Wa= 0.7 이하)→ 세균 억제 · 일광건조(농산물, 해산물), 열풍건조(육류), 냉동건조(당면, 한천), 분무건조(분유), 배건법(보리차), 고온건조(살균, 건조), 감압건조(건조채소)
냉장 · 냉동법	· 10℃ 이하→ 세균의 번식이 억제 · 움 저장(10℃, 감자, 고구마), 냉장(0~5℃), 냉동(-5℃ 이하에서 부패 방지, 육류, 어류)
가열법	· **저온 장시간(63℃, 30분)** · 고온 단시간(71℃, 15초) · 초고온 순간(140℃, 1~3초)
자외선 · 방사선	· 광선으로 살균→ 식품에 영향을 주지 않음 · 식품의 깊은 내부까지 살균하는데 한계

2) 화학적 조치

염장법	**소금**(10~15%)에 의한 삼투압(젓갈류, 굴비)
당장법	**설탕**(50~70%)에 의한 삼투압(당절임 과일)
산저장	**유기산**의 살균력으로 세균 억제(식초절임)
가스저장법	**질소가스**나 탄산가스(호기성 부패세균 저지)
훈연법	살균물질을 가진 활엽수의 **연기**(소시지, 햄)
보존료 첨가	사용이 허용된 보존료를 허용 한도 내 사용
훈증	사용이 허용된 훈증제로 훈증

(3) 소독과 살균

1) 용어

① 소독 : 병원균을 죽이거나 병원성을 약화→ 감염을 저지
② 살균 : 모든 미생물을 대상→ 완전히 사멸→ 〈멸균(滅菌)〉

③ 방부 : 미생물의 활동을 정지→ 한시적으로 변질 방지

2) 소독 · 살균약품

석탄산류	· 석탄산→ 3~5% 수용액, **살균 표준시약**(기구, 손, 발) · **역성비누**→ 양이온 형태, 무미, 무취(피부 소독) · **크레졸**→ 비누액을 50% 혼합하여 1~2% 용액
지방족 화합물	· 알코올→ **70%** 수용액(손 소독) · 포름알데히드→ 40% 수용액을 40~50배로 희석
할로겐 화합물	· 요오드→ 피부 소독 · 염소→ 상수도, 수영장, 식기류 · 생석회→ 분, 목장 소독 · 표백분→ 우물, 풀 소독
산화제	· 과산화수소수→ **3%** 용액으로 창상과 구내 세정 · 붕산→ 2~3% 용액으로 점막 및 눈 세척 · 오존→ 발생기 산소에 의해 살균(고농도 필요)
수은 화합물	· 승홍→ 0.1% 용액 · 머큐로크롬→ 2% 용액

3. 식중독

식중독(food poisoning)이란 세균이나 유독물질, 동·식물의 독 또는 유기 및 무기의 독물이 들어있는 음식물을 먹고 구토, 설사, 식욕 감퇴, 복통 등을 나타내는 증세로 전염병과는 구별이 된다.

(1) 식중독의 원인

1) 세균성 식중독
① 감염형 식중독

살모넬라균	· **살모넬라균**에 오염된 식품을 섭취(쥐, 파리, 바퀴) · 원인 식품-우유, 육류, 난류, 어패류, 어육제품 · 잠복기(12~24시간), 구토, 복통, 설사, **발열**
장염 비브리오균	· **장염 비브리오균**에 오염된 식품을 섭취 · 원인 식품-오염된 어패류, 생선회의 생식 · 잠복기(10~18시간), 급성 위장염(복통, 구토, 설사)

병원성 대장균	· **병원성 대장균**에 오염된 식품을 섭취 · 원인 식품-햄, 치즈, 소시지, 야채샐러드, 두부 등 · 잠복기(10~24시간), 설사(+발열+두통+복통)
아리조나균	· 살모넬라에서 독립된 아리조나균(닭, 오리, 파충류) · 원인 식품-가금류 고기, 살모넬라와 유사 · 잠복기(10~12시간), 주증상은 복통과 설사

② 독소형 식중독

포도상구균	· 포도상구균 독소-**엔테로톡신(enterotoxin)** · 감염원-**화농증**(우유, 유제품, 난류, 밥, 도시락, 빵) · 잠복기(1~6시간), 오심, 구토, 복통, 설사 증상
보툴리누스균	· **보툴리누스균의 뉴로톡신(neurotoxin)**-신경독 · 원인 식품-햄, 소시지, 통조림
웰치균	· 웰치균의 **엔테로톡신** · 원인식품-조수육과 가공품, 어패류, 식물성 단백식품 · 잠복기(8~20시간), 복통, 설사(경우에 따라 점혈변)

2) 독성물질에 의한 식중독

① 자연독

원인	종류	증상 및 비고
복어	테트로도톡신(tetrodotoxin)	지각 이상, 호흡 장해
독어	시구아톡신(ciguatoxin)	소화기 증상, 전신 마비
조개류	베네루핀(venerupin)	모시조개, 굴, 바지락
	삭시톡신(saxitoxin)	섭조개, 대합조개
독버섯	무스카린(muscarine)	위장형, 혈액독형, 신경계형
감자	솔라닌(solanine)	감자의 발아부위(복통, 현기증)
청매, 은행	아미그다린(amygdalin)	**시안 배당체(중추신경계)**
면실유	고시폴(gossypol)	출혈성 신장염
독미나리	시큐톡신(cicuroxin)	구토, 경련, 현기증, 호흡 마비

② 화학물질

원인	설 명
붕산	· 유해 방부제로 **사용 금지** · 육류, 육제품, 어묵제품, 유제품, 우유, 마가린 · **구토, 설사**, 체내 축적→ 식욕 감퇴, 소화 불량
포름알데히드	· 강한 방부력→ **주류**, 육류, 우유제품에 **부정 사용** · 두통, 현기증, 호흡 곤란, 소화 작용 저해 등
승홍	· 강한 살균력을 가지나 방부제로 식품에 사용 **금지** · 구토, 경련, 복통, 만성→ 반상치, 뼈의 성장 영향
아우라민	· 인공 착색료(**금지**) : 단무지, 면류→ 두통, 맥박감소
둘신	· 인공감미료(**금지**) : 설탕의 250배 감미 · 소화효소에 대한 억제, 중추신경 자극
사이클라메이트	· 인공감미료(**금지**) : 설탕의 40배 감미, 발암성
비소	· 위장형 중독(구토, 위통, 설사, 출혈, 경련, 실신) · 허용량→ 고체식품(1.5ppm↓), 액체(0.3ppm↓)
납	· 도료, 안료, 농약에 사용 → 오염 → 강한 독성 · 구토, 복통, 사지 마비, (만성→ 소화기, 시력 장해)
수은	· 승홍이 부정하게 식품에 사용→ 급만성 중독 · 갈증, 구토, 복통, 설사, 위장 장해, 전신 경련 · 중독 시 **"미나마타병"**
카드뮴	· 각종 식기, 기구, 용기의 도금이 용출→ 중독 · 구토, 설사, 복통, 의식 불명→ 신장 장해, 골연화증 · 만성 중독 시 "이타이이타이병"
아연	· 아연 도금 용기→ 아연이 식품에 이전→ 중독 · 급성(30분~1시간) 시 복통, 구토, 설사, 구역질, 경련
주석	· 주석 함유 통조림 관(罐)에서 용출(**주스**) · 구역질, 구토, 복통, 설사, 권태감
유기인제	· 독성이 강한 **농약**(파라티온, TEPP) · (부)교감신경 증상(구토, 근력 감퇴, 전신 경련)
유기염소제	· **농약(DDT, DDD, BHC)** · 섭취 30분→ 구토, 복통, 설사, 두통, 시력 감퇴
비소화합물	· 살충제, 쥐약→ 야채의 잔류물 섭취로 중독 · 목구멍과 식도의 수축, 연동운동의 곤란
롱가리트	· 유해 표백제로 사용이 **금지** · 야채, 감자, 연근, 우엉에 불법으로 사용

(2) 세균성 식중독 미생물의 감염관리

1) 미생물 감염방지 대책

제품의 산도	· **산성(酸性)**→ 곰팡이와 세균을 살균, 억제 · pH 4.6→ 빵의 **로프(rope)**균을 완전 억제→ 더 많은 발효와 숙성+산의 첨가 · 사용량은 밀가루 대비(초산 = 1%, **젖산** = 0.5%)
억제제의 사용	· 미생물의 증식을 정지 또는 억제 · 허가된 보존료→ **프로피온산칼슘(빵), 프로피온산나트륨(케이크)**
자외선 조사	· 살균력이 있는 **자외선** 조사→ 공기 살균 · 감염 기회를 감소+제품 표면의 세균 살균 · 제품 내부와 로프에 대해서는 효과 감소
초단파 열선	· 포장한 제품에 고주파 **초단파 열선**을 조사 · 45~90초간 조사→ 열 충격으로 제품 내 미생물을 살균 · 포장지에 증기(蒸氣) 발생 가능→ 제거

2) 억제제 조건
① 낮은 농도에서 효과→ 제품의 pH에 영향이 적은 농도
② 무독성, 무해→ 사용한도 내에서 효과가 있으면서 무해
③ 빵 반죽 공정이나 완제품에 유해한 작용이 없어야 한다.
④ 제조·공정 상 취급에 문제가 없어야 한다.
⑤ 사용하기에 부담이 없는 경제적인 가격

3) Clark의 감염 감소법
① **소독액으로 소독**→ 벽, 바닥, 천정
② 청소, 소독→ 기구, 수도물 탱크와 수도관, 재료통, 콘베이어 등
③ 재료통은 **뚜껑**을 꼭 닫을 것→ 미생물, 이물질, 벌레 등 침입 방지
④ 재료의 저장→ 적절한 환기와 조명 시설이 된 저장실(**유통기한 엄수**)
⑤ 활발한 발효=**적정 이스트+온도+습도**→ pH 하강→ '로프' 억제
⑥ 적정한 굽기→ 과도한 잔류수분 방지(신선도와는 반대개념)
⑦ **공기 세척** 및 여과→ 미생물 포자를 함유하는 먼지 입자를 감소
⑧ 충분한 냉각 후 썰기와 포장
⑨ 노화된 제품, 감염된 제품의 공장 반입 금지
⑩ **빵 상자, 수송 차량, 매장 진열대의 청결, 저온, 통풍 상태 유지**

사방 30cm, 1시간당 낙하포자수	포장실 700개, 냉각실 420개	**저온**에서 감염저하 (냉방이 중요 요인)
전파속도 (배양곰팡이)	1층에서 4층까지 곰팡이가 5분만에 전체 건물에 전파	곰팡이가 핀 빵의 공장 반입 → **절대 금지**
1㎥ 공기 중 포자	평균 1,000~2,500개 개별 차이 60~17,000개	저장실(신선한 빵 → 600개, 노화빵 → 600개~150,000개)

4. 기생충

일시적 혹은 지속적으로 생체에 기생하며 그 숙주 생체에서 영양을 섭취하여 생활하는 동물류

(1) 채소류

회충	· 경로-**채소**를 통하여 경구감염 · 증상-피로감, 현기증, 식욕부진, 두통, 현기증 등 · 예방-**손**과 **채소**를 철저히 세척
십이지장충	· 경로-경구와 피부 감염 · 증상-빈혈, 뇌빈혈, 저항력 저하로 전염병에 약함 · 예방-**오염된 흙**과 접촉 주의, 채소를 철저 세척
편충	· 경로-경구 감염 · 아열대, 열대지역에 많음 → 우리나라에도 감염률이 높다 · 예방-회충과 같은 방법, **채소**를 철저히 세척
요충	· 경로-경구 감염(손톱→ 입) · 성충이 항문에 기어 다녀 가려움과 불쾌감 · 예방-**손, 항문근처, 속옷**을 깨끗하게 함

(2) 수육

유구조충	· 돼지고기 촌충(갈고리 촌충) · 충란 → 중간숙주인 **돼지** → 소장 부화 → 근육(낭충) · 예방-돼지고기의 생식 금지, 가열 섭취
무구조충	· 쇠고기 촌충, 민촌충 · **쇠고기 생식**으로 감염 · 쇠고기 생식 금지와 소 사료의 오염 방지
선모충	· 유럽과 중국에 많음(우리 나라에는 미보고) · 돼지고기 생식 금지, 위생적인 돼지 사육

(3) 어패류

간디스토마	· 경로-유충→ 제1중간숙주(왜우렁이)→ 제2중간숙주 **담수어**→ 사람이 생식→ 간에서 기생 · 예방-담수어의 생식 금지
폐디스토마	· 유충→ 제1중간숙주(다슬기)→ 제2중간숙주(**민물게, 가재**)→ 사람이 생식→ 폐에서 기생 · 예방-게, 가재의 생식 금지
광열열두조충	· 유충→ 제1중간숙주(물벼룩)→ 제2중간숙주(농어, 연어, 숭어 등 담수어나 반담수어)→ 사람이 생식 · 예방-**담수어와 반담수어**의 생식금지
유극악구충	· 개의 분변 중 충란→ 제1중간숙주(물벼룩)→ 제2중간숙주(미꾸라지, 가물치 등)→ **개, 고양이** 위→ 사람 · 예방-담수어의 생식 금지

5. 전염병

(1) 경구전염병

전염병	감염원	예방	기타
장티푸스 (Typhoid fever)	· S. typhi균 · 환자, 보균자의 분변 · 직접접촉 및 음식물	· 환자, 보균자 관리 · 예방접종, 위생관리 · 식기류 소독, 구충	· 고열, 두통, 오한 · 식욕 부진
파라티푸스	· S. paratyphi균 · 환자, 보균자의 분변	· 장티푸스와 유사	· 장티푸스와 유사
콜레라	· Vibrio cholela균 · 환자, 보균자의 분변 및 토물→ 식수, 식품 오염	· 장티푸스와 유사	· 수양성 설사와 구토 →탈수증상 · 체온 하강, 허탈
세균성 이질	· Shigella dysentryae · 환자, 보균자의 분변 · 파리 매개, 식수 오염	· 장티푸스와 유사	· 오한, 복통, 설사 · 발열(38~39℃) · 혈변
소아마비	· 급성회백수염 virus · 환자, 감염자의 분변 → 오염된 음식물	· 예방접종 · 감염원 차단	· 발열, 현기증 · 두통, 근육통 · 사지 마비
유행성 간염	· 간염 바이러스 A · 환자의 분변, 음식물	· 장티푸스와 유사 · 경구전염, 비소화기	· 발열, 두통 · 위장 장해→ 황달
천열(泉熱) (Izumi fever)	· 바이러스(?)설 · 환자, 보균자, 쥐 분변 → 식품, 음료수에 오염	· 환자의 코와 입 분비물 처리 · 장티푸스와 유사	· 발열(39~40℃) · 발진

(2) 인수공통전염병

결핵	· Myco. tuberculosis · 사람, 소, 파충류	튜베르쿨린 검사 → (음성) BCG 접종	· 기침, 객담, 흉통 · 피로감, 객혈
브루셀라 (파상열)	· Brucella균(3종) · 병에 걸린 동물의 젖, 제품, 고기→ 경구	· 병원소 동물 예방 접종 · 유제품의 멸균처리	· 급성 열성 전신질환 · 국내-미보고
탄저	· Bac. anthracis균 · 가축 및 축산물 · 부위별=피부, 장, 폐	· 오염된 동물, 털, 뼈, 접촉 방지 · 항균제로 치료	· 피부-홍반점 · 폐-미열, 피로 · 장-구토, 패혈증
야토병	· Fran. tularensis균 · 산토끼, 양의 병균→ 경구 또는 피부	동물은 이, 진드기, 벼룩에 의해 전파 → 접촉과 생고기 금지	· 근육통, 관절통 · 오한, 고열, 오심 · 구토, 발한
돈단독	· 돈단독균 · 피부 창상, 경구 감염	돼지의 예방접종	· 급성형 패혈증 · 피부 병변
Q열	· 리케치아(소, 양, 설치류) · 접촉 또는 경구 감염	· 우유 살균 · 흡혈곤충 박멸	· 심한 두통, 고열 · 경련, 발한, 요통
리스테리아증	· 리스테리아균 · 감염동물과 접촉, 섭취	· 예방접종 · 소, 닭, 양, 염소	· 성인-수막염 · 신생아-호흡기

6. 식품 첨가물

첨가물이란 식품을 제조, 가공 또는 보존함에 있어 식품에 첨가, 혼입, 침윤, 기타의 방법으로 사용되는 물질을 말한다.

용도	첨가물	내 용
보존료	데히드로초산	치즈, 버터, 마가린에 0.5[g/kg] 이하 사용〈나트륨〉
	소르브산	식육제품, 어육연제품, 모조치즈〈**소르브산 칼륨**〉
	안식향산	청량음료, 간장, 된장, 고추장〈**안식향산 나트륨**〉
	프로피온산	**〈나트륨〉=과자, 〈칼슘〉=빵**
살균제	차아염소산 나트륨	· 식품 중의 부패 세균이나 미생물을 사멸 · 강한 살균력+인체에 무해 =참깨

항산화제	BHT,BHA	· Butylated Hydroxy Toluene(Anisole) · 유지, 버터
	몰식자산 프로필	propyl gallate(유지, 버터)
	토코페롤	**tocopherol(천연항산화제)**
표백제	메타중아황산칼륨 차아황산나트륨 과산화수소	· 당밀, 물엿=0.3[g/kg] 이하 · 과실주=0.35[g/kg] 이하 · 엿=0.4[g/kg] 이하 · 천연 과즙=0.15[g/kg] 이하
밀가루 개량제	**과산화벤조일**	**밀가루=0.3[g/kg] 이하**
	과황산암모늄	밀가루=0.3[g/kg] 이하
	브롬산칼륨	빵 제조용 밀가루=0.03[g/kg] 이하
	염소	어육 연제품=0.27[g/kg] 이하
	이산화염소	박력분=1.25[g/kg] 이하
	아조디카본아미드	제빵용 밀가루=45[mg/kg] 이하
호료 (糊料)	폴리아크릴산 알긴산프로필렌 **메틸셀룰로오스**	· (나트륨)→ 일반 식품에 0.2% 이하 · (글리콜)→ 일반 식품에 1% 이하 · 일반 식품에 2% 이하
발색제	아질산나트륨	· 질산칼륨, 질산나트륨=미오글로빈, 헤모글로빈 유지 · 식육 제품(0.07g/kg), 어육 소시지(0.05g/kg)
착색제	**식용색소**	식품의 조리, 가공 중 변색을 복원, 외관상 미려
조미료	핵산계, 유기산계	식품 본래의 맛을 강화하거나 조절
인공 감미료	사카린 나트륨	식빵, 이유식, 설탕, 물엿, 벌꿀에는 **사용 금지**
	아스파탐	청량음료, 식탁용 감미료, 아이스크림, 주류에 사용
팽창제	명반, 염화암모늄, **탄산수소나트륨**	· 탄산수소암모늄, **효모**, 탄산마그네슘, 소명반=B·P 원료 · 빵과 과자를 부풀게 하는 첨가물
유화제	지방산에스테르	소르브산 지방산에스테르, 폴리솔베이트, **레시틴**
피막제	몰포린지방산염	초산 비닐수지=과실과 채소의 선도 유지
소포제	규소 수지	식품 제조 중 발생하는 거품을 소멸 또는 제거
이형제	**유동 파라핀**	release agent→ 빵틀에서 빵을 분리하기 쉽게

7. 식품의 위생관리

(1) 식품위생시설

건물	내 용
건물	· 구조=사용에 편리 · 위치=평지, 교통, 급수 · 넓이=기구와 인원 · 천장, 벽, 바닥=위생 · 채광, 환기=50 Lux · 방충 · 방서설비 · 갱의실=작업장 오염 방지 · 주위환경
세척, 수세설비	작업장내에 유수식 전용 수세설비
식품취급 설비	· 취급 기구=청결, 소독이 가능한 내구성 기구 · 흡수성이 적은 것→ 효율적인 자리에 배치
급수, 오물처리	· 음용수=공공기관에서 검사한 규격 이상인 것 · 폐수 또는 하수 처리
변소	작업장에서 가급적 먼 위치, **수세식**
취급방법	· 식품 관계 시설, 기구=**청결하고 위생적**으로 관리 · 식품=세균, 먼지, 유해물질에 오염되지 않게 관리

(2) 식품취급자의 보건

1) 취급자의 건강

각 개인의 건강=전염병 환자, 보균자는 제조 금지

2) 청결습관

· **손 씻기** 및 손톱 청결
· 두발 및 복장 단정

(3) 용기

금속 제품	구리, 안티몬, 카드뮴, 아연, 주석 용출=보건상의 문제
유리 제품	바륨, 아연, 붕산, 규산 등이 용출
도자기, 법랑	**유약(釉藥)** 중에 함유된 유해 금속의 용출
페놀 수지	· 내열성, 내산성이 우수 · 페놀과 **포르말린**의 용출
요소 수지	내열성, 내수성에 취약→ 보건상의 문제가 많음
멜라민 수지	보건상의 문제=포르말린의 용출

(4) 포장

글리신 종이	· 황산으로 펄프를 처리 · **양과자, 빵, 빙과** 등에 사용	
파치멘트 종이	· 유산지 · 버터, 마가린, 게 통조림의 내장용	
파라핀 종이	· 글리신 종이에 파라핀 피복 · 캐러멜, **빵**, 육류 등	
카톤 팩	· 종이를 과산화수소로 처리 · 우유 포장	
알루미늄박	· 고온 살균,광선 차단 · **과자**, 담배, 커피, 버터, 치즈	
셀로판	· 표면의 광택과 색채의 투명성이 양호 · 무독성	
아밀로오스 필름	· 식용 가능 · 치즈, 버터의 내피막, 캐러멜, 젤리, 캔디	
플라스틱	· 열가소성 수지 · 제조에 사용한 첨가제의 용출	
폴리에틸렌(PE)	· 불투명 · 식품 포장에 널리 사용	· 보건상 무해
폴리염화비닐	· PVC · 중금속의 문제	· 투명성, 내수성, 내산성이 양호
폴리스틸렌	· 내약품성↑ · 고온에서 변형	· 건조식품의 보존용
폴리프로필렌	· 가볍고 투명 · 열 접착성↓	· 강도와 내열성 우수
염화수소 고무	· 열 수축성과 방습성이 우수 · 햄, 소시지	

〈연습문제〉

1. 빵의 점조성(粘稠性) 원인이 되는 '로프(rope)' 형성균은 빵에 가늘고 끈적끈적한 실모양을 만드는데 다음 중 어디에 속하는가?

　가. 바실루스(Bacillus)속　　　　　　　나. 미크로코쿠스(Micrococcus)속

　다. 슈도모나스(Pseudomonas)속　　　　라. 비브리오(Vibrio)속

　※ Bacillus subtilis의 변이 균주

2. 빵에 피는 검은색 곰팡이로 '빵 곰팡이' 라 불리는 '니그리칸스(nigricans)' 는 다음 중 어디에 속하는가?

　가. 고지곰팡이　　　　나. 푸른곰팡이　　　　다. 솜털 곰팡이　　　　라. 거미줄 곰팡이

3. 제빵용 효모의 학명은 다음 중 어느 것인가?

　가. Saccharomyces sake　　　　　　　나. Saccharomyces cerevisiae

　다. Penicillium notatum　　　　　　　라. Bacillus anthracis

　※ 가. 청주 발효 나. 빵 발효 다. 페니실린 라. 탄저균

4. 병원균은 일반적으로 어디에 속하는가?

　가. 저온균(20℃ 이하)　　　　　　　　나. 중온균(25~40℃)

　다. 고온균(50~80℃)　　　　　　　　　라. 온도에 무관

　※ 가. 발광균, 수균 나. 병원균, 부패균 다. 온천균, 퇴비균

5. 다음 중 고농도의 설탕이 함유된 삼투압에 대하여, 수분 함량이 적은 경우에도 가장 잘 견디는 호기성 미생물은 어느 것인가?

　가. 박테리아　　　　나. 이스트　　　　다. 곰팡이　　　　라. 포도상구균

6. 식품의 변화에 대한 성분과 용어의 짝으로 잘못된 항목은?

　가. 단백질-부패　　　　나. 지방-산패　　　　다. 전분-노화　　　　라. 수분-산화

7. 샌드위치에 사용하는 채소를 매개로 하여 감염되는 기생충이 아닌 것은?

　가. 회충　　　　나. 갈고리촌충　　　　다. 십이지장충　　　　라. 요충

8. 다음 중 간디스토마의 감염경로로 맞는 항목은?

	제1중간숙주	제2중간숙주	비 고
가.	왜우렁이	담수어	생식으로 감염
나.	다슬기	민물가재, 게	생식으로 감염
다.	물벼룩	농어, 연어	생식으로 감염
라.	물벼룩	가물치, 미꾸라지	생식으로 감염

9. 다음 중 인수(人獸)공통전염병은?

    가. 장티푸스   나. 세균성 이질   다. 탄저   라. 유행성 간염

10. 세균성 식중독 중 감염형 식중독은?

    가. 살모넬라균   나. 웰치균   다. 보툴리누스균   라. 포도상구균

11. 포도상구균에 대한 설명으로 틀리는 것은?

    가. 생성 독소는 '엔테로톡신' 이다.
    나. 계란, 우유, 빵, 밥 등이 원인식품이다.
    다. 주요 오염원은 화농증이다.
    라. 잠복기간이 1~3일로 긴 편이다.
    ※ 잠복기는 평균 3시간으로 짧은 편이며 설사, 복통, 구토 등의 증상이 있다.

12. '뉴로톡신' 이라는 신경독을 생성하며 치사율이 높은 식중독은?

    가. 장염 비브리오균   나. 포도상구균   다. 보툴리누스균   라. 살모넬라균

13. 다음 중 식품과 독성물질의 연결이 잘못된 것은?

    가. 복어-테트로도톡신   나. 모시조개, 굴-베네루핀
    다. 독버섯-무스카린   라. 독미나리-고시폴

14. 감자의 발아 부위와 녹색 부분에 생성되어 있는 독성물질은?

    가. 시큐톡신   나. 솔라닌   다. 테트로도톡신   라. 엔테로톡신

15. 일반적인 소독용 알코올의 농도는 얼마 정도인가?

    가. 30[%]   나. 50[%]   다. 70[%]   라. 100[%]

16. 우리나라에서 식품의 방부제로 빵, 과자에 사용이 허용된 첨가물은?

　　가. 데히드로초산염　　　나. 소르브산염　　　　다. 안식향산염　　　　라. 프로피온산염

17. 제빵용 밀가루 개선제로 반죽의 탄력성을 증대시키기 위하여 밀가루 kg당 45mg이하를 사용할 수 있는 첨가물은?

　　가. 과산화벤조일　　　　나. 아조디카본아미드　다. 이산화염소　　　　라. 과황산암모늄

18. 구운 빵을 팬에서 쉽게 분리시키기 위하여 사용할 수 있는 첨가물은?

　　가. 유동 파라핀　　　　나. 규소 수지　　　　　다. 레시틴　　　　　　라. 아스파탐

　　※ 나. 소포제　다. 유화제　라. 인공 감미료

19. 공기 중의 산소로 유지가 산패(酸敗)되는 것을 방지하는 허가된 항산화제가 아닌 것은?

　　가. BHT　　　　　　　나. BHA　　　　　　　다. 비타민 E　　　　　라. 질산나트륨

　　※ 가. 나. Butylated Hydroxy Toluene(Anisole)=항산화제

　　　다. 천연 항산화제

　　　라. 식육제품, 어육 소시지 등에 사용하는 발색제

20. 만성 중독인 경우 신장 장해, 골연화증을 일으키는 "이타이이타이병"은 다음 중 어느 유해물질 중독인가?

　　가. 비소(As)　　　　　나. 납(Pb)　　　　　　다. 카드뮴(Cd)　　　　라. 수은(Hg)

21. 구토, 복통, 설사, 위장장해, 전신경련 등 증상이 나타나는 '미나마타' 병은 어떤 금속이 함유된 방부제를 부정하게 사용한 식품에 의한 중독인가?

　　가. 구리(Cu)　　　　　나. 수은(Hg)　　　　　다. 카드뮴(Cd)　　　　라. 아연(Zn)

22. 다음의 용도와 유해첨가물의 관계가 틀린 항목은?

　　가. 표백제-롱가리트　　　　　　　　나. 감미료-둘신

　　다. 보존료-포르말린　　　　　　　　라. 살균료-에틸렌그리콜

　　※ ethylene glycol=감미료로 사용된 적이 있으나 신경장해 등의 증상으로 금지

23. 다음 중 살균력을 검사할 때 표준으로 사용하는 소독제는?

　　가. 석탄산　　　　　　나. 알코올　　　　　　다. 요오드　　　　　　라. 승홍

24. 병원성 세균의 오염 상태 여부를 판단하는 지표균으로 되어 있는 것은?

　가. 장염 비브리오균　　나. 세균성 이질균　　　　다. 대장균　　　　　　라. 젖산균

25. 제과공장 종업원의 손을 소독하는데 가장 적당한 것은?

　가. 역성 비누　　　　　나. 크레졸 비누　　　　다. 중성 세제　　　　　라. 붕산

26. LD₅₀이란 무엇을 가리키는가?

　가. 실험동물의 50%를 죽이는 양　　　　　나. 실험동물 50마리를 죽이는 양
　다. 실험동물 50kg을 죽이는 양　　　　　라. 수명이 50%로 줄어드는 양
　※ Lethal Dose=일정 조건 하에서(보통 1주일동안) 실험동물의 50%를 죽이는데 요하는
　　약제 또는 병원균 독소의 양

27. 일반적으로 식품의 영양 강화제가 아닌 것은?

　가. 비타민류　　　　　나. 무기질류　　　　　다. 필수 아미노산류　　　라. 전분류

28. 다음 중 세균성식중독이 경구 전염병과 비교하여 특히 다른 항목은?

　가. 발병 후 면역이 생긴다.　　　　　나. 잠복기가 긴 편이다.
　다. 2차 감염이 잘 일어난다.　　　　라. 많은 양의 균으로 발병한다.

29. 삼투압을 이용하여 식품을 저장하는 방법의 예가 되는 것은?

　가. 냉장법　　　　　　나. 염장법　　　　　　다. 건조법　　　　　　라. 훈연법

30. 제빵공장의 작업장 조도는 얼마 이상이어야 하는가?

　가. 20Lux　　　　　　나. 30Lux　　　　　　다. 50Lux　　　　　　라. 80Lux

31. 다음의 살균액에 대한 일반적인 농도가 틀리는 항목은?

　가. 포르말린=0.1%　　나. 승홍수=0.1%　　다. 석탄산=3%　　　　라. 알코올=90%
　※ 알코올은 70%

32. 제빵공장에서 냉각시킨 제품을 포장하기 직전에 자외선이 조사(照射)되는 구역을 통과시키는데 자외선 살균의 장점으로 틀리는 것은?

　　가. 사용이 간단하다. 　　　　　　　　나. 살균 효과가 크다.

　　다. 투과력이 크다. 　　　　　　　　라. 균에 내성(耐性)을 주지 않는다.

　　※ 피부 투과력=0.1~0.2mm→ 표면에는 효과가 있지만 내부에는 약한 효과

33. 상수도 시설에 문제가 있어 발병하기 쉬운 전염병은?

　　가. 백일해, 디프테리아 　　　　　　　나. 이질, 장티푸스

　　다. 발진열, 파라티프스 　　　　　　　라. 홍역, 뇌염

해 답

1.가　2.라　3.나　4.나　5.다　6.라　7.나　8.가　9.다　10.가　11.라　12.다

13.라 14.나 15.다 16.라 17.나 18.가 19.라 20.다 21.나 22.라 23.가 24.다

25.가 26.가 27.라 28.라 29.나 30.다 31.라 32.다 33.나

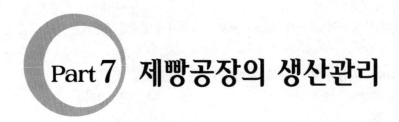

Part 7 제빵공장의 생산관리

I. 생산관리의 일반

(1) 생산관리란?

「사람(man) · 재료(material) · 자금(money)의 3요소를 유효적절하게 사용하여 양질의 물건을 적은 비용으로 필요한 양만큼 정해진 시기에 만들어내는 관리(control) 또는 경영(management)」이라 할 수 있다.

양질의 물건은 '품질(quality)'을 나타내며, 적은 비용은 '원가' 또는 '코스트(cost)'를 뜻한다. 필요량을 정해진 시기에 만들어내는 것인 '납기(delivery)'는 생산하는 능률을 뜻한다. 최근에는 **가치(價値)**를 추구하는데 중점을 두고 있다.

$$\text{물건의 가치(V)} = \frac{\text{품질(Q) 또는 기능(F)}}{\text{원가(C) 또는 가격(P)}}$$

V=Value(가치)
Q=Quality(품질)
F=Function(기능)
C=Cost(원가)
P=Price(가격)

(2) 기업 활동의 5대 기능

전진기능	
① 생산	만드는 기능
② 판매	파는 기능

지원기능	
③ 재무	자금의 준비
④ 자재	자재의 조달
⑤ 인사	인재의 확보

(3) 경영기능의 상관도

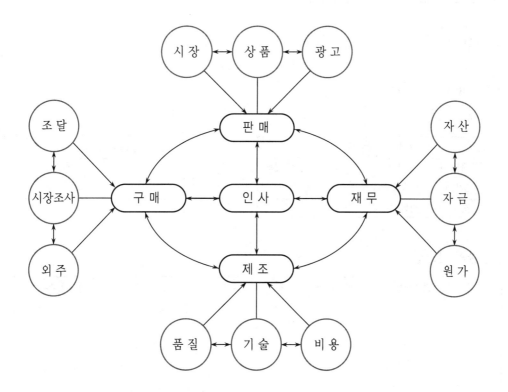

(4) 관리의 대상

기업 활동의 구성요소 = 경영관리항목(7M)

제1차 관리	
1. Man	사람(질과 양)
2. Material	재료 · 품질
3. Money	자금 · 원가

제2차 관리	
4. Method	방법
5. Minute	시간 · 공정
6. Machine	기계 · 시설
7. Market	시장

2. 생산 시스템

(1) 시스템(system)이란?

목적을 가지고 자원을 사용하여 구체적으로 활동하는 방법과 체제

투입(input)			산출(output)	
원재료비	원재료(밀가루, 설탕 등) 투입비	⟹	생산기능	제품
인건비	노동력(기계 등 사용) 투입비			빵, 과자
경비	기타 비용			

(2) 생산관리 시스템

거시적(巨視的:macro) 생산관리	미시적(微視的:micro) 생산관리
① 생산액 ② 비용 ①-②= + (이익) ①-②= - (손해)	① 설계관리(제품의 설계, 원재료비율, 인건비 등) ② 공정관리(공정, 손실율 등) ③ 작업관리(작업방법) ④ 품질관리 ⑤ 원가관리 ⑥ 운반관리 ⑦ 설비관리 ⑧ 환경관리 ⑨ 노무관리 ⑩ 안전관리 ⑪ 구매관리 ⑫ 외주관리 ⑬ 자재관리(재고관리) 등

(3) 생산시스템의 분석

생산시스템을 생산량과 비용의 측면에서 분석하여 문제해결의 방안을 종합적으로 평가하는데
활용할 수 있다.

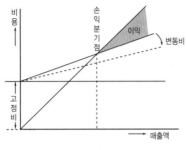

〈생산 시스템의 분석〉

1) 고정비

매출액의 증가나 감소에 관계없이 일정기간에 있어서 일정액이 소요되는 비용(제조업에 있어서도
조업과 무관하게 발생되는 비용)

→ 기본급, 제수당, 감가상각비, 임차료, 보험료, 고정자산세 등

2) 변동비

매출액의 증감에 따라 비례적으로 증감하는 비용

→ 재료비, 상품매입액, 외주가공비, 운임비, 포장비, 직원의 잔업수당 등

3) 매출액=생산량×가격

4) 손익분기점(損益分岐點=break-even point)

손실과 이익의 분기점이 되는 매출액으로 작은 의미로는 이익도 손해도 없는 매출액이고 큰 의미로 보
면 수익, 비용, 이익의 관계를 분석 검토하는 기준이다.

5) 매출액에 의하여 손익분기점을 구하는 방법

$$\text{손익분기점(매출액)} = \cfrac{\text{고정비}}{1 - \cfrac{\text{변동비}}{\text{매출액}}} = \frac{\text{고정비}}{1 - \text{변동비율}} = \frac{\text{고정비}}{\text{한계이익율}}$$

6) 판매수량에 의하여 손익분기점을 구하는 방법

$$\text{손익분기점(수량)} = \cfrac{\text{고정비}}{\text{판매가격} - \cfrac{\text{변동비}}{\text{판매량}}} = \frac{\text{고정비}}{\text{제품 1개당 한계이익}}$$

〈연습문제〉

A부서의 손익계산서	
매출액(2만원×1,000개)	20,000,000원
변동비	12,000,000원
한계이익	8,000,000원
고정비	6,000,000원
경상이익	2,000,000원

1. 손익분기점 매출액을 계산하면?

$$= \frac{6,000,000}{1 - \dfrac{12,000,000}{20,000,000}} = \frac{6,000,000}{1 - 0.6} = \frac{6,000,000}{0.4}$$

$$= 15,000,000(원)$$

2. 손익분기점 판매량을 계산하면?

$$= \frac{6,000,000}{20,000 - \dfrac{12,000,000}{1,000}} = \frac{6,000,000}{8,000} = 750(개)$$

해 답

1. 15,000,000[원]   2. 750[개]

---

(4) 생산관리의 조직

공장의 생산을 관리하는 조직도 기업의 실태에 따라 최고의 효율을 얻을 수 있는 형태를 택한다.

조직의형태	라인(line)조직	직능조직	라인과 스태프 (staff)조직	사업부제
기본 편성				
장점	· 지휘명령계통의 일관화 (기업질서 유지)	· 수평적분업의 실현 (경영능률 향상)	· 관리기능의 전문화 · 탄력화 (경영능률 증진) · 지휘명령 계통의 강력화	· 신속한 의사결정 → 기동성 · 직원의 자주성과 창의성 발휘 (독립회사의 관리)
단점	수평적 분업의 결여 (경영능률 저하)	지휘명령 계통의 혼란 (기업질서 동요)	스태프의 조정 능력에 따라 효율이 가감	대규모 회사인 경우에 가능 (제품, 지역, 고객 단위)
적용	소규모 회사 (일반 제과점)	중 · 소규모 회사 (프랜차이즈 제과점)	대규모 회사 (대량생산 제과 · 제빵 회사)	대기업 규모 (전국을 대상으로 하는 회사)

(5) 빵 · 과자의 생산양식

주문 여부	품종과 생산량	생산의 유형	난이도	계획과 관리
주문생산 (수주)	다품종 소량생산 (성질이 다른 품종이 많음)	개별생산	높다	관리
		1회 생산이 많음		
중간생산		로트(lot)생산	중간	
		수량 일정 계속적(단속적)		
계획생산	소품종 대량생산 (동일품종, 유사품)	연속생산	낮다	계획
		수량일정 매일 계속		

3. 생산관리 실무

(1) 생산관리의 점검항목

			매일	매월	매년
산출 (output)	생산량	① 생산액(금액)	○	○	○
		· kg수	○	○	○
		· 개수	○	○	○
투입 (input)	노동량	② **사용공수(인/시간)**	○	○	○
		· 출근인원	○	○	○
		· 출근율	○	○	○
		· 잔업공수(시간)	○	○	○
	원재료	③ 원재료 사용금액	★	○	○
		· 포장재료 사용금액	★	○	○
		· 원재료 비율	★	○	○
손실(loss) (가공손실)		④ 불량수(금액)	○	○	
		· 손실개수(금액)	○	○	
		· 불량률	○	○	○
실적 점검 (평가)		⑤ **노동생산성(금액)**	○	○	○
		⑥ 제품 1개당 평균단가		○	
		⑦ 생산가치		○	
		⑧ 노동분배율		○	
		⑨ 제품품종(item)		○	○
		⑩ 기계운전시간	○	○	
		⑪ 설비가동율	○	○	

★는 관리가 가능한 수준의 회사에 해당

※ **사용공수(使用工數)**=인원×시간(시/인으로 표시)

　800시/인→ ① 100인이 8시간 또는 ② 80인이 10시간 등으로 해석

※ **노동생산성**=$\dfrac{생산액(금액)}{총공수}$ → 1인 1시간당 생산액으로 표시

※ **사내가공금액**이란 부서나 부문에서 생산한 제품이 사내에서 이동할 때의 생산액이다.

〈연습문제〉

'앙금반'에서 1회에 60kg을 생산하는데 인수가 1.5시/인, 앙금 1kg의 재료비가 800원, 1인 1시간당 인건비=5,000원(상여,복리후생 등 포함), 여기에 기타 경비, 가공이익을 포함에서 120%로 정한다면 앙금 1kg당 사내 가공가는 얼마가 되는가?

kg당 인건비=125원

재료비+인건비=800+125=925(원)

∴ 925×1.2=1,110(원)

── 해 답 ──

1,110[원]

(2) 점검항목과 분석

번호	점검항목	정보인식과 분석	조정과 차기계획
1	생산액(금액) 개수	· 생산계획의 수행능력 · 생산량의 적정성 판단	· 계획을 달성하지 못하는 원인을 구명하고 시정→ 계획의 타당성 · 개발 가능성을 판단→ 차기계획
2	사용공수 출근인원 출근율 잔업공수	· 생산에 사용된 전 노동력 · 생산성과 연계 · 유효노동량의 적정성 (인원 부족, 출근율, 잔업)	· 계획공수와 비교, 생산성의 비교 · 노무관리의 실태를 판단 → 출근율 향상의 시책 검토와 실시 · 노동율, 작업관리에 대한 조치
3	원재료 사용액 포장재 사용액 원재료비율	원재료 · 부재료의 계획과 비교 (원인 분석과 검토)	원재료비율의 적정성 검토와 변동에 대한 예상 및 조치 (원재료비의 검토와 실행)
4	불량개수(금액) 손실개수(금액) 불량율	· 불량 · 손실의 한도와 비교 · 불량율 한도와 비교	불량, 손실이 많을 경우→ 원인조사 (원재료, 공정, 기계설비 등) → 조속히 조치
5	노동생산성 (금액/H/인)	계획과 실적을 점검	생산성이 낮은 경우의 공정을 점검, 개선→생산성 향상 조치
6	제품 1개당 단가	제품의 '코스트(cost)'를 거시적으로 파악	· 연간평균을 기초로 차기 년도 계획에 반영(상품계획, 가격계획) · 가치분석의 자료로 활용

7	생산가치	생산가치지수와의 비교	원인을 미시적으로 분석하여 차기계획에 대책을 강구
8	**노동분배율**	노동분배지수와의 비교	원인을 분석하여 실행
9	제품 품종수	품종수와 공정, 사용공수와의 관련을 파악	· 품종수가 적절한지를 판단하여 차기계획에 반영 · 제품계획과 연관시켜 실행
10	기계운전시간 설비가동율	운전시간과 조작시간의 균형(balance)을 점검	· 설비계획의 자료로 활용 · 공정작업 개선의 자료로 활용

※ 노동분배율

1) 노동분배율 $= \dfrac{\text{인건비}}{\text{부가가치}} \times 100(\%)$

2) 부가가치에서 차지하는 인건비를 백분율로 표시
3) 노동분배율이 높아지면 경영기반이 약화→기업의 이익 감소

(3) 부가가치(附加價値)

1) 부가가치란?

기업이 생산 또는 판매를 통하여 만들어낸 가치를 말한다.

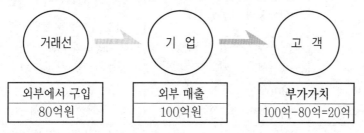

거래선	기 업	고 객
외부에서 구입	외부 매출	**부가가치**
80억원	100억원	100억−80억=20억

2) 부가가치의 범위

생 산 액				
노동 분배율	생산부 인건비	소모품 · 기구비	부 재 료 비	원 재 료 비
		전기료		
		가스 · 수도비		
		외주가공비		
	감가상각비	보관료		
	생산이익 (조이익)	연구비		
		수선비 등		
부가가치	외 부 가 치			

3) 부가가치의 점검

① 물량적 생산성 $= \dfrac{\text{생산량(또는 생산금액)}}{\text{인원} \times \text{시간}}$

② 1인당 부가가치 $= \dfrac{\text{부가가치(생산가치)}}{\text{인원}}$

③ 부가가치율(생산가치율) $= \dfrac{\text{부가가치}}{\text{생산금액}} \times 100$

〈연습문제〉

어느 제과점의 전월 실적이 다음과 같을 때 아래의 문제에 답하시오.

외부가치	부가가치	
원·부재료비 등 6,500만원	인건비	1,500만원
	감가상각비	300만원
	생산이익	1,700만원

① 생산가치율=3,500/10,000×100=35(%)
② 노동분배율=1,500/3,500×100≒42.86→43(%)
③ 10인이 근무할 때 1인당 부가가치=3,500만원÷10인=350만원
④ 10인이 1일 8시간씩 25일 근무할 때
   생산성은 10,000만원÷(10인×8시간×25일)
   =10,000만원÷2,000
   =5만원/시/인

───── **해 답** ─────────────────────

5만원/시/인

4. 표준화

(1) 표준화의 방법과 목적

대상의 구분		표준화의 방법	목적	방향
물적 요소	제품 · 반제품	형상, 외관, 내상, 치수, 중량, 포장 형태 등	최소의 수단 → 최대의 활용	단순화 통일화 규격화
	원재료	맛, 재질, 중량, 기능, 특성, 보관방법 등		
	기계 · 공구	능력, 성능, 특성, 취급방법, 보전방법 등		
	사람	적성, 교육, 훈련, 규칙, 복장 등		
방법적 요소	작업방법	작업순서, 동작, 배치, 가공방법, 가공속도, 화학변화상태, 사용공수, 가공재료와 조건	생산활동의 용이화, 안정화	일정화 명문화 표준화
	작업조건	온도, 습도, 채광, 조명, 시간, 속도 등 → 작업장과 설비, 기재에 대한 조건		
	관리방법	제도, 규정, 장부, 용어, 기호 등		

(2) 제품의 표준화

① 반죽 배합표
② 충전물과 토핑의 배합표
③ 제품 표준표
④ 개발제품 표준표

〈제과점 제품 일람표의 예〉

제품 : 크루아상				
재료	%	중량(g)	원/kg	금액(원)
강력분	100	1,000	600	600
이스트	5	50	1,000	50
소금	2	20	500	10
설탕	6	60	1,000	60
쇼트닝	5	50	1,000	50
탈지분유	3	30	8,000	240
계란	8	80	2,000	160
물	51	510	–	–
계	180	1,800	–	1,170
롤-인 마가린	50	500	2,400	1,200
계	230	2,300	–	2,370

· 사용 반죽량=2,254g (반죽까지 손실 = 2%)
· 반죽 kg당 단가=1,052원 (← 2,370 ÷ 2,254)

크루아상	중량	금액(원)
반죽	50	52.6
참깨	3	20
계	53	72.6
판매가=500원	원재료 비율 = 14.52%	

치즈 크루아상=반죽 50g+치즈 10g인 경우도 같은 방법으로 계산한다.

(3) 작업의 표준화

① **품질**의 안정
② **능률**의 안정
③ **안전**의 향상
④ **교육**의 균일화
⑤ **개선**을 촉진

1) 제빵 공정의 표준화 항목

① 믹싱, 발효
· 재료 투입의 순서, 밀가루의 온도 · 물의 온도
· 믹서의 속도와 운전시간, 반죽의 온도와 상태, 반죽 발효시간, 반죽 발효의 온도와 습도
· 믹싱의 단계인 픽업 단계→ 클린업 단계→ 발전단계→ 최종 단계→ 렛다운 단계→ 파괴 단계의
설명서와 그림이나 사진을 믹서에 부착 및 제품별 믹싱단계도 표시

② 성형
· 플로어 타임, 벤치 타임, 반죽의 가스 보유상태, 호퍼(hopper)의 조절, 분할중량의 조절, 중량 점검
· 분할기 오일의 양과 질, 분할기 능력(stroke), 라운더(rounder)의 덧가루 양, 몰더(moulder) 사용
· 팬에 맞는 정형 요령, 2차 발효실의 온도와 습도

③ 냉동보관 및 냉동반죽의 해동
· 냉동고의 온도, 냉동보관 상태, 냉동보관의 기간
· 해동의 방법, 냉장휴지기(retarder)의 온도와 기타 조건, 해동시간과 반죽의 상태

④ 2차 발효실
· 발효실의 온도와 습도, 래크에 놓는 팬의 수, 반죽의 온도, 발효시간
· 반죽의 발효상태, 온 · 습도의 조정방법

⑤ 굽기
· 오븐의 구조와 조작방법
· 오븐의 온도(상하), 터널오븐(입구-중앙-출구)
· 철판이나 팬을 넣는 방법, 증기분무, 굽는 시간
· 꺼내는 요령, 굽기 후 오븐 조작, 팬 정리

⑥ 냉각
  · 냉각수의 양, 냉각수 온도, 공기와 팬(fan)의 회전
  · 냉각기의 능력과 냉각시간
  · 냉각기와 냉각용 콘베이어의 사용방법
  · 제품별 적정한 냉각온도
⑦ 포장
  · 포장기의 취급요령, 포장지의 재질, 포장지의 규격
  · 토핑 방법, 토핑 원료의 준비, 상자에 담는 수(제품)

2) 작업표준화의 기본 방향

관리자가 **필요성**을 인식→ 숙련자, 작업자의 동의→ 현장 적용에 문제가 있으면 협의를 거쳐
수정하여 확정
① **가장 쉽고 빠르게** 만드는 방법
② **제품규격**을 지키기 쉬운 방법
③ 위험이 없는 **안전**한 작업방법
④ 누구에게나 **간단히 교육**하여 만들 수 있는 방법

(4) 표준시간

표준시간이란 소정의 ① **표준작업조건**에서 ② 일정한 **작업방법**으로 ③ 일정기간 경험을 가진 **작업자**가
④ **표준속도**로 작업을 수행하는 데 필요한 시간을 말한다.

1) 표준시간의 구성

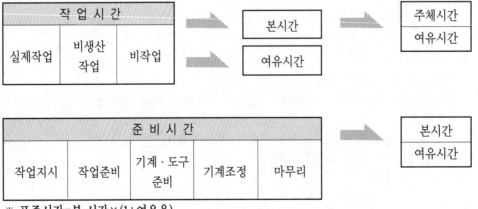

작 업 시 간		
실제작업	비생산 작업	비작업

본시간 → 주체시간 / 여유시간

여유시간

준 비 시 간				
작업지시	작업준비	기계 · 도구 준비	기계조정	마무리

본시간 / 여유시간

※ **표준시간=본 시간×(1+여유율)**
※ 여유율=여유 시간÷본 시간

2) 표준시간의 용도

과학적 관리를 위한 가장 중요한 정보로 활용한다.

① 제품의 생산설계

제품의 원가를 재료와 제조방법의 측면에서 검토→ cost table 작성→ 생산 설계

② 설계선택

작업과 준비 비용의 비교, 필요한 설비의 양을 계산→ 설비자본의 생산성에 대하여 명확히 판단

③ 공정과 작업계획

각 작업의 합계시간 또는 동시작업, 여러 가지 기계작업의 가능성 연구, 표준 도표의 작성→ 작업편성표

④ 기계, 공구, 도구의 경제적 설계

기계, 공구, 도구의 코스트(cost)측면에서 설계나 재료를 검토→ 경제적인 이용을 연구

⑤ 생산계획과 실적과의 차이를 검토

· 사람과 기계, 직장의 작업부담과 병행되는 작업방법

· 기계의 고장 및 수리, 고(저)능률 작업자의 실적 차이, 결근 등의 손실을 계산

⑥ 적절한 공장배치와 운반수단의 결정

· 설비를 배치할 때 필요한 장소, 작업대 등 결정

· 재료취급 방법, 운반수단의 선택, 제품별 라인의 편성

⑦ 원가계산과 판매가격 결정

· 현재의 제품, 신제품의 원가계산→ 판매가격 결정

· '로트(lot)' 규모의 한계를 결정

⑧ 인원, 작업훈련

작업에 필요한 인원수 연구, 작업지도의 '가이드'

⑨ 작업방법 개선

작업방법의 코스트 비교, 작업방법 설계의 기초자료

⑩ 원가관리

직접작업의 표준원가를 산출→ 간접작업원가 산출

⑪ 능률급 계획

기준작업량을 정하는 기초

⑫ 직무평가

· 기초적 작업내용 인지→ 작업종류별 시간관계 인지

· 작업 중의 육체적, 정신적 상태를 고려할 필요

3) 작업시간의 분석

작업시간	실 작업	주체작업	본 작업	정상작업	협의의 실 작업	광의의 실 작업
				임시작업		
			입회 작업		자동기, 화학반응, 계기측정	
		부대작업	준비 작업	기계설비, 원재료, 작업장		
			부수 작업	기구준비, 기계의 조정		
			운반 작업	재료, 래크, 기타 운반기구		
	비생산 작업	수리보전	기계설비의 소수리, 주유 등			작업 여유율 (3~5%)
		관리업무	원재료, 반제품, 검사, 운반 연락, 직장이전, 기록			직장(관리) 여유율 (3~5%)
		준비, 마무리	작업 전의 준비, 작업 후의 정리			기타 여유율 (2~5%)
		기타	점등, 소등, 창문의 개폐, 직장 청소			
	비작업	세수 등	세수, 흡연, 용변 등			세수 등 여유율 (2~5%)
		생리현상	피로에 의한 졸음, 땀 닦기, 침 뱉기 등			피로 여유율 (2~5%)
		근태	지각, 조퇴, 게으름 피기 등			근태 여유율

4) 작업표준화에 고려할 사항

① 우발적 요소(기계의 고장, 정전, 사고 등)

    5% 이하로 관리하여 표준시간을 작성→ 실제로 운영하면서 점검→ 오차가 많으면 수정→ 감소 노력

② 동일 작업에 대하여 평균시간/최단시간≤1.4를 기준으로 이 이상이 되면 작업자에 대한 훈련이 필요

③ 기계운전시간과 조정시간의 관계

$$= \frac{조정 \cdot 준비시간}{기계운전시간} \leq 20\%$$

    20%가 넘으면 조정·준비의 작업방법을 개선할 필요가 있다.

④ 제과·제빵회사는 다품종 소량생산(多品種 少量生産) 체제이므로 한계를 상회하기 쉬우며
    문제 제품의 로트 사이즈를 경제적으로 조정한다.

5. 비용절감(코스트 다운, Cost Down)의 관리기법

(1) 기업가적 접근

1) 사업정책
① 신규사업의 시작
② 구사업의 중지

2) 제품정책
① 신제품의 개발
② 구제품의 정리
③ 제품방침=품종, 대중성 또는 고급품 등
④ 제품의 구성(product mix)=생산능력과 원재료 감안

3) 시장정책
① 신시장 진출=슈퍼마켓에 진출 또는 직매점의 확대 등
② 구시장 철수 또는 축소, 대리점 또는 소매점 대책

4) 가격정책
① 각 제품(식빵, 과자빵, 케이크류)의 평균단가를 결정
② 각 제품의 최저가격을 결정

5) 기계화정책
① 작업효율을 향상시키는 설비투자
② 장기적으로 대량생산을 계획→ 대규모 설비투자

6) 조업도정책
① 기존 공장능력 향상=교대 작업, 설비가동율 향상
② 합병, 기업분리 등 기업의 규모 변경에 대한 전략
③ 외주가공, 사내가공의 결정=반제품(앙금, 크림)의 구입, 일부 완제품의 구입

7) 구매정책
① 가격변동이 큰 원료의 확보
② 구매의 집중화→ 저가격 구매
③ 복수거래→ 담합 방지

8) 기술정책
① 제품기술을 외부로부터 도입
② 냉동기술의 개발, 활용
③ 연구개발→ 특허 보유

9) 인력정책

① 인원의 삭감 또는 증원계획
② 파트 타임제 계획
③ 인센티브 플랜(incentive plan)의 도입=능률급제도, 성과급제도, 실력주의 인사제도 등
④ 외부로부터 경력자 영입 활성화
⑤ 연공서열 폐지

10) 정치적 정책

① 업계 자주조정→과당경쟁 방지
② 원재료의 가격인상 억제(밀가루 등은 정부정책과 관련)

(2) 현업 활동적 접근과 경영적 접근

1) 현업 활동적 접근

현업 제1선에 근무하는 사람(생산현장, 구매담당 등)의 능률적 활동에 따라 코스트에 많은 영향
① 교육훈련 ② 작업표준서 등 매뉴얼의 정비
③ 인력의 자주성, 창의성 촉진 ④ 능률급, 장려금, 인센티브

2) 경영적 접근

① 유효한 조직기구
② 향상목표 설정→필요한 방법 강구
③ 직원의 자주성, 창조성을 개발하는 리더십 발휘
④ 직원의 지도, 감독, 육성
⑤ 목표를 위한 관리기법

(3) 원재료비의 절감 관리기법

1) 원재료 배합설계로 재료비 절감

· 표준화, 공통화
· 가치분석(V · A) = Value Analysis
· 품질관리(Q · C) = Quality Control
· 종합품질관리(T · Q · C) = Total Quality Control
· 흡수율 · 반죽 수율
· 반죽, 충전물, 토핑물의 일람표 · 제품표준서의 완비

2) 구매의 합리화

· 구매를 위한 시장조사
· 구매업무의 정비
· 구매거래선 선정의 합리화

3) 발주품의 입고, 저장 중에 발생하는 불량품을 제거하고 소모를 방지
　· 납품하는 재료 검사의 적정화
　· 창고에서의 보관업무의 적정화
　· 재고대장 기재를 정확히 하고 사용 재료와 대조
　· 입고, 출고, 반품 업무의 적정화

4) 수율(收率)의 향상, 불량율(不良率) 감소
　· 기술표준 · 작업표준의 설정
　· 품질관리기법의 적용

5) 판매와 제조 코스트
　· 생산액과 판매액 대비
　· 영업손실 일람표

※ 제조원가 중 재료비의 비중이 높을 때 다음과 같은 쉬운 방법을 택할 경우,
　① 저등급 원료사용
　② 제품 중량 감소
　③ 판매가 인상
　　　↓
① **제품의 가치 하락**
② 고객에 대한 기업노력 부실→치열한 경쟁→기업 불신, 판매 감소
따라서 성실하게 경영기법을 활용하여 절감해야 한다.

$$※제품의 \ 가치(V) = \frac{설계(원료 \cdot 제법 \cdot 기술)+품질(맛 \cdot 외관 \cdot 풍미)}{원가(재료비 \cdot 가공비 \cdot 경비)+이익}$$

$$= \frac{기능(F)}{가격(P)} = \frac{품질(Q)}{코스트(C)}$$

(4) 제품의 구분

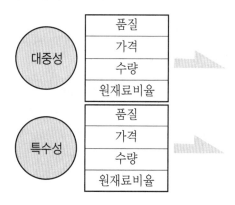

대중성			보통	· 기계화 → 자동화
	품질	→	보통	
	가격		낮다	
	수량		많다	롤, 포앙물 등
	원재료비율		보통(높다)	

특수성			좋다	· 수작업
	품질	→	좋다	
	가격		높다	가공도가 높은 제품
	수량		적다	(데니시 페이스트리, 프랑스빵, 각종 버라이어티빵)
	원재료비율		낮다	

(5) 품질 코스트(Quality Cost)의 편성

1) 예방 코스트(Cost of Prevention)

① QC 기술업무(Quality Control Eng. Work)
② PC 기술업무(Process Control Eng. Work)
③ QC 이외의 품질계획업무(Quality Planning)
④ 품질정보 제공장치(Quality Information Equipment)
⑤ 품질관리 교육(Quality Training)
⑥ 기타 예방지출(Other Prevention Expense)

2) 평가 코스트(Cost of Appraisal)

① 구입재료의 시험과 검사(Test & Inspection of Purchased Materials)
② 실험실 수령 시험(Laboratory Acceptance Testing)
③ 측정 서비스(Lab. or other Measurement Service)
④ 대내 검사(Inspection)
⑤ 대내 시험(Testing)
⑥ 작업자 점검(Checking Labor)
⑦ 시험, 검사의 준비작업(Setting for Test or Inspection)
⑧ 시험, 검사용 재료(Test & Inspection Materials)
⑨ 품질 검사(Quality Audits)
⑩ 외부 보증(Outside Endorsement)
⑪ 측정기의 보수(Maintenance and Calibration of Test & Inspection Equipment)
⑫ 출하 전 점검(Predict Eng. Shipping)
⑬ 현장 시험(Field Testing)

3) 대내 실패 코스트(Cost of Internal Failure)

① 파치(Scrap)
② 재작업(Rework)
③ 재료 조달(Material Procurement)
④ 공장과의 기술 절충(Factory Contact Eng.)

4) 대외 실패 코스트(Cost of External Failure)

① 불만사항(Complains, Claims)
② 제품 서비스(Product Service)

(6) 불량비용(F-Cost)의 원인과 대책

목표	원인	대책	구체적 실행
불량율 감소	작업자의 부주의	자기 반성과 노력	· 작업표준을 설정 · 작업지시를 철저
		타인이 점검	· 검사 담당자를 둔다 · 검사기준을 설정한다
	기술 수준이 낮다 ↓ 작업이 서툴다	교육훈련을 강화	전문가 초청→ 교육훈련
			현장에서의 기술개선지도
			제과학교 등 교육기관에 연수
			사내외 연구회에서 활동 → 기술의 자기계발
	가공조건의 사전준비 부족	작업의 표준화 작업지시의 이해 가공규격을 검토	현재의 가공법 실태조사 → 제품과 작업표준화 → 작업요령을 작성
		기계의 보수	사전 수리 및 보수를 제도화
		콘베이어의 보수	
		기구(슬라이스 등)의 정밀도 보수	
		계량기·측정기를 정확하게 보수	정기적으로 점검
		작업장의 정리정돈	정리 및 청소

※ F - Cost

납품 전 불량 코스트	폐기
	재작업
	외주불량
	수주변경
서비스 코스트	현지 서비스
	대품 서비스
	할인 서비스
불량대책 서비스	크레임 처리
	불만에 대한 반품

(7) 노무비의 코스트 다운 = 생산성 향상

1) 가공방법의 표준화와 간이화(설계)
- 표준화와 공용화
- 가치분석

2) 가공방법의 개선(생산기술)
- 생산설계
- 기준목표와 작업목표의 설정

3) 공정시간의 단축(생산계획)
- 생산계획
- 작업시간 분석
- 공정계획
- 부하(負荷) 조정

4) 작업능률의 제고(공정 간의 작업배분)
- 공정전표, 작업표에 따른 진행통제
- 공정분석
- diagram 활용

5) 공수(工數)의 감소(작업설계, 작업개선)
- 작업개선
- 공정개선
- 운반개선
- 기계화

6) 가동율 제고(설비)
- 설비관리(예방)

7) 단위 코스트의 감소(수율 향상, 불량품 감소)
- 품질관리
- 특수요인 분석

8) 생산능률의 향상(사기 진작)
- 사기관리
- 교육훈련
- 적성배치
- 인사관리
- 인간관계

(8) 생산량 · 실작업율 · 능률의 관계

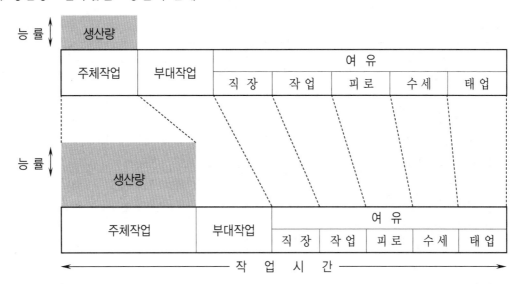

1) 실 작업율 = $\dfrac{(본\ 작업시간)\ +\ (부대\ 작업시간)}{작업시간}$

2) 여유시간을 줄이고 주체작업의 시간을 늘리는 노력→ 능률을 제고
   여유시간을 줄이고 주체작업의 질(質)을 높이는 노력→ 생산량을 증가

3) 여유율
   ① 단순작업(10%)
   ② 포앙물 작업(기계 15%, 수작업 20%)
   ③ 데니시 페이스트리, 프랑스빵 정형작업(20%)

(9) 공수기준표의 예

1) 과자빵

제품번호	1	17	22	41	52	70
제품명	앙금빵	앙금튀김	버터 크림	데니시	크루아상	만두
반죽명	과자빵	튀김반죽	롤반죽	데니시	크루아상	만두반죽
믹서(kg)	100	100	100	40	40	100
플로어 타임(분)	8	8	8	냉각	냉각	8
벤치 타임(분)	12	12	12	3시간	3시간	12
분할기	6P×16	5P×16	5P×20	카터	카터	5P×20
시간당 정형개수	5,500	4,600	6,000	3.2시/인	3.0시/인	5,000
철판당 배열개수	9	20	10	8	6	25
오븐 용량	1,125	750(튀김)	880	1,000	750	1,000(증기)
굽기 시간(분)	9	10	10	12	12	15
시간당 굽기 개수	7,500	4,500	5,280	5,000	3,750	4,000
자동샌드(시간당)	–	–	5,280	–	–	–
시간당 포장개수	7,500	5,500	5,280	5,000	3,750	수작업

*시/인은 1,000개 정형당 시/인

〈해석〉
① 41번 데니시 1인 시간당 정형개수= 1,000÷3.2→ 312.5[개]
② 52번 크루아상 1인 시간당 정형개수= 1,000÷3.0→ 333.3[개]
③ 1번 앙금빵 분할기의 여유율= (5,760-5,500)÷5,760×100→ 4.73[%]
④ 17번 앙금튀김 분할기의 여유율= (4,800-4,600)÷4,800×100→ 4.12[%]
⑤ 22번 버터 크림 분할기의 여유율= (6,000-6,000)÷6,000×100→ 0[%]
⑥ 70번 만두 분할기의 여유율= (6,000-5,000)÷6,000×100→ 16.7[%]
⑦ 1번 앙금빵 1시간당 굽기 개수 계산
   오븐 용량×60분/굽기시간= 1,125×60/9= 7,500[개]

〈연습문제〉

1. 앙금빵을 시간당 5,500개를 정형하도록 기준을 세웠다면 분할기의 여유율은?

> **해설**
>
> 시간당 분할개수=6×16×60=5,760(개)
>
> 기준수=5,500(개),
>
> 여유율=(능력수−기준수)/능력수×100
>
>   =(5,760−5,500)/5,760×100
>
>   ≒**4.51[%]**

2. 앙금빵 8,200개를 오전 11시까지 정형하려면 몇 시에 정형을 시작해야 되는가?

> **해설**
>
> 정형 소요시간(분)=8,200개÷5,500개/시×60분≒89.45분=→ 90분
>
> 시작 시각=11시−90분=9시 30분

3. 데니시 페이스트리에서 1,000개를 정형하는데 기준에 의하면 3.2시/인이 필요하다면 8명이 1,500개를 정형하는데 걸리는 시간은?

> **해설**
>
> $3.2시/인 \times \dfrac{1,500}{1,000} \div 8인 = 0.6시간 = 36분$

4. 데니시 트위스트 제품 1,500개를 정형하는데 6.0시/인이 소요된다면 45분에 끝내려면 몇 명을 배치해야 하는가?

> **해설**
>
> 1인이 6시간(360분)이 걸리므로
>
> 360÷45=**8(명)**을 배치

해 답

    1. 4.51[%]   2. 9시30분   3. 36분   4. 8(명)

6. 생산계획

(1) 생산계획의 개요

1) 실행예산

예산계획	제조원가계획	전년도예산과 실적+당해년도 방침
계획목표	노동생산성	생산금액/소요공수
	가치생산성	부가가치/연인원
	노동분배율	인건비/부가가치
	1인당 이익	조이익/연인원

2) 생산계획

생산량계획	식빵, 과자빵, 케이크류 등	·과거 실적+시장동향 ·계절지수 참고
인원계획	생산량 결정	라인별 정원 목표 노동생산성
설비계획	기계화계획	신설, 관련설비기계의 lay-out, 예산
	설비보전계획	A/S
제품계획	신제품계획	·life cycle(장기, 단기) ·폭발적 인기제품(일시)
	제품구성계획	·제조원가와 제품가격 ·획기적인 차별화
	개발계획	신기술 개발→ 신제품
합리화계획	생산성향상계획	계획을 구체적으로 실행
	불량감소계획	공정관리
	외주·구매계획	원료의 품질과 가격
교육훈련계획	관리·감독자교육	·교육기관, 전문가 초청
	작업능력향상훈련	·현장지도, 연구회 활동

(2) 인원계획의 예(양과자과)

항목/월	1	2	3	4	5	6	7	8	9	10	11	12
1일 평균생산= 3,000천원 생산성=40,000원/시/인 과장=1 직원=9명	10	9	11	10	10	9	9	8	9	10	11	15
			귀성대비				비수기 휴가대비 파트타임		귀성대비	연휴대비		성탄대비

〈연습문제〉

1. 제과점의 이달 생산액 목표는 4,800만원, 노동생산성 목표는 40,000원 시/인, 1일 8시간 근무로 26일간 생산할 때 고용인원은?

> **해설**
> 당월의 소요공수=48,000,000원÷40,000원시/인=1,200시/인
> 1일의 소요공수=1,200÷26≒46.16(시인),
> 8시간 근무 시 인원=46.16÷8=5.77(사람)→ **6명**

2. 같은 조건에서 5명이 일을 하면 1일 몇 시간씩 근무해야 하는가?

> **해설**
> 1일의 소요공수÷인원수=46.16시/인÷5인=9.232시간
> → **9시간 14분**

해 답

1. 6명   2. 9시간 14분

---

(3) 빵·과자 제품의 계절지수 예

항목/월	1	2	3	4	5	6	7	8	9	10	11	12
계절지수	0.82	0.97	1.08	1.04	1.03	0.99	0.94	0.77	0.96	1.06	1.08	1.26
구성비(%)	6.8	8.1	9.0	8.7	8.6	8.3	7.8	6.4	8.0	8.8	9.0	10.5

계절생산지수는 ① 12개월 합계는 12 ② 1 이상은 평균보다 높은 판매
구성비 월평균은 100÷12 ≒ 8.33

(4) 제품구성계획의 예

단 가(원)	500	1,000	3,000	5,000	10,000	계
전년도 물량 구성비(%)	30	20	20	20	10	100
전년도 판매액(천원)	15,000	20,000	60,000	100,000	100,000	295,000
금년도 물량 계획(%)	20	20	25	20	15	100
금년도 판매액(천원)	10,000	20,000	75,000	100,000	150,000	355,000

전년도 판매와 금년도 계획의 총 물량은 각 연도 공히 100,000개씩

〈연습문제〉

1. 제품구성이 위의 표와 같을 때 평균단가는?
   ① 전년도=295,000,000원÷100,000=**2,950원**
   ② 금년도=355,000,000원÷100,000=**3,550원**

2. 전년 대비 금년의 판매액 증가율은?
   355/295×100−100≒**20.34[%]**

3. 금년도 계획상 10,000원 짜리 제품은 몇 개를 생산해야 하는가?
   100,000개의 15%=100,000개×0.15=**15,000개**

해 답

①2,950원　②3,550원　2. 20.34[%]　3. 15,000개

※ 고려할 작업환경

물적 환경	인적 환경	작업적 환경
· 소리환경 · 빛환경 · 공기환경 · 온열환경	· 상사관계 · 동료관계 · 부하관계	· 작업의 질과 양 · 작업시간 · 작업자세 · 작업속도

※ 공장의 조도(照度)기준

작업＼조도	aa 500 Lux	a 200 Lux	b 100 Lux	c 50 Lux
목공예	정밀작업	· 기계작업 · 모양 만들기 · 아교칠 하기	거친 작업	–
베이커리	· 데커레이션의 　마무리(수작업) · 공예제품	· 계량작업 · 충전작업	· 원료배합 · 정형 · 데커레이션의 　마무리(기계)	발효
양과자공장	· 데커레이션의 　마무리(수작업) · 공예제품	· 믹싱 · 정형 · 조리	데커레이션 제품의 절단,포장	–

조도단계	표준조도(Lux)	조도범위(Lux)	작업
aaa	1,000	700~1,500	초정밀작업
aa	500	300~700	정밀작업
a	200	150~300	보통작업
b	100	70~150	조작업(粗作業)
c	50	30~70	조작업(粗作業)
d	20	10~30	조작업(粗作業)

Part 8 현장실무

I. 제빵공정

(1) 빵 공정전표

년 월 일(요일)

반죽명:				회수:	회	밀가루:		kg
	믹싱시간	: ~ :		반죽증량:	kg	담당자:		
	반죽온도	℃		발효실온도:	℃	발효시간:	시간	분
	최종온도	℃		본반죽 시 온도:		℃		
지시사항								

제품명:			밀가루:		kg	예정개수:		개
점검사항	공정	시간	인원	작업개수		손실	담당자	
플로어 타임	스펀지	: :						
벤치타임 :	본반죽	: :						
발효실 온도 ℃	분할	: :				사용반죽: kg 손실반죽: kg		
발효실 시간 :	정형	: :		철판당 : 개 래크당 : 장 래크 수 : 개		사용반죽: kg 손실반죽: kg		
굽기 온도 ℃	굽기	넣기 :		넣을 때의 개수 : 개		사용반죽: kg		
굽기 시간 :		꺼내기 :		꺼낼 때의 우량개수 : 개		손실개수 : 개		
냉각 시간	가공	:		우량개수 : 개		손실개수 : 개		
포장	포장	:		우량개수 : 개		손실개수 : 개		
특이사항								
배송	영업에 인도	:		최종 인도개수 : 개		손실개수 : 개		

반죽명:				회수:	회	밀가루:	kg
	믹싱시간	: ~ :		반죽중량:	kg	담당자:	
	반죽온도	℃		발효실온도:	℃	발효시간:	시간　분
	최종온도	℃		본반죽 시 온도:		℃	

지시사항

제품명:				밀가루:	kg	예정개수:	개
점검사항	공 정	시간	인원	작업개수		손실	담당자
플로어 타임	스펀지	: :					
벤치타임 :	본반죽	: :					
발효실 온도 ℃	분할	: :				사용반죽 : kg 손실반죽 : kg	
발효실 시간 :	정형	: :		철판당 : 개 래크당 : 장 래크 수 : 개		사용반죽 : kg 손실반죽 : kg	
굽기 온도 ℃	굽기	넣기 :		넣을 때의 개수 : 개		사용반죽 : kg	
굽기 시간 :		꺼내기 :		꺼낼 때의 우량개수 : 개		손실개수 : 개	
냉각 시간 :	가공	:		우량개수 : 개		손실개수 : 개	
포장	포장	:		우량개수 : 개		손실개수 : 개	
특이사항							
배송	영업에 인도	:		최종 인도개수 : 개		손실개수 : 개	

(2) 제품일람표

재료＼제품	버터롤				크루아상			
재료	비율(%)	무게(g)	원/kg	금액(원)	비율(%)	무게(g)	원/kg	금액(원)
밀가루	100	1,000			100	1,000		
이스트	3.5	35			5	50		
소금	1.6	16			2	20		
설탕	12	120			6	60		
쇼트닝	15	150			5	50		
탈지분유	4	40			3	30		
계란	15	150			8	80		
물	45	450	–		50	500	–	
이스트 푸드	0.5	5			–	–		
맥아	1	10			–	–		
롤인 마가린	–	–			50	500		
계	197.6	1,976			229	2,290		
반죽수율	98%	1,936			98%	2,244		
kg당 단가				원				원

(3) 판매가에 대한 재료비율

제품 : 버터 롤	@ g	금액(원)
반죽	40	
참깨	3	
계	43	
판매가=　　　원	원가율=　　　%	

제품 : 크루아상	@ g	금액(원)
반죽	50	
참깨	3	
계	53	
판매가=　　　원	원가율=　　　%	

제품 : 치즈 롤	@ g	금액(원)
반죽	40	
참깨	7	
계	47	
판매가=　　　원	원가율=　　　%	

제품 : 치즈 크루아상	@ g	금액(원)
반죽	50	
참깨	10	
계	60	
판매가=　　　원	원가율=　　　%	

〈연습문제〉

버터 롤 반죽용 재료 1,976g의 재료비가 1,500원, 수율이 97%일 때 다음의 문제에 답하라.

1. 분할 무게 40g인 반죽 1개의 재료비는? (단, 1원 미만은 올림)

$1,500 \div (1,976 \times 0.97) \times 40 \fallingdotseq 31.30$

∴ **32(원)**

2. 치즈 kg당 가격이 7,000원이고 개당 7g을 사용하면 개당 재료비는?

치즈 $= 7,000 \div 1,000 \times 7 = 49$(원)

$32 + 49 = $ **81(원)**

3. 위 문제에서 치즈 버터 롤 1개의 판매가(공장도)가 400원이라면 재료율은 얼마가 되는가?

재료비/판매가 $\times 100 = 81 \div 400 \times 100 = $ **20.25[%]**

2. 제과공정

(1) 양과자 공정전표

제품명			반죽명	회수	생산지시수	담당	결재
				회차			
공정	시간	인원	처리한 수량		불량수	다음 공정으로	
믹싱	:		밀가루 :	kg	kg		
	:		반죽 :	kg	kg	kg	
성형	:		충전물 :	kg			
			철판당 배열 :	개			
	:		철판수 :	장			
			합계개수 :	개	개	개	
굽기	:		굽기 시작 :	철판	−		
	:		구운 후 개수 :	개	개	개	
냉동고 보관	:		보관개수 :	개	( )에서		
	:		보관철판수 :	개	개		
가공 마무리	:				개	개	
	:						
포장	:						
	:				개		
냉동고 보관	:		보관개수 :	개			
	:		보관철판수 :	개	개		
판매에 인도	월 일		검수 :		상자		
	:		확인 :		개		

(2) 판매에 인도하는 제품수 계산

제품명	파운드 케이크		비　고
재료	배합율(%)	무게(kg)	·패닝까지의 손실=1.5%
밀가루	100	40	·1개당 분할무게=600g
설탕	100	40	·굽기 불량수=13개
버터(가염)	100	40	·가공 불량수=4개
계란	100	40	·포장 불량수=4개→ 영업에 인도
계	400	160	·굽기 손실=10%

1) 패닝한 개수=$(160,000 \times 0.985) \div 600 \fallingdotseq 262.67 \rightarrow$ **262[개]**

2) 영업에 인도하는 개수=$262-(13+4+4)=262-21=$**241[개]**

3) 재료에 대한 개수 손실율

$=(266.7-241) \div (160,000 \div 600) \times 100$

$=25.67/266.7 \times 100 \fallingdotseq$**9.625[%]**

∵ 손실전 개수 $= 160,000 \div 600 \fallingdotseq 266.7$

(3) 데커레이션 케이크의 생산계획

		재료	%	g	
믹싱	·믹서=밀가루 5kg 용량 ·손실=2.7% ·제품=버터 스펀지 케이크	밀가루	100	5,000	·데커레이션용 버터 스펀지를 (분할무게 300g 짜리 70개) 제조
		설탕	150	7,500	
		계란	160	8,000	
	믹싱시간=20분	소금	2	100	·재료=전날 계량
	담당=2명	버터	20	1,000	
패닝	분할=300g씩 70개	시간=15분			믹싱 담당자
굽기	온도=상-하(180℃-160℃)	시간=20분			·오븐담당=2명 ·믹싱담당 제외
냉각	냉각 시스템 활용	시간=40분			오븐담당은 냉각 중 다른 작업
샌드 아이싱	·팬 종이 제거→슬라이스 ·샌드 및 아이싱	시간=45분			아이싱 부서 5명이 동시 작업
데커레이션	·데커레이션 ·글씨쓰기	시간=30분			아이싱 부서 5명이 계속 작업
포장	상자에 넣기	시간=10분			·포장 부서 2명이 작업 ·배송팀에 인계

〈연습문제〉

1. 위의 배합표를 보고 다음에 답하시오. (밀가루 1g 단위에서 올림하여 정수로 처리함)
   ① 총 분할무게=300g×70=21,000g(총 배합률=432%)
   ② 총 재료무게=21,000g÷(1-0.027)=21,000÷0.973 ≒21,583g
   ③ 밀가루 무게=21,583÷4.32≒4,996.1(올림)→**5,000[g]**
      ∴ 밀가루 5kg 용량의 믹서를 사용하여 1회에 제조 가능

2. 15:00시에 배송팀에게 인도하려면 믹싱은 언제 시작해야 하는가? (작업표에 표시한 분할시간을 기준)
   15시−(10+30+45+40+20+15+20)분=15시−180분=**12시**

3. 믹싱반에서 35분마다 70개씩을 패닝을 하여 1일에 820개를 만든다면 취업시간 8시간을 기준으로 주체 **작업율**은 얼마가 되는가?
   ① 1분에 생산하는 스펀지 케이크 수=70÷35=**2(개)**
   ② 820개 생산시간(주체작업시간)=820÷2=410(분)→**6시간 50분**
   ③ 주체작업율=주체작업시간/취업시간×100=410/480×100 ≒ **85.4[%]**

4. 과장을 포함하여 15명이 근무하는 이 부서가 하루에 공장도 가격 9,000원인 D/C 제품 800개를 만든다. 1인당 생산성은 얼마인가?
   생산액/인원=(9,000원×800)÷15=7,200,000÷15
   　　　　　=**480,000[원]/일**

해 답

1. 5,000[g]　2. 12시　3. ① 2개 ② 6시간 50분 ③ 85.4[%]　4. 480,000[원]/일

---

3. 원가관리

(1) 재료비 계산

과자빵 반죽				
재료	%	무게(g)	@원/kg	금액(원)
밀가루	100	1,000	700	700
이스트	5	50	3,000	150
개량제	1	10	6,000	60
소금	1	10	700	7
설탕	20	200	800	160
쇼트닝	10	100	3,500	350
탈지분유	4	40	8,000	320
계란	10	100	2,000	200
물	50	500	−	−
계	201	2,010	−	1,947
반죽수율	98	1,970		989/kg
적앙금빵	반죽	40		40
	적앙금	40	1,500	60
	참깨	2	10,000	20
	계	42	−	80
	판매가=500원	원가율=120/500×100 = 24[%]		

(2) 생산액 구성 요소

1) 외부가치

구성요소	구성비(%)	내　용
생산액	100	판매가×수량(제과점은 판매가, 대리점은 공장도가)
원재료비	20~40	제품 제조에 들어가는 직접 재료의 비율이 낮아야 제조 이익이 증대되지만 제품의 질(質)과 깊은 관계가 있으므로 한계가 있음
부재료비	2~10	은박컵류, 리본, 장식 초, 플라스틱 칼, 유산지, 비닐봉투(내지), 종이봉투, 상자, 쇼핑백, 장식물 등
제조경비	5~20	전기, 수도, 가스, 수선비, 소모품, 외주가공비 등

2) 부가가치

구성요소	구성비(%)	내 용
제조인건비	15~30	낮을수록 이익 증대(생산성 제고로 고임금)
감가상각	3~5	기계설비
제조이익 (조이익)	15~30	제조이익=생산액−제경비 증대를 위하여 노력

(3) 판매가 결정 연습

A회사의 가격결정을 다음과 같은 기준으로 관리한다면,

제품 : 파운드 케이크				
재료	%	무게(g)	@원/kg	금액(원)
밀가루	100	5,000	700	3,500
설탕	100	5,000	800	4,000
버터	100	5,000	10,000	50,000
계란	100	5,000	2,000	10,000
소금	2	100	1,000	100
계	402	20,100	−	67,600
반죽수율 = 98%		19,698	반죽 g당 재료비=3.432(원)	
재료비=판가의 30%		1개 재료비(600g)=3.432×600=2,059.2(원) ∴ 판가(販價)=2,059.2÷0.3=6,864(원)		
제조손실=판가의 3%		6,864×0.03=205.92(원)		
부재료비=판가의 6%		6,864×0.06=411.84(원)		
제조경비=판가의 11%			6,864×0.11=755.04	
외부가치 계	2,059.2+205.92+411.84+755.04=3,432(원)			
제조인건비=판매액의 20%			6,864×0.2=1,372.8(원)	
감가상각비=판매액의 5%			6,864×0.05=343.2(원)	
제조이익=판매액의 25%			6,864×0.25=1,716(원)	
판매가	· 제품에 따라 기준을 전략적으로 적용 · 제과점 또는 회사가 기준을 설정(여기에서는 '예시' 일뿐) · 소비자가=판매가+세금(부가가치세)			
이익증대 방향	· 제조 손실 감소 · 부재료비와 제조경비 감소 · 인건비 감소			

〈연습문제〉

1. 원·부재료비의 1.2배를 매출원가로 관리하는 점포에서 판매 및 일반관리비를 30%, 영업이익을 10%라할 때 원·부재료비가 1,000원인 제품의 경우,

   ① 매출원가=1,000원×1.2=**1,200(원)**
   ② 판매가=1,200÷0.6=**2,000(원)**
   ③ 판매 및 일반관리비=2,000×0.3=**600(원)**
   ④ 영업이익=2,000×0.1=**200(원)**

2. 생산 공장의 외부가치가 65%인 제과점의 생산가가 1,000원인 제품에 판매 및 일반관리를 20%, 영업이익을 5% 붙여 판가를 정하고 여기에 10%의 부가 가치세를 적용하는 가격구조를 가졌다면,

   ① 소비자가=(1,000+200+50)×1.1=1,250×1.1=**1,375(원)**
   ② 생산 공장의 부가가치=1,000×0.35=**350(원)**

해 답

1. ① 1,200원 ② 2,000원 ③ 600원 ④ 200원
2. ① 1,375원 ② 350원

---

4. 관련지식 배합표 기출문제

(1) 바게트 배합표 문제

〈조건〉

- 믹싱 및 발효 손실 = 2%
- 굽기 손실 = 18%
- 1개의 완제품 무게 = 302g
- 제조개수 = 4개
- 비타민 C 용액 = 비타민 C 1g을 물 1ℓ에 용해시켜 사용

  ※ 밀가루의 1g 미만은 버려서 정수로 하고 다른 재료는 비율대로 계산

재료	%	g
강력분	100	A
물	60	B
이스트	4	C
제빵개량제	1	D
소금	2	E
비타민 C	10ppm	F
계	G	H

※ 비타민C는 % 합계에서 제외하고 용액 1㎖는 1g으로 간주함
※ A=900, B=540, C=36, D=9, E=18, F=9ml, G=167, H=1,512

〈해설〉

1. 밀가루의 무게 산출
   - 전체 배합률=167%
   - 완제품 무게=302×4=1,208[g]
   - 분할 무게=1,208÷(1−0.18)≒1,473.17[g]
   - 재료 무게=1,473.17÷(1−0.02)=1,473.17÷0.98≒1,503.24[g]
   - 밀가루 무게(A)=1,503.24÷1.67≒900.14→버림→900[g]
2. 비타민 C 용액의 사용량
   - 용액 1㎖당 비타민 C 함량=1/1,000=0.001[g]
   - 비타민 C 사용량=900g×10/1,000,000=0.009[g]
   - 비타민 C (F)용액(㎖)=0.009÷0.001=9[㎖]
3. 비율(%)의 합계(G)=167% , 무게의 합계(H)=1,512[g]
4. 물(B)=900×0.6=540[g], 이스트(C)=900×0.04=36[g], 개량제(D)=900×0.01=9[g], 소금(E)=900×0.02=18[g]

(2) 더치빵 배합표 문제

〈조건〉

· 완제품 200g인 더치빵 9개 제조
· 발효 손실=2%, 굽기 손실=11.5%
· 밀가루 1g 미만은 올려서 정수로 하고 다른 재료는 비율대로 계산

재료	%	g
강력분	100	A
물	57	B
이스트	3	C
제빵개량제	1	D
소금	1	E
설탕	2	F
쇼트닝	3	G
탈지분유	3	H
흰자	3	I
계	J	K

※ A=1,200, B=684, C=36, D=12, E=12, F=24, G=36, H=36,
I=36, J=173, K=2,076

〈해설〉

1. 총 배합률(J)=173%
2. 완제품 무게=200g×9=1,800g
3. 분할 무게=1,800÷0.885≒2,033.9[g]
4. 재료 무게=2,033.9÷0.98≒2,075.4
5. 밀가루 무게=2,075.4÷1.73=1,199.7[g]→ 소수 미만 올림→ 1,200g

〈토핑〉

〈조건〉

· 본반죽용 토핑의 배합표를 완성
· 더치빵 9개용으로 재료의 무게가 376~408g이 되도록 작성
· 배합표는 멥쌀가루를 기준으로 다른 재료는 비율대로 계산(소수인 경우에는 소수로 표시)

재료	%	g
멥쌀가루	100	A
중력분	20	B
이스트	2	C
설탕	2	D
마가린	30	E
소금	1	F
물	80~100	G
계	H	I

※ A=160, B=32, C=3.2, D=3.2, E=48, F=1.6, G=128~160,
H=235~255, I=376~408

〈해설〉

1) 총 배합률=235~255% → 최저와 최고의 범위를 기재
2) 총 재료 무게=376~408g (조건에 따름)
3) %와 g의 비율=376÷235=1.6 또는 408÷255=1.6
4) 멥쌀가루 100%는 160g, 다른 재료는 160g에 대한 비율로 작성

(3)모카빵 배합표 문제

〈조건〉

· 모카빵의 본반죽 1개당 분할무게는 245g이며 10개를 만들고자 한다.

· 믹싱에서 분할까지의 손실은 재료 대비 2%

· 밀가루 1g 미만은 버려서 정수로 한다.

· 다른 재료는 밀가루를 기준으로 한다.(소수인 경우에는 소수로 표시)

재료	%	g
강력분	100	A
물	48	B
이스트	4	C
제빵개량제	1	D
소금	1.8	E
설탕	15	F
마가린	10	G
탈지분유	2	H
계란	10	I
커피	1.5	J
건포도	10	K
호두	5	L
계	M	N

※ A=1,200, B=576, C=48, D=12, E=21.6, F=180, G=120, H=24, I=120, J=18, K=120, L=60, M=208.3, N=2,499.6

〈해설〉

1) 총 배합률=208.3%

2) 분할 무게=245×10=2,450[g]

3) 재료 무게=2,450÷(1-0.02)=2,450÷0.98≒2,500[g]

4) **밀가루 무게**=2,500÷2.083≒1,200.2→ 1g 미만은 버림→ **1,200[g]**

〈토핑용 비스킷〉

〈조건〉

· 분할무게 112g인 제품 10개용
· 믹싱에서 분할까지의 취급 손실은 재료 대비 2%
· 밀가루 무게는 1g 미만을 올려서 정수로 하고 다른 재료는 밀가루를 기준으로 계산한다.

재료	%	g
강력분	100	A
버터	20	B
설탕	40	C
계란	20	D
베이킹 파우더	1.5	E
우유	9	F
계	G	H

※ A=600, B=120, C=240, D=120, E=9, F=54, G=190.5,
  H=1,143

〈해설〉

1) 총 배합률=190.5%
2) 분할 무게=112×10=1,120[g]
3) 재료 무게=1,120÷(1-0.02)=1,120÷0.98≒1,142.9[g]
4) **밀가루 무게**=1,142.9÷1.905=599.9→ 1g 미만은 올림→ **600g**

(4) 브리오슈 배합표 문제

〈조건〉

· 브리오슈 완제품으로 무게 50g짜리 40개 제조
· 발효 손실=2%, 굽기 손실=12%
· 밀가루 무게의 1g 미만은 올려서 정수로 하고 다른 재료는 밀가루를 기준으로 계산

재료	%	g
강력분	100	A
물	30	B
이스트	8	C
소금	1	D
버터	40	E
탈지분유	4	F
설탕	15	G
계란	30	H
브랜디	4	I
계	J	K

※ A=1,000, B=300, C=80, D=10, E=400, F=40, G=150,
H=300, I=40, J=232, K=2,320

〈해설〉

1) 총 배합률=232%
2) 완제품 무게=50×40=2,000[g]
3) 분할 무게=2,000÷(1−0.12)=2,000÷0.88=2,272.7[g]
4) 재료 무게=2,272.7÷(1−0.02)=2,272.7÷0.98=2,319.1[g]
5) 밀가루 무게=2,319.1÷2.32=999.6[g]→ 1g 미만은 올림→ **1,000g**

(5)데니시 페이스트리 배합표 문제

〈조건〉

· 최종 밀어 펴기가 끝난 후 2,140g인 데니시 반죽을 만들려고 한다.
· 믹싱과 휴지 손실은 2%로 한다.
· 밀가루의 무게는 1g 미만을 올려서 정수로 만들고 다른 재료는 비율대로 계산

재료	%	g
강력분	100	A
물	45	B
이스트	5	C
소금	1	D
설탕	15	E
마가린	10	F
탈지분유	4	G
계란	15	H
파이용 마가린	반죽의 40%	I

※ A=800, B=360, C=40, D=8, E=120, F=80, G=32, H=120, I=624

〈해설〉

1) 밀가루 반죽 배합률=195%, **총 배합률**=195%×1.4=273%
2) 재료 무게=2,140÷(1-0.02)≒2,183.67
3) 밀가루 무게=2,183.67÷2.73=799.88→ 1g 미만은 올림→ **800[g]**
4) 파이용 마가린=1,560×0.4= **624[g]**
   ∵ 밀가루 반죽 무게 = 800g × 1.95 = 1,560g

(6) 비상 스펀지 · 도법 식빵 배합표

〈조건〉

· 일반 스트레이트 반죽을 비상 스펀지 · 도 반죽으로 전환하여 식빵을 만든다.
· **필수적인 조치**를 취한다.
· 완제품 무게 500g인 식빵 4개를 만든다.
· 믹싱 및 발효 손실이 2%, 굽기 손실은 11.3%로 본다.
· 밀가루 1g 미만은 버려서 정수로 하고 다른 재료는 비율대로 계산한다.(소수)

재료	표준(%)	스펀지(%)	도(%)	무게(g)
강력분	100	A	–	C
		B		D
물	63	E	F	G
이스트	2	H	I	J
이스트푸드	0.1	0.1	–	K
설탕	9	L	M	N
쇼트닝	5	O	P	Q
소금	2	–	2	R
탈지분유	3	–	3	S
소계	T	U	V	W
반죽온도	27℃	X		

※ A=80, B=20, C=1,000, D=250, E=63, F=0, G=787.5, H=3, I=0, J=37.5,
  K=1.25, L=0, M=8, N=100, O=0, P=5, Q=62.5, R=25, S=37.5, T=184.1,
  U=146.1, V=38, W=2,301.25, X=30℃

〈해설〉

1) 필수조치 사항

  ① 밀가루는 **스펀지(A)에 80%→도(dough) (B)에 20% 사용**

  ② 물 사용량 (E)은 변화가 없음

  ③ 이스트는 **1.5배를 스펀지에 사용** (2×1.5=3)

  ④ 스펀지 온도는 **30℃로 상승** (X)

  ⑤ 스펀지 발효시간은 **30분 이상** (Y)

  ⑥ 본반죽 시간은 **20~25% 증가**

2) 스펀지 · 도의 총 배합률=184.1% (U=146.1+V=38)

3) 제품 무게=500g×4=2,000g

4) 분할 무게=2,000÷0.887≒2,254.79[g]

5) 재료 무게=2,254.79÷0.98≒2,300.81[g]

6) 밀가루 무게=2,300.81÷1.841≒1,249.76→ 1g 미만은 올림→ **1,250[g]**

7) 위 반죽으로 식빵 4개를 만든다. 식빵 1개당 3등분하여 산(山)모양을 만든다면 3등분한
1개의 분할 무게는 계산상 몇 g이 되는가? (소수 첫째자리에서 반올림하여 정수로 표시)
식빵 1개용 반죽=2,267.57÷4≒566.89[g]
3등분한 무게=566.89÷3≒188.96→ 반올림→ **189g**

(7) 버터 스펀지 케이크 배합표 문제-1

〈조건〉

· 완제품 750g인 버터 스펀지 케이크를 4개 제조하는 배합표를 완성
· 믹싱 손실=2%, 굽기 손실=10.6%
· 밀가루 무게는 1g 미만은 버려서 정수로 하고 다른 재료는 밀가루를 기준으로 비율대로 계산

재료	%	g
박력분	100	A
설탕	100	B
계란	200	C
소금	2	D
바닐라향	1	E
버터	25	F
계	G	H

※ A=800, B=800, C=1,600, D=16, E=8, F=200, G=428,
H=3,424

〈해설〉

1) 총 배합률=428%
2) 완제품 무게=750g×4=3,000g
3) 분할 무게=3,000÷(1-0.106)=3,000÷0.894≒3,355.70[g]
4) 재료 무게=3,355.70÷(1-0.02)=3,355.70÷0.98≒3,424.19[g]
5) 밀가루 무게=3,424.19÷4.28≒800.04→ 1g 미만은 버림→ **800g**

(8) 버터 스펀지 케이크 배합표 문제-2

〈조건〉

· 배합률에 의하여 배합표를 완성
· 믹싱 손실=1%, 굽기 손실=10.8%
· 완제품 무게 560g, 4개를 제조
· 밀가루 무게는 소수 첫째자리에서 반올림하여 정수로 한다.
· 다른 재료는 비율대로 계산

재료	%	g
밀가루	100	A
설탕	120	B
계란	180	C
소금	2	D
향	0.5	E
버터	20	F
계	G	H

※ A=600, B=720, C=1,080, D=12, E=3, F=120, G=422.5,
H=2,535

〈해설〉

1) 총 배합률=422.5%
2) 완제품 무게=560g×4=2,240g
3) 분할 무게=2,240÷(1-0.108)=2,240÷0.892≒2,511.2[g]
4) 재료 무게=2,511.2÷(1-0.01)=2,511.2÷0.99≒2536.6[g]
5) 밀가루 무게=2,536.6÷4.225≒600.38→ 반올림→ **600g**

(9) 초코 스펀지 케이크 배합표 문제

〈조건〉

· 완제품 600g, 4개를 제조
· 분할까지의 취급 손실=2%, 굽기 손실=7%
· 밀가루 무게는 1g 미만에서 반올림하여 정수로 만들고 나머지 재료는 밀가루를 기준으로 비율대로 계산한다.

재료	%	g
박력분	100	A
코코아	12	B
계란	200	C
설탕	100	D
소금	1.8	E
바닐라향	0.2	F
버터	25	G
계	H	I

※ A=600, B=72, C=1,200, D=600, E=10.8, F=1.2, G=150,
   H=439, I=2,634

〈해설〉

1) 총 배합률=439%
2) 완제품 무게=600g×4=2,400g
3) 분할 무게=2,400÷0.93≒2580.65[g]
4) 재료 무게=2,580.65÷0.98≒2,633.32[g]
5) 밀가루 무게=2,633.32÷4.39=599.84→ 반올림→ 600g

(10) 별립법 케이크 배합표 문제-1

〈조건〉

· 배합률에 의하여 별립법으로 제조
· 전체 계란의 사용량은 180%
· 분할 무게 600g인 제품 6개를 제조
· 분할까지의 손실은 2.2%로 계산
· 밀가루 1g 미만은 버림으로 처리하여 정수화 하고 다른 재료는 밀가루를 기준

재료	%	g
박력분	100	A
설탕 A	65	B
설탕 B	65	C
노른자	D	E
흰자	F	G
소금	1	H
주석산크림	0.5	I
베이킹파우더	2	J
향	0.5	K
식용유	26	L
물	20	M
계	N	O

※ A=800, B=520, C=520, D=60, E=480, F=120, G=960,
   H=8, I=4, J=16, K=4, L=208, M=160, N=460, O=3,680

〈해설〉

1) 총 배합률=460%
2) 노른자 비율=180%×1/3=60%
3) 흰자 비율=180%×2/3=120%
4) 분할 무게=600g×6=3,600g
5) 재료 무게=3600÷0.978≒3680.98[g]
6) 밀가루 무게=3680.98÷4.6≒800.21[g]→ 1g 미만은 버림→ **800g**

(11) 별립법 케이크 배합표 문제-2

〈조건〉

· 별립법으로 제조
· 계란 사용량=165%
· 완제품 500g인 제품 4개 제조
· 분할 손실=2%, 굽기 손실=10.3%
· 밀가루 무게는 g 소수 첫째자리에서 반올림하여 정수로 만든다.
· 다른 재료는 밀가루를 기준으로 비율대로 계산한다.

재료	%	g
노른자	A	B
설탕 A	65	C
소금	2	D
식용유	30	E
물	25	F
바닐라향	0.5	G
흰자	H	I
설탕 B	65	J
주석산크림	0.5	K
박력분	100	L
베이킹파우더	2	M
계	N	O

※ A=55, B=275, C=325, D=10, E=150, F=125, G=2.5, H=110,
I=550, J=325, K=2.5, L=500, M=10, N=455, O=2,275

〈해설〉

1) 총 배합률=455%
2) 노른자=165%×1/3=55%→500g×0.55=275g (B)
3) 흰자=165%×2/3=110%→500g×1.1=550g (I)
4) 완제품 무게=500g×4=2,000g
5) 분할 무게=2,000÷(1-0.103)=2,000÷0.897≒2,229.65[g]
6) 재료 무게=2,229.65÷(1-0.02)=2,229.65÷0.98≒2,275.15[g]
7) 밀가루 무게=2,275.15÷4.55≒500.03→ 1g 미만을 반올림→ **500g**
8) 이 문제에서 완제품 500g 제품을 만들기 위한 계산상의 분할 무게는?
   (단, 1g 미만은 올려서 정수로 함)
   분할 무게=500÷(1-0.103)=500÷0.897≒557.41→ **558[g]**

(12) 초콜릿 케이크 배합표 문제

〈조건〉

- ·옐로 레이어 케이크를 초콜릿 케이크로 전환
- ·사용하는 초콜릿은 다크 커버처(설탕=39%, 코코아=40%, 코코아버터=20%, 향 및 레시틴=1%)로 구성
- ·쇼트닝 양을 조정
- ·분할 무게 570g, 4개를 제조(분할까지의 손실은 2%)
- ·밀가루 무게의 1g 미만은 반올림하여 정수로 만들고 다른 재료는 밀가루를 기준으로 비율대로 계산

재료	옐로 레이어 케이크 %	초콜릿 케이크 %	g
박력분	100	100	A
설탕	110	110	B
쇼트닝	60	C	D
유화제	4	4	E
소금	2	2	F
탈지분유	7.9	G	H
물	71.1	I	J
B.P	3	3	K
계란	66	66	L
바닐라향	1	1	M
초콜릿	–	30	N
계	425	O	P

※ A=500, B=550, C=57, D=285, E=20, F=10, G=9.2, H=46, I=82.8,
J=414, K=15, L=330, M=5, N=150, O=465, P=2,325

〈해설〉

1) 초콜릿 중 코코아=30%×0.4=12%, 코코아 버터=30%×0.2=6%
2) 우유=설탕+30+(코코아×1.5)−계란
   =110+30+(12×1.5)−66=158−66=92[%]
3) 탈지분유=92×0.1=9.2[%], 물=92×0.9=82.8[%] (I)
4) 코코아 버터 6%는 유화쇼트닝 3%의 효과
5) 쇼트닝 사용량=60−3=57[%] (C)
6) 분할 무게=570g×4=2,280g
7) 재료 무게=2,280÷(1−0.02)=2,280÷0.98≒2,326.53[g]
8) 밀가루 무게=2,326.53÷4.65≒500.33[g]→ 1g 미만은 반올림→ **500g**

(13) 다음 일반적인 브리오슈의 배합표를 보고 재료명을 기입하시오.

재료	g
A	1,000
우유	300
B	150
C	80
계란	300
브랜디	20
D	15
E	400

· 장시간 발효 제품에는 이스트를 감소시켜 사용

· 버터는 일부를 마가린으로 대치하기도 함

· 탈지분유도 사용가능

· A= 강력분 (밀가루라고만 표기하면 부정확)

· B= 설탕(15%)

· C= 이스트(8%)→ 본 배합표는 실기검정을 위하여 이스트를 증가

　　　　　　　 → 장기 발효제품에는 2%도 사용

· D= 1.5% 수준이므로 소금

· E= 고지방 제품이므로 버터

· 우유는 물로 대치할 수 있음

· 계란+우유= 약 60% 전후이므로 계란은 30%

(14) 다음의 스트레이트법을 비상 스트레이트법과 비상 스펀지 · 도법으로 전환하시오.

조건/구분	스트레이트법 (%)	비상 스트레이트법 (%)	비상 스펀지 · 도법	
			스펀지 (%)	도 (%)
밀가루	100	100	A	B
물	63	C	D	–
이스트	2	E	F	–
설탕	5	G	–	5
쇼트닝	4	4	–	4
소금	2	2	–	2
계	H	I	J	K
반죽온도	27℃	L	M	–
발효시간	2~3시간	N	O	–

〈해설〉

1) 스트레이트법→ 비상 스트레이트 · 도법(필수적인 조치)

① 이스트→ 1.5배

② 반죽온도→ 30℃

③ 흡수율→ 1% 증가

④ 설탕→ 1% 감소

⑤ 발효시간→ 15분 이상

⑥ 믹싱시간→ 20~25% 증가

※ 선택적 조치

① 소금→ 1.75%까지 감소

② 이스트 푸드→ 0.5%까지 증가

③ 탈지분유→ 감소

④ 식초 사용

2) 스트레이트법→ 비상 스펀지 · 도법(필수적인 조치)

① 밀가루→ 80%를 스펀지에 사용

② 물→ 변동없음

③ 이스트→ 1.5배

④ 스펀지 반죽온도→ 30℃

⑤ 스펀지 발효시간→ 30분 이상

⑥ 본반죽 믹싱시간→ 20~25% 증가

※A=80, B=20, C=64, D=63, E=3, F=3, G=4, H=176, I=176, J=146, K=31, L=30℃, M=30℃,
N=15분 이상, O=30분 이상

5. 생산관련 문제

(1) 롤(roll)을 생산하는 라인의 분할기는 6포켓으로 1분에 18회를 작동한다.
이 분할기의 여유율이 5%인 경우 롤빵 10,000개를 분할하는데 소요되는 시간은 몇 분인가?
(1분 미만은 올려서 정수로 한다.)
1) 1분에 분할하는 수=6×18=108[개]
2) 여유율을 적용한 분할 수=108×(1-0.05)=108×0.95=102.6[개]
3) 소요 시간(분)=10,000÷102.6≒97.47→ **98분(또는 1시간 38분)**

(2) 데니시 페이스트리 1,000개를 정형하는데 3.2시간/인이 소요된다. 1,500개를 8명이 정형하려면 몇 분이 걸리는가? (1분 미만은 올려서 정수로 한다.)
1) 1인이 1,000개 정형하는 시간=3.2시간
2) 1인이 1,500개 정형하는 시간=3.2×1.5=4.8[시간]
3) 8인이 1,500개 정형하는 시간=4.8÷8=0.6[시간]
4) 0.6시간=60분×0.6=**36분**

(3) 데니시 트위스트 1,000개를 정형하는데 4.0시/인이 소요된다. 금일의 생산 지시수량인 750개를 만드는데 4인을 투입하면 얼마나 걸리는가?
1) 1인이 1,000개 정형하면=4.0시간
2) 1인이 750개를 정형하려면=4×0.75=3[시간]
3) 4인이 750개를 정형하려면=3÷4=0.75[시간]
4) 0.75시간=60분×0.75=**45분**

(4) 밀가루 5kg용 믹서로 1배치마다 파운드 케이크를 30개씩 믹싱하는 공장에서 290개를 15:00시까지 굽기를 완료하려 한다. 다음과 같은 조건일 때 첫 번째 믹싱은 몇 시에 시작하여야 되는가?
(연속작업이 가능)

구분/공정	재료계량	믹싱	패닝	굽기	비고
소요시간(분)	사전 준비	20분	10분	50분	여유율 감안

1) 배치(batch) 수=290÷30≒9.67→ 10배치
2) 10번째 믹싱 시작시간=15시-80분=13시 40분
3) 첫 번째는 20분×9=180분 전=3시간 전
4) 13시 40분-3시간=**10시 40분**

(5) 과자빵 라인에서 앙금빵을 만드는 공정기준이 다음 표와 같다.

제품	믹서	플로어 타임(분)	분할기 (divider)	벤치 타임(분)	1시간당 정형 개수	오븐 1회 용량(개)	굽기 시간(분)	포장 1시간당 개수
앙금빵	100kg용	10	6P×16	12	5,500	1,125	9	7,500
내용	41개/kg, 20분					9×125판		

1) 병목현상이 되는 공정은? (믹서, 분할~정형, 오븐, 포장)

   ① 믹서 1시간당 생산=41개×100×60/20=12,300개

   ② 분할~정형 1시간당 생산=5,500개

   ③ 굽기 1시간당=1,125개×60/9=7,500개

   ④ 포장 1시간당=7,500개

   ∴ **분할 공정**이 문제

2) 분할~정형의 여유율은 얼마로 보는가? (소수 둘째짜리까지 표시)

   ① 100% 작동 시 분할~정형과정에서의 생산 수=6×16×60=5,760[개]

   ② 여유율=(5,760-5,500)÷5,760×100≒**4.51[%]**

(6) 식빵 라인의 분할기는 2P×8회/분의 능력을 가지고 있으며 여유율은 5%를 적용한다.

   이 분할기로 900개의 식빵을 분할하는데 몇 분이 소요되는가? (단, 1분 미만은 올려서 정수로 한다.)

   1) 1분간 분할 개수=2×8×(1-0.05)=16×0.95=15.2[개]

   2) 소요 시간=900÷15.2≒59.21→ 1분미만은 올림→ 60분

(7) 데커레이션 케이크 100개를 아이싱 하는데 4시간/인이 소요된다.

   1,600개를 8시간에 끝내려면 몇 명을 배치해야 되는가?

   1) 1인이 1시간에 아이싱 하는 개수=100÷4=25[개]

   2) 1,600개를 1인이 작업하면=1,600÷25=64[시간]

   3) 8시간 근무 시 인원수=64÷8=**8[명]**

(8) 치즈 크루아상 1,000개를 만드는데 실제작업으로 16시/인이 소요된다.

   1일에 3,750개를 생산하는데 9명이 투입되었다면 각자 8시간 작업을 기준으로 할 때

   실제작업율은 몇 %인가? (소수는 첫째자리에서 반올림하여 정수 처리)

   1) 1인이 1시간에 만드는 수=1,000÷16=62.5[개]

   2) 9명이 3,750개를 만드는 시간=3,750÷62.5÷9≒6.67[시간]

   3) 실제작업율=(6.67÷8)×100=83.375[%]→ 반올림→ **83%**

(9) 다음 중 대량생산 제빵법 중 연속식 제빵법(Continuous Dough Mixing System)에서
예비혼합기(Premixer 또는 Incorporator)와 직접 연결되지 않은 장치는?

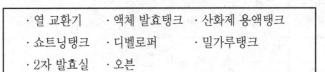

- ·열 교환기　　·액체 발효탱크　·산화제 용액탱크
- ·쇼트닝탱크　·디벨로퍼　　·밀가루탱크
- ·2차 발효실　·오븐

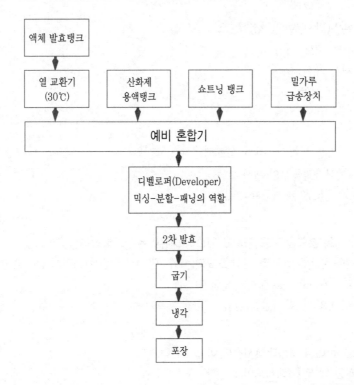

해답 액체 발효탱크, 2차 발효실, 오븐

(10) 제과·제빵공정 중 손실을 개수로 표시할 수 없는 공정은?

　가. 믹싱 후　　　　나. 정형 후　　　　다. 굽기 후　　　　라. 가공 후

해답 가. 믹싱 후

(11) 엔젤 푸드 케이크를 만들던 팬에 스펀지 케이크 반죽을 넣어 제품을 만들고자 할 때
다음 표와 같이 동일한 조건일 경우 반죽의 분할량은?
(계산상의 1g 미만은 반올림하여 정수로 계산)

	엔젤 푸드 케이크 반죽	스펀지 케이크 반죽
비용적(cm^3/g)	4.7	5.1
적정 반죽량(g)	600	A

1) 팬의 용적=$4.7 \times 600 = 2,820$[cm^3]
2) 스펀지 반죽=$2,820 \div 5.1 ≒ 552.94$[g]→ **553g**

(12) 튀김 제품의 문제점을 시정하기 위하여 배합표와 공정을 점검한 결과 다음 항목과 같다.
무엇에 대한 결점의 원인인가?

항 목	내 용
수분과 팽창제	반죽에 수분이 많고 팽창제도 많다
믹싱시간과 글루텐	믹싱이 부족하여 글루텐 발달이 적다
튀김기름	온도가 낮고 튀김시간이 길다
설탕과 유지	설탕이 많고 산화(변질)된 유지를 사용

해 답 과도한 흡유(吸油)

(13) 햄버거빵을 1시간당 3,500개를 연속적으로 생산하는데 가장 문제되는 공정은?
(반죽의 손실과 기계의 여유율은 무시)

믹서	· 밀가루 20kg용 2대 · 총 배합률=180% · 분할 무게=60g · 시간당 3회 믹싱 가능	· 믹서 1대 1회당 예상개수 =$20,000 \times 1.8 \div 60 = 600$[개] · 1시간당 능력 =600개×2대×3회=3,600개
분할기	· 4포켓×20회/분 · 1철판당 8개씩 진열	1시간당 분할 수 =4개×20회×60분=4,800개
오븐기	· 1회에 철판 80장(8개/장) · 굽기 시간=12분	1시간당 굽는 수 =8개×80장×(60/12)회=3,200개
포장기	· 1시간당 3,500개 포장	1시간당=3,500개

해 답 오븐공정이 문제

(14) 팬의 변경과 반죽량 문제이다.

같은 모양의 팬 용적 2,400㎤에 반죽 1,000g을 넣는 제품이 있다. 제품의 가격을 조정하기 위하여 아래의 표와 같은 규격의 팬을 사용하려면 반죽 무게를 얼마로 해야 하는가?

	가로(cm)	세로(cm)	높이(cm)	내 용
윗면	26	10	10	윗면이 넓은 직육면체 모양 팬
밑면	22	8		수치는 안치수를 기준

1) 용적=평균 가로×평균 세로×높이

① 평균 가로=(26+22)÷2=24[cm]

② 평균 세로=(10+8)÷2=9[cm]

∴ V=24×9×10=2,160[㎤]

2) 반죽의 비용적=2,400㎤÷1,000g=2.4㎤/g

3) 새로운 반죽량=2,160㎤÷2.4㎤/g=**900[g]** 또는 1,000×2,160/2,400=900[g]

(15) 크리스마스용 데커레이션 케이크 1,000개를 만들려 한다.

10명의 최대 생산량은 1시간당 100개로 연속작업이므로 작업 여유율을 20% 인정한다.

12명이 작업하면 8시간 기준으로 잔업은 얼만큼의 시간이 필요한가?

1) 1인 1시간당 생산수=100÷10×0.8=8[개], ← 여유율 감안

2) 총 시간=1,000÷(8×12)≒10.42시간→ **10시간 25.2분**

∴ **2시간 26분**이 더 필요하다.

(16) 팬의 용적과 반죽량에 관한 문제이다.

비용적이 4.07㎤/g인 시퐁 케이크 반죽 600g을 넣고 굽는 팬에 비용적이 5.08㎤/g인 스펀지 케이크 반죽은 몇 g을 넣는 것이 좋은가? (소수는 반올림)

1) 팬의 용적=4.07㎤×600=2,442㎤

2) 스펀지 반죽량=팬의 용적÷반죽의 비용적

=2,442÷5.08≒480.71→ 반올림→ **481g** 또는 600×4.07÷5.08≒480.71→ **481[g]**

(17) 팬의 바닥면적과 식빵반죽에 관한 문제이다.

규정된 식빵 팬은 바닥면적으로 분할량을 맞출 수 있다. 반죽 960g을 넣기 위한 바닥의 너비는 몇 cm인가?

반죽무게=2.4g	바닥면적=1㎠
반죽무게=960g	바닥의 가로=40cm 바닥의 너비=?

1) 반죽 960g에 필요한 바닥의 면적=960÷2.4g/㎠=400㎠

2) 바닥의 너비를 X라 하면, 40×X=400

    X=400÷40=**10[cm]**

(18) 인력난이 심각해지면서 냉동 반죽(frozen dough)의 필요성이 대두되고 있다.

    빵 반죽이 주류를 이루지만 페이스트리, 쿠키용 반죽도 제조하고 있는데 정형을 먼저 하는
냉동 반죽은 2차 발효 전에 어떤 2가지 공정을 거치는가?

냉동 반죽	믹싱	발효	정형	냉동	해동	2차 발효
성형 반죽	○	○	○	●	●	○
분할 반죽	○	○	분할	○	해동 후 정형	○

해 답 냉동(冷凍) 공정, 해동(解凍) 공정

※ **냉동으로 인한 피해 방지**

  1) 강한 강력분 사용

  2) 단시간 내 급냉(-40℃)

  3) 출고시까지 냉동보관(-20℃ 이하)

  4) 해동(냉장온도에서 12시간 이상)

(19) 파운드 케이크 320개를 4명이 8시간에 만든다.

    같은 제품을 400개를 만들 때 잔업시간은? (단, 연장 근로 시의 작업능률은 80%이다.)

  1) 연장 근로 시 1인 1시간 생산 수=(320÷4÷8)×0.8=8[개]

  2) 연장 시간=(400-320)÷(8×4)=80÷32=**2.5[시간]**

6. 생산관리 관련문제

(1) 부가세 포함 550원인 데니시 페이스트리 1,000개를 제조 판매하는 제과점의 가격구조가
다음과 같을 때 원·부재료비는 얼마 이하여야 하는가?
(제조부서의 인도가격에 25%의 판매이익을 붙이고 여기에 10%의 부가세를 합하여 실제 판매가를
정하며, 제조부서의 인도가격 내용은 다음과 같다.)

원·부재료비 (원)	제조경비 (원)	제조 인건비 (원)	감가상각비 (원)	생산이익 (원)
A	30,000	110,000	10,000	70,000

1) 총 매출액(세포함)=550원×1,000=550,000원
2) 순 매출액=550,000원÷1.1=500,000원
3) 제조부서 인도가=500,000원÷1.25=400,000원
4) 원·부재료비=400,000-(30,000+110,000+10,000+70,000)
　　　　　　=400,000-220,000=180,000[원]
　∴ 데니시 페이스트리 1개의 원·부재료비=180,000원÷1,000=180원

(2) 다음과 같은 계획을 가진 양과자반이 목표를 달성하기 위하여 몇 명의 인원을 충원받아야 하는가?

1일 생산목표액 (원)	1인/1시간의 생산목표액(원)	근무시간	작업인원
6,000,000	40,000	8시간	16명

1) 1인 1일의 목표생산액=40,000×8=320,000[원]
2) 소요인원=6,000,000÷320,000=18.75[명]
3) 충원인원=18.75-16=2.75→3명

(3) 손익분기점의 문제이다.
3명이 근무하는 부서의 1일 고정비가 다음과 같을 때 손익분기점이 되는 물량은?

판매가	고정비	변동비
600원/개	600,000원	300원/개

손익분기 물량을 X라 하면
600X=300X+600,000
600X-300X=600,000
300X=600,000
X=600,000÷300=2,000
∴ **2,000개**

(4) 생산목표와 인원에 관한 문제이다.

아래의 표와 같은 조건에서 목표를 달성하기 위한 고정인원은?

월 생산액목표	노동생산성	월가동일수	1일 작업시간
83,200천원	40,000원/인/시	26일	8시간

1) 1인의 총 소요시수=83,200,000원÷40,000원/시/인=2,080시/인
2) 1일당 소요시수=2,080시/인÷26=80시/인
3) 8시간 작업 시 인원=80시/인÷8시=**10인**

(5) 생산목표와 잔업시간에 관한 문제이다.

어느 제과점의 목표가 아래의 표와 같을 때 매일의 잔업시간은?

월생산액목표	노동생산성	월가동일수	작업인원	1일작업시간
43,750천원	35,000원/인/시	25일	5명	8시간

1) 1인의 총 소요시수=43,750,000원÷35,000원/시/인=1,250시/인
2) 1일당 소요시수=1,250시/인÷25=50시/인
3) 5명의 소요시수=50시/인÷5인=10시간
4) 잔업시간=10시간-8시간=2시간

(6) 가격계산 문제이다.

시설을 구입하기가 어렵거나 복잡한 공정을 거치는 제품이 소량일 경우는 외부로부터 구매하는 것이 유리할 수도 있다. 아래의 표와 같은 전제조건일 때 납품가격은 얼마 이하면 되는가?

팥앙금 재료비	인건비	앙금 60kg의 제조시간	사내가공단가	납품을 받을 가격
2,000원/kg	5,000원/시/인	1.5시간	재료비와 인건비의 120%	사내가공단가의 110%

1) 시간당 생산량=60kg÷1.5시간=40kg/시
2) kg당 인건비=5,000원÷40kg=125원/kg
3) 사내가공단가=(2,000+125)원×1.2=2,550원
4) 납품가격=2,550원×1.1=**2,805원**

(7) 노동 분배율에 관한 문제이다.

제빵1과의 전월 실적이 다음과 같을 때 노동 분배율은 얼마가 되는가?

(소수 첫째자리에서 반올림하여 정수로 표시)

생산액	외부가치	제조인건비	감가상각비	제조이익
100,000천원	65,000천원	16,000천원	3,000천원	16,000천원

1) 노동 분배율=인건비/부가가치(생산가치)×100
2) 부가가치=생산액−외부가치=(100,000−65,000)천원=35,000천원
3) 노동 분배율=1,600/3,500×100≒45.71→ **46[%]**

(8) 브리오슈 10개를 담은 1상자당 제조원가에 대한 손실을 5%, 여기에 판매이익 30%,
다시 10%의 부가세를 포함하여 5,000원에 판매하는 가격체계라면 제조원가는 얼마 이하여야 하는가?
(1원 미만은 버림)

1) 부가세 전 판매가=5,000원÷1.1≒4,545.45원
2) 판매이익 전 가격=4,545.45원÷1.3≒3,496.50원
3) 손실 전 가격=3,496.50÷1.05≒3,330.00→ 1원 미만은 버림→ **3,330원**

(9) 치즈 롤의 원재료비가 다음과 같을 때 1개당 원재료비의 비율은 얼마인가?
(계산 과정 중 또는 결과의 수치는 소수 셋째자리에서 반올림한다.)

반죽 재료 무게	반죽 재료비	반죽수율	반죽 분할 무게	치즈 무게	치즈 단가	판매가
2,000g	1,800원	98%	40g	7g	6,000원/kg	500원/개

1) 수율 감안=2,000g×0.98=1,960g
2) 반죽 kg당의 단가=1,800원÷1.96≒918.37원
3) 반죽 40g의 재료비=918.37원×0.04≒36.73원
4) 치즈 7g의 재료비=6,000원×0.007=42원
5) 재료비(반죽+치즈)=36.73+42=78.73[원]
6) 원재료비의 비율=78.73/500×100=15.746→ **15.75%**

(10) 어느 제과점의 월평균 고정비가 12,000,000원이고, 변동비 1,200원인 제품의 평균 판매가가
2,000원이라면 손익분기 물량은?

손익분기 물량=X
2,000X=12,000,000+1,200X
2,000X−1,200X=12,000,000

$800X=12,000,000$

$\therefore X=12,000,000 \div 800 = 15,000[개]$

(11) 다음은 손실을 줄이기 위한 어떤 점검항목에 대한 분석과 조정인가?

정보와 분석	조정과 차기 계획
계획과 수행도 능력 점검	생산성 저하공정 점검 →생산성 향상 조치

가. 원재료비의 비율　　　　　　　나. 불량율

다. 노동생산성　　　　　　　　　라. 생산가치(부가가치)

해 답 다. 노동생산성

(12) 다음과 같은 제품 구성비 계획을 세운 제과점에서 생산량이 같을 때 전년도를 기준으로
얼마의 성장률을 계획하고 있는가? (소수 셋째자리에서 반올림하여 둘째자리까지 구한다.)

단가(원)	500	1,000	2,000	5,000	10,000
전년도(%)	30	25	20	15	10
금년도(%)	25	30	15	15	15

1) 전년도

$=(500 \times 0.3)+(1,000 \times 0.25)+(2,000 \times 0.2)+(5,000 \times 0.15)+(10,000 \times 0.1)$

$=150+250+400+750+1,000=2,550$

2) 금년도

$=(500 \times 0.25)+(1,000 \times 0.3)+(2,000 \times 0.15)+(5,000 \times 0.15)+(10,000 \times 0.15)$

$=125+300+300+750+1,500=2,975$

3) 금년도/전년도$\times 100 = 2,975 \div 2,550 \times 100 \fallingdotseq 116.67[\%]$

4) 성장률$=116.67-100=$**16.67[%]**

(13) 어느 제과점에서 매일 파운드 케이크 120개, 과자빵 410개, 식빵 100개를 만드는데 2명이 8시간을 작
업한다. 1인당 시간당 노무비가 5,000원이라면 제품 개당 평균 노무비는 얼마인가?
(1원 미만은 올려서 정수로 한다.)

1) 2명의 8시간 노무비$=5,000$원/시간/인$\times 8$시간$\times 2$인$=80,000$원

2) 제품 수$=120+410+100=630[개]$

3) 개당 평균 노무비$=80,000$원$\div 630 \fallingdotseq 126.98 \rightarrow$ 올림$\rightarrow$ **127원**

(14) 10배합의 빵을 만들 때 불량한 제품이 합해서 200개가 나온다면 1배합의 생산개수는 몇 개인가?
(단, 불량률은 3.2%이다.)

    1) 10배합의 생산개수=200÷0.032=6,250[개]

       또는 100:3.2=X:200→3.2X=100×200→X=20,000÷3.2=6,250[개]

    2) 1배합의 생산개수=6,250개÷10=**625개**

(15) 어느 회사 과자빵 라인에서 매일의 불량품이 160개로 불량율이 3.2%이다.
불량율을 2%로 감소시키면 1개당 원가가 200원인 경우 얼마를 절약하는가?

    1) 1일 생산량=160÷0.032=5,000[개]

    2) 불량률 2%인 경우 불량품 수=5,000×0.02=100[개]

    3) 불량품 감소=160-100=60[개]

    4) 원가절약금액=200원×60=12,000원

       또는 ① 불량률 2%의 불량품 수=160×2÷3.2=100[개]

         ② 원가절약금액=200원×(160-100)=**12,000원**

(16) 어떤 제품 1,000개를 만드는 원재료비가 500,000원인데 제조인건비 등 제조경비를 원재료비의 50%로 계산한다. 원재료비와 제조경비까지의 수율을 93.75%로 할 때 제품 1개당 제조원가는 얼마인가?

    1) 제품 1개당 원재료비=500,000÷1,000=500[원]

    2) 제품 1개당 원재료비와 제조경비=500×1.5=750[원]

    3) 수율감안 제조원가=750÷0.9375=**800[원]**

(17) 다음과 같은 조건일 때 완제품 kg당 원재료비는 얼마인가? (계산상 1g 미만은 올려서 정수로 한다.)

재 료	%	g	단가(원/kg)	재료의 수분(%)
밀가루	100	2,000	700	15
설탕	100	2,000	800	0
버터	100	2,000	4,000	17
계란	100	2,000	2,000	75
소금	1	20	1,000	0
믹싱 및 굽기 손실	10%	A	–	–

    1) 총 배합률=401%, 재료의 무게(A)=8,020g

    2) 재료비=(700×2+800×2+4,000×2+2,000×2+1,000×0.02)

        =15,020[원]

    3) 제품의 무게=8,020×0.9=7,218[g]

    4) 제품 kg당 원가=15,020÷7.218≒2,080.91→ 올림→ **2,081원**

※ 총재료에서 10%의 손실이 있는 경우, 위 배합표에서 만들 완제품의 수분은? (소수 둘째자리까지 계산)

	고형질	수분	계
재료	5,880	2,140	8,020
손실	–	802	802
제품	5,880	1,338	7,218

재료 수분=2,000×1.07=2,140[g]
손실=8,020×0.1=802[g], 제품 중 수분=2,140-802=1.338[g]
제품 수분 %=1,338/7,218×100≒18.54[%]
∴ 18.54%

7. 재료 · 제법 문제

(1) 베이킹 파우더의 가스 발생량에 관한 문제

과자 제품에 사용하는 팽창제인 베이킹 파우더는 사용 무게의 12% 이상의 유효 이산화탄소 가스를 발생시켜야 한다. 베이킹 파우더 20g에서는 몇 ㎖의 가스가 발생되어야 하는가?
(1㎖ 미만은 올림으로 정수화 한다.)

　　1) 이산화탄소 가스 발생 무게= 20g×0.12=2.4g
　　2) CO_2 44g의 부피=22,400㎖[또는 cc]
　　3) CO_2 2.4g의 부피

$$= 22,400×\frac{2.4}{44} ≒1,221.82→ 올림→ 1,222[㎖]$$

(2) 베이킹 파우더의 중화가(中和價, N.V.)에 관한 문제-1

A제품의 베이킹 파우더는 전분이 34%이고, 중화가가 120이다. 100g의 성분별 무게는?

　　1) 전분의 양=100g×0.34=34g
　　2) 탄산수소나트륨(중조)+산염=100-34=66[g]
　　3) 산염=X라 하면, 중조=1.2X
　　　X+1.2X=66
　　　2.2X=66
　　　X=66÷2.2=30
　　　① 탄산수소나트륨=30×1.2=36g
　　　② 산염(산작용제)=30g

(3) 베이킹 파우더의 중화가(中和價, N.V.)에 관한 문제-2

어떤 베이킹 파우더 10kg 중에 전분이 28%이고, 중화가가 80인 경우에 중조는 얼마나 들어있는가?

1) 전분=10kg×0.28=2.8kg
2) 산+중조=10-2.8=7.2[kg]
3) 산=X라 하면, 탄산수소나트륨=0.8X(∵ 중화가가 80이므로)
4) X+0.8X=7.2→1.8X=7.2→X=7.2÷1.8=4[kg]
5) 탄산수소나트륨=산염의 80%→4×0.8=**3.2[kg]**

(4) 반죽온도 조절에 관한 문제

어떤 빵 반죽의 온도를 조절하는데 계산상 사용수온도가 -8℃이며, 20℃ 수돗물을 1,000g 사용할때 얼음과 물의 사용량은?

1) 얼음 $= \dfrac{1,000 \times \{20-(-8)\}}{80+20} = \dfrac{1,000 \times 28}{100} = \mathbf{280[g]}$

2) 물=1,000-280=**720[g]**

(5) 밀가루의 제분에 따른 성분의 변화

다음의 표에서 일반적인 밀과 밀가루의 관계가 잘못된 항목은?

항 목	밀(%)		1급 밀가루(%)
단백질	12.00	제분	11.00
회분	1.80	→	0.40
섬유질	2.20	공정	0.25
무질소물(전분)	69.90		68.90

※ 전분은 상대적으로 증가(69.90%→73.60%)

해 답 무질소물(전분)

(6) 수분 함량 계산에 관한 문제

다음의 조건으로 빵을 만들 때 믹싱 및 굽기 손실이 13%였다면 완제품의 수분 함량은?
(소수 셋째자리에서 반올림)

재 료	사용(%)	재료의 수분(%)
밀가루	100	15
설탕	5	–
이스트	2	70
쇼트닝	4	–
물	55	100
계란	10	75
소금	2	–

1) 총 배합률=178%
2) 재료의 수분=$(100×0.15+2×0.7+55+10×0.75)=78.9$
3) 손실 양=$178\%×0.13=23.14\%$
4) 수분 함량=$\dfrac{78.9-23.14}{178-23.14}×100=\dfrac{55.76}{154.86}×100≒36.01[\%]$

(7) 밀가루의 수분과 가격에 관한 문제

"가"회사의 밀가루 20kg의 수분은 12%로 12,000원, "나"회사의 밀가루 20kg의 수분은 15%로 11,900원이라면 구입자의 입장에서 어느 것이 유리한지 비교하시오.

1) "가"밀가루 고형질 kg당 가격=$12,000÷(20×0.88)≒681.82[원]$
2) "나"밀가루 고형질 kg당 가격=$11,900÷(20×0.85)=700[원]$
   ∴ "가"회사의 밀가루가 유리

(8)밀가루의 수분과 흡수율에 관한 문제

입고 시 밀가루 수분이 13%일 때 흡수율이 63%였는데 저장 중 수분이 10%로 감소하면 흡수율은 얼마가 되는가? (소수 둘째자리까지 계산)

	고형질(%)	수분(%)	흡수율(%)	전체수분(%)
입고 시 밀가루	87	13	63	76
저장 중 밀가루	90	10	X	TW

1) TW×87=76×90→ TW=(76×90)÷87≒78.62[%]
2) 흡수율(X)=78.62-10=**68.62[%]**

(9) 초콜릿의 템퍼링에 관한 문제-1

밀크 초콜릿을 템퍼링할 때 처음 용해시키는 온도로 적당한 범위는?

46~48℃(50℃가 넘지 않도록→ 코코아 버터의 광택, 단백질 변질 방지)

(10) 초콜릿의 템퍼링에 관한 문제-2

초콜릿 템퍼링 중 베타형 입자를 형성하기 위한 제1차 조절온도는?

해답 32~35℃

(11) 패리노그래프의 밀가루 무게보정에 관한 문제

패리노그래프 시험을 하기 위하여 수분 15.50%인 밀가루를 수분 14.00% 기준으로 300g에 꼭 맞는 무게는? (소수 넷째자리까지 계산)

	고형질(%)	수분(%)	밀가루(g)
기준 밀가루	86.0	14.0	300
사용할 밀가루	84.5	15.5	X

84.5×X=86×300→X=25,800÷84.5≒**305.3254[g]**

(12) 침강 시험(Sedimentation Test)의 밀가루 무게보정에 관한 문제

수분=12.00%, 단백질=11.00%, 회분=0.480%인 밀가루를 침강 시험을 하기 위하여 수분=14.0%를 기준으로 하는 밀가루 4.0000g에 해당하는 무게로 보정하면 몇 g이 되는가? (소수 넷째자리까지 계산)

	고형질(%)	밀가루(g)
기준 밀가루	86	4
시험 밀가루	88	X

시험용이 고형질이 많으므로 무게가 감소한다.

88X=4×86

X=344÷88≒3.9091

∴ **3.9091g**

(13) 믹소그래프의 밀가루 무게보정에 관한 문제

수분 10%의 밀가루를 믹소그래프 시험을 하기 위하여 수분 14% 기준의 밀가루 35.0000g과 같은 수준으로 하려면 몇 g이 되는가? (소수 넷째자리까지 계산)

	고형질(%)	밀가루(g)
기준	86	35
시험	90	X

$90 \times X = 35 \times 86$

$90X = 3,010$

$X = 3,010 \div 90 ≒ 33.4444$

$∴ 33.4444g$

(14) 밀가루 단백질에 관한 문제

수분 12%일 때 단백질 12%인 밀가루는 수분 14%일 때 단백질은?

$88X = 86 \times 12$

$X = 1.032 \div 88 ≒ 11.7273$

$∴ 11.7273\%$

(15) 비타민 C 용액에 관한 문제

밀가루 1,400g에 대하여 15ppm의 비타민 C를 사용하려 한다.

1ℓ 의 물에 1g의 C를 용해시킨 용액은 몇 ㎖(cc)를 사용해야 하는가?

1) 밀가루에 대한 15ppm의 무게=$1,400 \times 15/1,000,000 = 0.021$[g]

2) 비타민C 용액 1㎖ 중 비타민C의 무게=$1/1,000 = 0.001$[g]

3) 사용할 용액=$0.021 \div 0.001 = 21$[㎖] 또는 21[cc]

(16) 비터 초콜릿(bitter chocolate)의 성분에 관한 문제

비터 초콜릿 32% 중에 들어있는 코코아 버터는 유화쇼트닝의 기능으로 얼마에 해당되는가?

1) 코코아 버터=$32 \times 3/8 = 12$[%]

2) 코코아 버터는 유화쇼트닝의 1/2 효과→$12\% \times 1/2 = 6\%$

(17) 초콜릿의 성분에 관한 문제-1

제조회사에 따라 다르지만 가당 다크 초콜릿에 설탕 35%, 향과 유화제 1%를 제외한 나머지가
전통적인 비터 초콜릿인 제품이 있다. 이 초콜릿 10kg 중 코코아 버터의 함량은?
  1) 비터 초콜릿(%)=100-(35+1)=100-36=64[%]
  2) 코코아 버터(%)=비터 초콜릿×3/8=64×3/8=24[%]
  3) 초콜릿 10kg 중 코코아 버터=10kg×0.24=**2.4[kg]**

(18) 초콜릿의 성분에 관한 문제-2

17번의 문제에서 옐로 레이어 케이크를 초콜릿 케이크로 바꿀 때, 초콜릿을 25% 사용한다면
본래 사용하던 유화쇼트닝 55%는 얼마로 조정해야 하는가?
  1) 초콜릿 중의 코코아 버터=25%×0.24=6%
  2) 코코아 버터 6%에는 유화쇼트닝 3% (6%×1/2)
  3) 유화쇼트닝의 변화=55-3=52[%]
     ∴ 55%→ **52%**

(19) 화이트 초콜릿의 성분에 관한 문제

다음과 같은 비율로 구성된 화이트 초콜릿의 성분이 아닌 것은?

> 43.0%, 35.0%, 21.0%, 0.6%

가. 설탕   나. 코코아 버터   다. 코코아   라. 유화제

해 답 다. 코코아

(20) 발효성 탄수화물에 관한 문제-1

설탕(자당) 1,000g을 일반 포도당(함수포도당)으로 대치할 때, 발효성 탄수화물을 기준으로
얼마와 같은가? (소수 미만은 반올림하여 정수로 한다.)
  1) 설탕 100g→ (포도당+과당) 105.26g
  2) 함수포도당 분자식=$C_6H_{12}O_6 \cdot H_2O$
     → 발효성 탄수화물=180/198%≒90.91%
  3) 대치량=1,000×1.0526÷0.9091≒1,157.85→ 반올림→ **1,158g**
     또는 정수로 계산하거나 전제를 한 경우(105%, 91%)
     1,000×1.05÷0.91≒1,153.8→ **1,154g**

(21) 발효성 탄수화물에 관한 문제-2

일반 포도당(함수포도당) 1,000g을 설탕으로 대치할 때, 발효성 탄수화물을 기준으로 몇 g을 사용하는가? (1g 미만은 반올림)

    1) 함수포도당 100% → 무수포도당 90.91%(←100×0.9091)

    2) 무수포도당 100% → 설탕 95.00%(←100÷105.26%)

    3) 대치량=1,000×0.9091×0.95=864.215 → 반올림→ **864g**

       정수로 계산하는 경우, 1,000×0.91×0.95=864.5 → 865

(22) 이스트 사용량과 발효시간에 관한 문제-1

이스트 2%를 사용할 때 발효시간이 4시간이라면 발효시간을 2.5시간으로단축시킬 때 이스트의 사용량은?

이스트(%)	밀가루(g)
2	4
X	2.5

이스트 양과 발효시간은 반비례 관계

$2.5×X=2×4$

$X=8÷2.5=3.2[\%]$

∴ **3.2%**

(23) 이스트 사용량과 발효시간에 관한 문제-2

이스트 2.4%를 사용할 때 적정 발효시간이 3.5시간이었다.
만약 이스트를 3% 사용하면 발효시간은 얼마가 되겠는가?

    현재(이스트×발효시간)=변경(이스트×발효시간)

    변경 발효시간을 X라 하면,

    $2.4×3.5=3×X$

    $3X=8.4$

    $X=8.4÷3=2.8[시간]$→ **2시간 48분**

    ※ 2.8시간의 2는 2시간, 0.8시간=60분×0.8=48분

(24) 식빵과 pH에 관한 문제-1

완제품 식빵의 pH가 6.0 이상이면 어떤 상태의 반죽으로 만든 것인가?

pH	5.0 이하	←5.7→	6.0 이상
반죽의 상태	지친 반죽	정상 반죽	어린 반죽

해 답 어린 반죽

※ 빵 발효와 pH

제빵 공정	스펀지 믹싱 후	스펀지 발효 후	본반죽 믹싱 후	2차 발효 후	굽기 후
pH	5.5	4.6	5.4	4.9~5.0	5.7

(25) 식빵과 pH에 관한 문제-2

일반적인 빵 발효 공정 중 pH가 가장 낮은 공정은?

가. 스펀지 믹싱 후　　　　　　　　나. 스펀지 발효 후
다. 본반죽 믹싱 후　　　　　　　　라. 굽기 종료 후

해 답 나. 스펀지 발효 후

(26) 설탕시럽의 당도에 관한 문제-1

단순시럽은 설탕 200에 물 100의 비율로 용해시킨 시럽이다.
당도는 몇 %가 되는가?

용질(solute)	용매(solvent)	용액(solution)
설탕	물	설탕물(시럽)

$$당도 = \frac{용질}{용액} \times 100 = \frac{200}{300} \times 100 ≒ \mathbf{66.67[\%]}$$

(27) 설탕시럽의 당도에 관한 문제-2

설탕 300g에 물 100g을 넣어 시럽을 만들면 당도는 몇 %인가?
당도=300/400×100=**75[%]** (용액=300+100=400)

(28) 설탕시럽의 당도에 관한 문제-3

설탕 120%, 물 71%의 비율로 시럽을 만들려고 한다. 보습성을 높이기 위하여 설탕을 90% 사용하고 나머지는 이성화당시럽으로 대치하기로 하였다.

이성화당시럽의 고형질이 75%일 때, 같은 당도가 되게 하려면 이성화당과 물의 배합량은?

    1) 설탕 30%를 대치할 이성화당=30÷0.75=**40[%]**

    2) 이성화당 중 수분의 양=40×0.25=10[%]

    3) 물의 비율(%)=71-10=**61[%]** (배합상의 물에서 이성화당 중의 수분 양 만큼 뺀다.)

(29) 노타임 반죽법에 관한 문제

노타임(No Time)법의 특징은 반죽의 믹싱시간과 발효시간을 단축하는 방법이다.

일반 스트레이트법과 구별되는 첨가물은?

    환원제 첨가→ 믹싱시간 단축

    산화제 첨가→ 구조를 강화

(30) 머랭과 주석산크림(주석산칼륨)에 관한 문제

동물이나 꽃을 만드는 머랭을 만들 때 흰자에 주석산크림을 사용하는 이유를 등전점(等電點)의 측면에서 설명하시오.

    1) 단백질은 등전점 근처에서 강한 구조를 형성한다.

    2) 대부분의 단백질(흰자 포함)은 등전점이 산성에 있다.

    3) 흰자는 알칼리성이므로 주석산칼륨을 첨가, 산성화함으로써

        ① 머랭의 구조를 튼튼하게 하고 ② 색상을 희게 하는 효과가 있다.

(31) 수분 함량의 계산에 관한 문제

재료	비율(%)	재료 중 수분(%)
박력분	100	15
설탕	150	–
계란	200	75

위의 배합률과 같은 스펀지 케이크를 제조하는데 믹싱, 굽기 등에서 손실이 10% 발생한다면 완제품의 수분 함량은 얼마가 되는가?

    1) 재료 중의 수분=100×0.15+200×0.75=15+150=165

    2) 손실 수분=450×0.1=45 (총 배합률=450%)

3) 손실 후 제품에 남는 수분=165−45=120

4) 손실 후 제품의 무게=450−45=405

5) 완제품의 수분 함량= $\dfrac{165-45}{450-45} \times 100 = \dfrac{120}{405} \times 100 ≒ 29.63[\%]$

(32) 손실을 점검하는 공정에 관한 문제-1

균일한 제품을 반복 생산하는데 있어 작업을 간편하게 하기 위하여
제품별로 작업 표준서를 작성하여 활용한다.
다음 항목 중 전형적인 아이스박스 쿠키와 관계가 없는 것은?

가	나	다	라	마	바	사
믹싱 작업	정형 작업	냉동과 해동	2차 발효실	굽기 작업	냉각	포장

※쿠키는 발효제품이 아니므로 발효실이 필요 없다.

해답 라. 2차 발효실

(33) 손실을 점검하는 공정에 관한 문제-2

빵·과자공정표의 다음과 같은 항목 중에서 손실을 점검하지 않는 공정은?

가	나	다	라	마
분할 후	정형 후	오븐에 넣은 후	가공·마무리한 후	포장 후

※ 오븐에 들어있는 동안의 손실점검은 구하기 어렵기도 하지만 의미가 적다.

해답 다. 오븐에 넣은 후

(34) 작업환경에 관한 문제

제과점 공장의 조명도는 작업능률과 관계가 높다.
다음 중 조도(Lux)가 가장 높아야 하는 작업은?

가	나	다	라	마
믹싱	발효	정형	포장	수작업 데커레이션

※ 수작업 데커레이션은 섬세한 작업이 요구되므로 평균 500Lux가 필요
보통 발효작업은 30~70Lux, 기타 작업은 150~300Lux정도

해답 마. 수작업 데커레이션

(35) 공장의 인원관리에 관한 문제

식빵 생산라인에 다음과 같은 인원이 배치되어 있고 결근, 훈련 등을 감안하여 15%의 여유인원을
유지하려면 몇 명을 두어야 하는가?

믹서 담당	팬 담당	분할~정형 담당	2차 발효실 오븐 입구	오븐출구 담당	포장	반장
3명	1명	3명	2명	3명	7명	1명

   1) 현재 인원=3+1+3+2+3+7+1=20[명]
   2) 여유율 15%를 감안할 경우=20×1.15=**23**[**명**]
   ※ 추가 인원=20×0.15=3[명]

(36) 생산계획에 관한 문제

제과회사의 연간 생산계획을 설정하는데, 1)생산량계획 2)설비계획(기계, 설비) 3)제품계획 4)합리화계획 5)
교육훈련계획 등이 포함된다. 이 외에 꼭 필요한 계획은 무엇인가?

   ※ 판매계획에 의한 생산량계획이 확정되면 설비와 인원이 필수적이다.

해 답 인원계획

(37) 생산일보에 관한 문제

빵 · 과자 공장의 생산일보에 기재하는 1)생산액 2)인원 3)생산성 4)능률의 4가지 항목 중 기준 또는 목표에
대한 실적을 비율(%)로 나타내기 어려운 것은?

해 답 능률

(38) 공정관리에 관한 문제

믹싱	정형	굽기	냉장보관	가공 · 마무리	포장
10분	15분	25분	40분	20분	10분

어떤 부서에서 A제품을 만드는 제조공정이 위와 같다.
오전 8시에 첫 번째 믹싱을 시작하면 10번째의 포장이 끝나는 시간은?
(작업조건은 연속적으로 작업할 수 있다.)

   1) 믹싱부터 포장이 끝나는 데 소요되는 시간
    =10+15+25+40+20+10=120[분]

2) 첫 번째 믹싱한 제품이 완성되어 나오는 시각=8시+2시간→10시

3) 10번째 제품은 첫 번째 제품보다 10분×9=90분 늦게 완료된다.

∴ 10시+1시간 30분→ **11시 30분**

(39) 생산관리 및 생산실적의 점검에 관한 문제

생산부의 중간 점검표가 다음과 같을 때 가장 집중적으로 독려해야 할 품목은 어느 것인가?

XXXX년 XX월 18일

1일부터 17일까지 (단위 : 1,000원)

	품목	당월 생산목표	1~17일 목표	1~17일 실적	달성률 (%)	전년도 동기실적
1	식빵	36,000	20,200	21,400		18,580
2	과자빵	23,400	13,500	12,942		12,800
3	조리빵	4,000	2,240	2,800		2,050
4	**양과자**	7,000	4,020	3,680		3,820
5	화과자	7,520	4,340	4,500		3,950
	합계	77,9204	4,320	45,322		41,200

1) 먼저 목표보다 실적인 많은 항목은 제외한다.

2) 달성율(실적/목표)를 계산하여 달성율이 가장 낮은 품목을 조치한다.

양과자 3,680÷4,020×100≒**91.54%**

과자빵 12,942÷13,500×100≒95.87%

양과자 91.54%〈과자빵 95.87%

∴ **양과자**에 주력해야 한다.

(40) 제품의 특성에 관한 문제

대중성이 강한 제품에 대한 특수성이 큰 제품의 설명으로 틀리는 것은?

가	나	다	라
품질	가격	수량	원재료비의 비율
좋다	높다	적다	높다

※ 특수성이 큰 제품은 수작업이 많거나 가공도가 높아 생산효율이 떨어지는
반면 가격이 높기 때문에 원재료비의 비율은 낮아진다.

해 답 라. 원재료비의 비율이 높다

(41) 도넛의 발한(發汗=Sweating)에 관한 문제

도넛에 묻힌 설탕이 녹는 **발한현상**을 예방하는 조치를 열거하시오.

> **해 답** · 도넛에 묻히는 설탕의 양 증가
> · 충분한 냉각
> · 냉각 중 더 많은 환기
> · 튀김시간 연장
> · 적당한 점착력이 있는 튀김기름 사용
> · 튀김기름에 스테아린을 첨가

(42) 생산관리의 조직에 관한 문제

생산관리의 조직을 1)라인조직 2)직능조직 3)라인과 스태프조직 4)사업부제 조직으로 크게 나눌 때 지휘, 명령계통의 일원화로 부서의 질서유지가 용이하지만 수평적 분업이 잘 이루어지지 않아 경영능률이 저하되는 결점이 있는 조직은?

> **해 답** 라인조직

(43) 호밀빵과 사워(sour)종에 관한 문제

호밀빵을 만들 때 사워종를 사용하는 주된 이유 2가지는 무엇인가?

1) 글루텐 형성을 저해하는 검(gum)류의 작용을 감소→ 부피를 크게 한다.
2) 사워의 여러 가지 유기산이 호밀빵의 풍미를 풍부하게 한다.

(44) 롤 케이크의 말기(rolling)에 관한 문제

롤 케이크를 말 때 겉면이 터지거나 스펀지 원판이 부러지는 경향이 많은 경우에 조치해야 할 사항을 크게 3가지로 요약하시오.

기 능	조 치 내 용
1. 보습성(保濕性)의 증대	설탕 일부를 보습성이 큰 물엿, 시럽으로 대치
2. 팽창요인의 감소	베이킹 파우더의 사용 감소, 믹싱의 상태 조절
3. 오버 베이킹 엄금	저온 장시간에서 굽지 않음

(45) 이스트 푸드의 기능에 관한 문제

제빵에 있어 이스트 푸드의 주된 기능을 3가지로 요약하여 설명하시오.

기 능	내 용
1. 물 조절제	물의 경도를 120~180ppm으로 조절, Ca염, Mg염
2. 반죽 조절제	산화제 사용, $-SH \rightarrow$ (산화) $\rightarrow -S-S-$(반죽의 탄력성↑)
3. 이스트의 영양	암모늄류→ 이스트 세포에 질소(N)를 공급

(46) 밀가루 수분과 회분에 관한 문제-기출문제

수분 12%, 회분 0.5%를 가진 밀가루의 수분함량이 15%가 된다면 회분은 몇 %가 되는가?
(소수 넷째자리까지 계산)

수분(%)	고형질(%)	회분(%)
12	88	0.5
15	85	X

$88X = 85 \times 0.5 = 42.5$

$X = 42.5 \div 88 \fallingdotseq 0.4830[\%]$

(47) 반죽의 비중에 관한 문제

비중컵무게=40g, 반죽+비중컵무게=150g, 물+비중컵무게=240g인 경우의 A반죽과
비중컵무게=40g, 반죽+비중컵무게=120g, 물+비중컵무게=240g인 경우의 B반죽 중에서
분할 무게가 같을 때 일반적으로 부피가 큰 반죽은? (근거를 계산)

1) A반죽의 비중$= \dfrac{150-40}{240-40} = \dfrac{110}{200} = 0.55$

2) B반죽의 비중$=(120-40) \div (240-40) = 0.4$
 비중이 낮을수록 반죽에 공기가 많이 들어있으므로 부피가 커진다.
 ∴ B반죽의 부피가 더 크다.

(48) 생산계획-재료(밀가루)준비에 관한 문제

완제품 450g인 파운드 케이크 1,000개를 생산하라는 지시를 받았다. 배합률은 400%, 믹싱 손실이 2%, 굽기 손실이 10%일 때 1포대 20kg용 밀가루 몇 포대를 준비해야 하는가?

1) 완제품 무게=450g×1,000=450,000g=450kg
2) 분할 무게=450÷0.9=500[kg]
3) 재료 무게=500÷0.98≒510.20[kg]
4) 밀가루 무게=510.2÷4=127.55[kg]
5) 1포대 20kg인 밀가루의 포대 수=127.55÷20=6.3775→ 올림→ **7포대**

(49) 글루텐의 단백질에 관한 문제

밀에서 뽑은 활성글루텐을 분석하였더니 질소(N)가 14%였다. 이 글루텐의 단백질은 얼마인가?

1) 밀가루 제품의 질소계수=**5.7**
2) 단백질 비율(%)=질소(%)×5.7=14%×5.7=**79.8%**
(일반식품의 경우는 14%×6.25=87.5%)

(50) 패리노그래프에 관한 문제

밀가루의 물리적인 제빵성을 측정하는 패리노그래프로 알 수 없는 항목은?

가. 밀가루 흡수율 　　　　　　　나. 믹싱 내구성
다. 반죽의 신장성 　　　　　　　라. 믹싱시간
※ 신장성은 Extensograph 등을 사용

해 답 다. 반죽의 신장성

(51) 연속식 제빵법에 관한 문제

연속식 제빵법에서 고속회전에 의하여 글루텐을 발달시키는 장치를 무엇이라 하는가?

가. 예비혼합기(premixer) 　　　　나. 열교환기(heat exchanger)
다. 분할기(divider) 　　　　　　라. 디벨로퍼(developer)

해 답 라. 디벨로퍼

(52) 빵의 노화에 관한 문제

포장을 완벽하게 하더라도 시간이 경과됨에 따라 빵의 제품에 노화가 일어나는 주요한 원인은
다음 중 어느 것인가?

가. 빵 내부에서 수분이 이동 　　　나. 빵 표면에서 수분이 증발
다. 향의 강도가 감소 　　　　　　라. 전분의 퇴화가 진행

해 답 라. 전분의 퇴화가 진행

(53) 물리적 측정기에 관한 문제

재료 계량 및 믹싱시간의 오판 등 작업자의 잘못으로 일어나는 사항과 계량기의 부정확,
기계의 잘못을 믹싱 단계에서 계속적으로 확인하여 잘못을 수정할 수 있도록 해 주는 장치는?

    가. 패리노그래프(Farinograph)   나. 믹사트론(Mixatron)

    다. 아밀로그래프(Amylograph)   라. 익스텐소그래프(Extensograph)

> **해답** 나. 믹사트론

(54) 비상 스펀지 · 도의 제법에 관한 문제

일반 스펀지법에서 스펀지에 35%, 도(dough)에 28%의 물을 사용했다면 이것을 비상 스펀지 · 도법으로
전환시킬 때 스펀지에 사용할 물의 양은?

    1) 비상 스펀지 · 도의 가수량=일반 스펀지/도−1=(35+28)−1=62[%]

    2) 비상 스펀지법에서는 가수량의 전체를 스펀지에 사용→ **62%**

(55) 빵 발효에 따른 현상변화에 관한 문제

빵을 발효시킬 때 온도와 pH는 어떻게 변하는가?

    가. 온도와 pH가 동시에 상승   나. 온도와 pH가 동시에 하강

    다. 온도는 하강하고 pH는 상승   라. 온도는 상승하고 pH는 하강

발효	생성물	현상의 변화	
$C_6H_{12}O_6$	$2CO_2$	팽창 → 부피	
(단당류)	$2C_2H_5OH$	알코올 → 유기산	산성화 → pH 하강
+치마아제			향 발생
(zymase)	칼로리	반죽온도 상승 (예 : 24℃ → 28℃)	

> **해답** 라. 온도는 상승하고 pH는 하강

(56) 생산수율의 계산에 관한 문제

20kg인 밀가루 10포대를 사용하는 믹서에 반죽을 믹싱하여 600g씩 분할하는 식빵을 585개를 생산하면
총 배합률이 180%인 경우 분할시까지 총 재료에 대한 수율은 얼마인가?

    1) 총 재료 무게=20kg×10×1.8=360kg

    2) 분할시 반죽 무게=600g×585=351,000g=351kg

    3) 수율=351/360×100=**97.5%** (손실=2.5%)

(57) 퍼프 페이스트리에 들어가는 반죽용 유지의 양에 관한 문제

퍼프 페이스트리 반죽에 넣는 유지가 1과 같을 때 3에 비하여 상대적으로 나타나는 현상은?

	1	2	3
반죽용 유지	10%	25%	40%
충전용 유지	90%	75%	60%

가. 밀어 펴기가 용이하다.
나. 연하고 부드러운 제품이 나온다.
다. 결이 분명하지 않고 층이 조밀하다.
라. 결 형성이 좋고 부피도 양호하다.

해답 라. 결 형성이 좋고 부피도 양호하다

(58) 칼로리 계산에 관한 문제

간이식사로 토스트 빵 2조각에 베이컨 3조각, 양배추 50g을 샌드하여 먹고 우유 1잔을 마시면 칼로리는 얼마가 되는가?

	무게(g)	지방(g)	탄수화물(g)	단백질(g)	칼슘(mg)
토스트 1조각	23	1	12	1	20
베이컨 3조각	24	15	2	5	4
양배추	50	–	3	1	23
우유 1잔	250	10	12	9	280

1) 토스트 빵 2조각=$(9 \times 1 + 4 \times 13) \times 2 = (9 + 52) \times 2 = 122$[Cal]
2) 베이컨 3조각=$(9 \times 15) + (4 \times 7) = 135 + 28 = 163$[Cal]
3) 양배추=$4 \times 4 = 16$[Cal]
4) 우유=$(9 \times 10) + (4 \times 21) = 90 + 84 = 174$[Cal]
5) 합계=$122 + 163 + 16 + 174 = $**475**[Cal]

(59) 오버 런(over run)에 관한 문제

생크림 1,000cc로 2,500cc의 크림을 만들었다면 증량률은 얼마인가?

$$증량율 = \frac{최종부피 - 최초부피}{최초부피} \times 100 = \frac{2,500 - 1,000}{1,000} \times 100 = \textbf{150\%}$$

(60) 탕 푸르 탕(프랑스어, tant pour tant)에 관한 문제

비스퀴 마카롱을 만드는데 쓰이는 탕 푸르 탕(T·P·T)는 어떤 재료인가?

> **해 답** 아몬드 파우더와 설탕을 1:1로 혼합한 재료

(61) 설탕공예에 관한 문제

설탕꽃을 만들기 위한 시럽의 온도는?

> **해 답** 155℃ 전후, Hard Crack

(62) 생산관리의 점검항목에 관한 문제

생산관리의 점검항목 중 매일 점검하지 않아도 좋은 항목은?

	점검항목	내용
가.	생산량	무게, 개수, 생산액
나.	노동량	사용인원, 출근인원, 잔업인원
다.	원재료	원재료비, 포장재료비, 원료 비율
라.	가공손실	불량개수, 손실개수, 불량율

※ 원재료는 매월, 매년 단위로 점검해도 된다.

> **해 답** 라. 원재료

Chapter 2

실기 강의

실기제품제작 **오병호**

1. 프랑스빵

(1) 배합표 및 요구사항

재 료	%	g
강력분	100	1,000
물	60	600
이스트	4	40
제빵개량제	1	10
소금	2	20
비타민 C	15ppm	A
계	B	C

※비타민 C는 비율의 합계에서는 제외하고 1㎖는 1g으로 본다.
※여기의 배합표는 예시이므로 배합율과 무게가 변할 수 있다.
1) 발효 손실=2%, 굽기 손실=20%일 때 완제품 1개의 무게가 262g인 제품 5개 생산
2) 비타민 C는 물 1ℓ에 비타민 C 1g을 용해시킨 용액 사용
3) 스트레이트법, 반죽온도=24℃를 기준
4) 정형 바게트의 길이=45cm, 4군데 자르기
5) 밀가루 1g 미만은 버림으로 정수 처리
※A=15㎖, B=167, C=1,685

(2) 제조실제

①

미싱 : 저속 2~3분 중속 7~8분

→ 글루텐을 70~80% 만드는 기분으로 반죽한다. 그러나 맛보다 모양을 중시하려면 글루텐을 100%까지 만드는 편이 좋다.

②

반죽온도 : 24℃

③

1차 발효 : 온도 27℃, 습도 75%, 40분간

④

분할 : 330g

→ 성형하고자 하는 모양을 생각하여 약간 길게 둥글리기를 한다. 이때 잘린 단면을 안으로 넣기만 한다는 기분으로 가볍게 한다.

⑤

벤치 타임 : 20분간

⑥

성형 : 바게트형, 45cm

→ 접어 붙이는 식으로 2~3회 반복하면서 모양을 만들어 나간다.

전반적으로 반죽의 표면을 당겨주듯이 성형을 해야 쿠프(coupe, 칼집)를 넣은 곳이 잘 벌어진다.

→ 팬 위에 목면을 깔고 성형한 반죽을 올린 후 목면을 올려 반죽과 반죽 사이에 벽을 만들어준다.

⑦

2차 발효 : 온도 32℃, 습도 75%, 60분간

⑧

굽기 : 250℃로 예열한 오븐에 넣고 180℃로 온도를 낮춘다. 스팀(steam) 3초 주입, 30~40분간

→ 적당히 발효된 빵을 슬립 벨트(slip belt) 위에 올리고 쿠프를 4군데 넣는다. 쿠프는 반죽 표면의 한 껍질을 벗기는 기분으로 그어준다. 반죽의 끝에서 끝까지 그어주어야 벌어진 빵의 모양이 아름답다.

포인트

1. 발효점 찾기
2. 반죽의 되기 조절하기
3. 쿠프를 넣는 방법
4. 오븐온도의 변화 : 250℃/250℃→ 5분경과→180℃/0℃→30분간 더 굽는다.

2. 데니시 페이스트리

(1) 배합표 및 요구사항

재 료	%	g
강력분	100	900
물	45	405
이스트	5	45
소금	2	18
설탕	15	135
마가린	10	90
탈지분유	3	27
계란	15	135
충전용 마가린	반죽의 40%	702
계	A	2,457

1) 믹싱과 휴지 손실=2.32%
2) 최종 밀어 펴기 후 무게=1,200g×2
3) 밀가루 무게의 1g 미만은 버려서 정수 처리
4) 스트레이트법으로 반죽을 만든다.
5) 반죽온도=20℃전후
6) 접기와 밀어 펴기는 3×3
7) 전체 반죽을 2등분하여 ①초생달형 ②달팽이형으로 만든다.
8) 상품가치가 가장 높은 제품으로 제조한다.
※A=273

(2) 제조실제

①

믹싱 : 중·저속 1~2분

→ 유지가 반죽에 적당히 섞일 정도만 믹싱하여 실온에 5분간 둔 후 반죽을 비닐에 싸서 넓게 펴고 30분간 냉장한다.

②

유지 싸기 : 충전용 마가린을 납작한 사각형으로 만든 후 반죽으로 사방에서 싼다.

③

밀어 펴기 : 장방형으로 밀어 3번 접기를 한 후 반죽을 90° 돌려 다시 장방형으로 밀어 3번 접고 45분간 냉장한다. 한 번 더 밀어 3번 접기를 한다.

④

성형 : 반죽을 반으로 나누어 만들 모양에 따라 두께와 크기를 조절하여 민다.

① 달팽이형

반죽을 5mm 두께로 밀고 가로가 30cm가 나오도록 한다.

이 반죽을 가로 1.5cm가 되도록 얇고 길게 잘라 트위스트를 한 후 돌려 둥그렇게 만다.

준비해 둔 은박지 컵에 담는다.

② 초생달형

반죽을 3mm 두께로 밀고 높이 20cm, 밑변 10cm인 이등변 삼각형으로 재단한다.

밑변의 가운데를 1~2cm 정도 갈라 바깥쪽으로 밀면서 말아간다.

적당한 간격을 주면서 패닝한다.

⑤

2차 발효 : 온도 28℃, 습도 75%, 60분간

→ 충전용 유지의 융점보다 발효실 온도가 높으면 유지가 녹아 흘러 빵이 부풀지 않게 된다.

⑥

굽기 : 표면에 계란물칠을 해준 후 190℃ 오븐에 10~15분간 굽는다.

포인트

1. 반죽의 되기 조절하기 : 손으로 정형할 경우엔 약간 진 편이 좋고, 기계로 정형할 경우엔 약간 된 편이 좋다.

2. 파이용 마가린을 사용하고 휴지기간은 반죽을 기준으로 한다.

3. 최초의 1차 밀어 펴기를 할 때 가능한 길게 밀어준다.

3. 모카빵

▶ 비스킷

재 료	%	g
박력분	100	550
버터	20	110
설탕	40	220
계란	20	110
베이킹 파우더	1.5	8.25
우유	10	55
계	191.5	1,053.25

※ 비스킷의 배합율과 무게는 변할 수 있음
1) 분할 무게 115g×9개
2) 분할까지의 손실=1.73%
3) 밀가루 1g 미만은 올려서 정수로 함
4) 다른 재료는 밀가루를 기준으로 계산
5) 본반죽에 맞도록 재단하여 정형(120g)
6) 비스킷 껍질이 균일하게 터지는 제품

(1) 배합표 및 요구사항

▶ 본반죽

재 료	%	g
강력분	100	1,100
물	45	495
이스트	4	44
제빵개량제	1	11
소금	2	22
설탕	15	165
마가린	12	132
탈지분유	3	33
계란	10	110
커피	1.5	16.5
건포도	10	110
호두	5	55
계	208.5	2,293.5

※일반적인 배합표이므로 비율과 무게 변경
1) 분할 무게 250g×9개
2) 분할까지의 손실=1.85%
3) 밀가루 1g 미만은 올려서 정수로 처리
4) 다른 재료는 밀가루를 기준으로 계산
5) 스트레이트·도법으로 만든다. (유지는 클린업 단계에서 투입)
6) 반죽온도=27℃
7) 럭비공 모양으로 정형(분할무게=250g)
8) 정형 후 비스킷 반죽을 씌우는 방법 사용

(2) 제조실제

① 믹싱 : 저속 2~3분 중속 8분

→ 글루텐을 100% 만드는 기분으로 한다.

② 반죽온도 : 27℃

③ 1차 발효 : 온도 27℃,
습도 75~80%, 40분간

④ 토핑용 비스킷 만들기
① 버터와 설탕을 섞어 크림상태로 만든 후 계란을 나누어 넣어가면서 섞는다.
② 여기에 체에 친 밀가루, 베이킹 파우더를 넣고 섞는다.
③ 마지막으로 우유를 넣어 반죽의 되기를 조절하고 냉장고에 넣어 휴지시킨다.

⑤ 분할 : 250~300g(요구사항대로)

⑥ 벤치 타임 : 15분간

⑦ 성형 : 약간 길쭉하게 밀대로 밀어 편 후 럭비공 모양으로 성형한다. 여기에 만들어 둔 비스킷 반죽을 꺼내 분할하고 얇게 민다. 이때 비스킷의 크기는 반죽을 완전히 감쌀 수 있어야 한다.

비스킷으로 빵 반죽을 감싼 후 패닝한다.

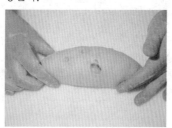

⑧ 2차 발효 : 온도 35℃, 습도 85%,
30~35분간

⑨ 굽기 : 200℃, 30분간

포인트

1. 믹싱은 글루텐을 100% 만드는 기분으로 믹싱하여 단과자보다 부피(volume)감을 살린다.

2. 성형 후 10분간 휴지를 준 후 토핑용 비스킷으로 코팅(coating)한다.

   이때 빵 반죽에 물을 분무한 후 비스킷을 위에 얹어야 잘 떨어지지 않는다. 또한 토핑용 비스킷을 철판과 빵 사이에 끼워 모양을 고정시킨다.

4. 브리오슈

(1) 배합표 및 요구사항

재 료	%	g
강력분	100	1,100
물	30	330
이스트	8	88
소금	1.5	16.5
마가린	20	220
버터	20	220
설탕	15	165
탈지분유	5	55
계란	30	330
브랜디	1	11
계	A	B

※배합율과 무게를 변경하여 출제할 수 있음
※본 배합표는 실기검정을 위한 자료임
1) 완제품 45g×50개를 생산
2) 발효 손실=2%
3) 굽기 손실=9.5%
4) 밀가루 1g 미만은 버림으로 정수화
5) 다른 재료는 밀가루를 기준으로 계산
6) 반죽은 스트레이트 · 도법 제조
7) 반죽온도=29℃
8) 분할은 1개당 50g
9) 오뚜기 모양으로 정형
※A=230.5, B=2,535.5

(2) 제조실제

①

믹싱 : 저속 1~2분 중고속 12~13분
→ 유지의 양이 많으므로 유지의 투입
시기와 양이 중요하다. 어느 정도
글루텐이 형성되면 분량의 1/2을 넣
고 발전 단계에 도달하면 나머지
1/2을 넣는다.

②

반죽온도 : 29℃

③

1차 발효 : 온도 27℃, 습도 75%,
30분간

④

분할 : 50g
→ 이중 14g 정도를 따로 떼어 놓는다.

⑤

벤치 타임 : 15분

⑥

성형 : 36g인 반죽을 둥글리기하
여 브리오슈 전용팬에 넣고 손가
락에 물을 묻혀 한가운데에 구멍
을 낸다. 14g인 반죽 끝을 뾰족하
게 하여 구멍에 맞추어 넣는다.

⑦

2차 발효 : 온도 35℃, 습도
80%, 30분간

⑧

굽기 : 표면에 계란물칠을 한 후
185℃/180℃ 오븐에 12분간 굽는다.

포인트

1. 믹싱은 단과자빵과 마찬가지로 글루
텐 80%를 만드는 정도로 한다.

2. 반죽에 유지를 투입하는 시기는 나
라마다 다르다. 프랑스는 처음부터,
일본은 나중에, 오스트리아는 반반
씩 나누어 투입한다.

3. 성형할 때 손가락을 90°가 되도록
하여 구멍을 낸다. 또한 머리부분의
꼭지부분을 너무 많이 뭉치지 않도
록 주의한다. 그렇지 않으면 머리부
분이 기울거나 떨어질 수 있다.

5. 더치빵

▶ 토핑

재 료	%	g
멥쌀가루	100	150
중력분	20	30
이스트	2	3
설탕	2	3
소금	2	3
물	80~100	120~150
마가린	30	45
계	A	B

※본반죽에 따라 배합표 변경 가능
1) 토핑은 표피가 균일하게 터지는 용도로 제조
2) 물은 범위 내에서 조절하여 되기를 맞춘다.
3) 총 재료는 354~384g으로 한다.
4) 멥쌀가루를 기준으로 계산
※A=236~256, B=354~384

(1) 배합표 및 요구사항

▶ 본반죽

재 료	%	g
강력분	100	1,150
물	60	690
이스트	3	34.5
제빵개량제	0.7	8.05
소금	1.8	20.7
설탕	2	23
쇼트닝	3	34.5
탈지분유	4	46
흰자	3	34.5
계	A	B

※배합율과 무게는 변경하여 출제 가능
1) 발효 손실=2%
2) 굽기 손실=10%일 때
3) 완제품 180g×10개의 배합표
4) 밀가루 1g 미만은 올려서 정수로 처리
5) 스트레이트·도법으로 제조
6) 반죽온도=27℃
7) 바게트 모양으로 제조
※A=177.5, B=2,041.25

(2) 제조실제

①

믹싱 : 저속 2~3분 중속 6~7분

②

반죽온도 : 24℃

③

1차 발효 : 온도 27℃, 습도 75%, 40분

④

토핑용 반죽 만들기

① 중력분, 이스트, 설탕, 소금, 약간의 물, 멥쌀을 한꺼번에 넣고 잘 섞는다.
② 녹인 마가린을 넣고 섞는다.
③ 나머지 물을 넣어 섞어가면서 되기를 조절한다.
④ 반죽온도는 27℃가 되게 하고 만든 후 1시간 정도 발효시킨다.

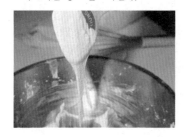

⑤

분할 : 200g

⑥

벤치 타임 : 10~15분

⑦

성형 : 밀대로 밀어 편 후 긴 럭비공 모양으로 성형하고 팬닝한다.

⑧

2차 발효 : 온도 35~38℃, 습도 80~85%, 25~30분간

→ 발효가 끝나면 토핑용 반죽을 꺼내 한 번 더 저어 부드럽게 풀어준 후 스파튤라나 붓으로 윗면에 골고루 펴 바른다.

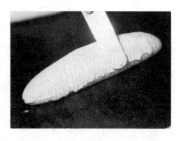

⑨

굽기 : 180~190℃의 오븐에 25~30분간 굽는다.

포인트

1. 토핑용 반죽의 되기 조절 : 물을 한 번에 넣지 말고 적당한 되기가 될 때까지 조금씩 넣어가면서 조절한다.

2. 토핑용 반죽이 많이 갈라지게 하기 위해서는 발효를 덜 준 상태에서 오븐에 넣어 효과적인 오븐 스프링(oven spring)을 유발한다.

6. 스펀지·도법 식빵

※ 요구사항

1) 스트레이트·도법의 배합표를 80:20의 스펀지·도법 배합표로 전환
2) 정상적인 스펀지·도법으로 식빵을 제조
3) 분할무게 176g인 반죽 3덩어리로 산(山)모양의 식빵 4개를 제조
4) 분할까지의 손실은 2%로 보고 밀가루 무게를 계산
5) 밀가루 1g 미만은 올려서 정수로 하고 다른 재료는 밀가루를 기준으로 비율에 따라 계산
6) 스펀지에 사용하는 물은 스펀지 밀가루의 55%를 사용

(1) 배합표 및 요구사항

재 료	%	스펀지		본반죽	
		%	g	%	g
강력분	100	a	b	A	B
물	63	c	d	C	D
이스트	2.5	e	f	–	–
소금	2	–	–	2	24
이스트 푸드	0.2	g	h	–	–
설탕	6	–	–	E	F
쇼트닝	5	–	–	G	H
탈지분유	3	–	–	I	J
계	T	i	j	K	L

(2) 밀가루 무게 계산

1) 총 배합율=179.7%
2) 분할반죽 무게=176g×3×4=2,112g
3) 재료 무게=2,112÷(1-0.02)=2,112÷0.98≒2,155.10
4) 밀가루 무게=2,155.10÷1.797≒1,199.28→올림→1,200[g]

※ a=80, b=960, c=44, d=528, e=2.5, f=30, g=0.2, h=2.4, i=126.7, j=1,520.4

A=20, B=240, C=19, D=228, E=6, F=72, G=5, H=60, I=3, J=36, K=53, L=636, T=179.7

(2) 제조실제

▶ 스펀지

①

믹싱 : 저속 2~3분

②

스펀지온도 : 24℃

③

발효 : 온도 27℃, 습도 75%,
2~3시간

▶ 도

①

믹싱 : 저속 2~3분 중속 4~5분
(스펀지 반죽+도의 재료)

②

반죽온도 : 27℃

③

플로어 타임 : 20분간

④

분할 : 176g

⑤

벤치 타임 : 10~15분간

⑥

성형 : 반죽을 밀대로 밀어 편 후
동그랗게 말고 이음새 부분을 봉
한다.
식빵 팬에 3개를 나란히 넣는데
이음새 부분이 팬의 바닥에 오도
록 한다.

⑦

2차 발효 : 온도 37℃, 습도 85%,
30~40분간

⑧

굽기 : 190℃ 오븐에서 25~30분
간 굽는다.

포인트

1. 발효점 찾기 : 일반적으로 스펀지의
   발효시간은 2시간 30분으로 잡는다.
2. 반죽온도 맞추기 : 발효시간이 길기
   때문에 반죽온도를 정확하게 맞추어
   야 한다.

7. 비상 스펀지·버터롤

(1) 배합표 및 요구사항

스트레이트법		비상 스펀지		본반죽	
재 료	%	%	g	%	g
강력분	100	〈80〉	〈880〉	〈20〉	〈220〉
물	50	〈50〉	〈550〉	〈-〉	〈-〉
이스트	3	〈4.5〉	〈49.5〉	〈-〉	〈-〉
이스트 푸드	0.2	〈0.2〉	〈2.2〉	〈-〉	〈-〉
소금	2	〈-〉	〈-〉	〈2〉	〈22〉
설탕	10	〈-〉	〈-〉	〈9〉	〈99〉
버터	15	〈-〉	〈-〉	〈15〉	〈165〉
탈지분유	3	〈-〉	〈-〉	〈3〉	〈33〉
계란	10	〈-〉	〈-〉	〈10〉	〈110〉
계	〈193.2〉	〈134.7〉	〈1,481.7〉	〈59〉	〈649〉
반죽온도	27℃	스펀지 온도	〈30℃〉		

1) 이스트 50% 증가, 믹싱 20% 증가
2) 스트레이트·도법을 비상 스펀지·도법으로 전환하여 버터롤을 제조
3) 분할무게 42g인 롤 50개를 제조
4) 분할까지의 손실은 1.46%로 계산
5) 필수적인 조치를 취하여 비상법으로 전환하여 배합표를 완성
6) 계산상 밀가루 1g 미만은 버려서 정수로 하고 다른 재료의 기준으로 함

(2) 밀가루 무게의 계산

1) 총 배합율 = 193.7%
2) 분할 무게 = 42g × 50 = 2,100 g
3) 재료 무게 = 2,100 ÷ (1−0.0146) = 2,100 ÷ 0.9854 ≒ 2,131.11[g]
4) 밀가루 무게 = 2,131.11 ÷ 1.937 ≒ 1100.21 → 1g 미만 버림 → 1,100[g]

(2) 제조실제

▶ 스펀지

①

믹싱 : 저속 2~3분

②

스펀지 온도 : 30℃

③

발효 : 온도 30℃, 습도 75%, 30~45분

▶ 도

①

믹싱 : 저속 2~3분 중속 6~7분 (스펀지 반죽+도의 재료)

②

반죽온도 : 27℃

③

플로어 타임 : 20분간

④

분할 : 42g

⑤

벤치 타임 : 5~10분간

⑥

성형 : 반죽을 올챙이 모양으로 만든 후 밀대로 밀어 머리부분부터 말아간다.

→ 일직선으로 올라오도록 말고 3개의 층이 나오도록 길이를 조절한다.

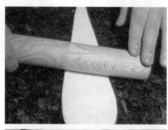

⑦

2차 발효 : 온도 37℃, 습도 85%, 30분간

⑧

굽기 : 180℃ 오븐에서 10분간 굽는다.

포인트

1. 일반적으로 단과자빵은 글루텐의 형성을 적게 한다. 그러나 버터롤은 부피감을 살리고자 하는 제품이므로 글루텐 형성을 100%가 되도록 한다.

2. 표면에 계란물칠을 할 때는 양을 적절히 조절하여 바닥까지 흐르지 않도록 한다.

8. 자연발효빵

(1) 배합표 및 요구사항

재 료	%	g
강력분	100	A
이스트	2	B
마가린	4	C
소금	2	D
설탕	3	E
사워종	20	F
물	59	G
계	H	I

※A=1,600, B=32, C=64, D=32, E=48, F=320, G=944, H=190, I=3,040

※자연발효종 20% 이상 사용한 배합표를 각자 작성하여 제조하는 문제도 가능

※사워(sour)종 제조에 대한 문제도 가능

1) 사워종(種)을 사용하여 빵을 제조
2) 완제품 450g인 빵 6개를 제조
3) 분할까지 손실=1.32%, 굽기 손실=10%
4) 밀가루의 1g 미만은 반올림하여 정수화
5) 럭비공 모양의 한 덩어리 제품으로 정형
6) 사워종은 공급

(2) 밀가루 무게 계산

1) 총 배합율=190%
2) 완제품 무게=450g×6=2,700g
3) 분할 무게=2,700÷(1-0.1)=2,700÷0.9=3,000[g]
4) 재료 무게=3,000÷(1-0.0132)=3,000÷0.9868≒3,040.13[g]
5) 밀가루 무게=3,040.13÷1.9≒1,600.07→1g 미만 반올림
　　→1,600[g]

(3) 제조실제

①

믹싱 : 저속 4분 중속 10~12분

〈사워종〉

②

반죽온도 : 24℃

③

1차 발효 : 온도 27℃, 습도 75%, 50분간

④

분할 : 450g

⑤

벤치 타임 : 30분간

⑥

성형 : 반죽을 돌려가며 손바닥으로 가볍게 누르는 듯하면서 성형한다. 럭비공 모양으로 만들면서 반죽을 조여 준다.

→ 바케트와 마찬가지로 목면을 이용하여 패닝하거나 심펠(simmpel)에 담아 패닝한다.

⑦

2차 발효 : 온도 32℃, 습도 80%, 60분간

→ 발효가 끝난 반죽을 슬립벨트 위에 얹고 밀가루를 뿌려준 후 쿠프를 넣는다.

⑧

굽기 : 250℃ 오븐에 스팀을 3초간 주입한 후 180℃에서 35분간 굽는다.

포인트

1. 성형할 때 럭비공 모양으로 하는데 반죽이 처질 수 있으므로 조이는 느낌으로 만든다.

2. 자연발효빵의 이미지를 살려 나뭇잎 모양이나 간단한 십(十)자 모양으로 쿠프를 넣어준다.

8-1. 호밀빵

(1) 배합표 작성

재 료	%	g
강력분	70	875
호밀가루	30	375
이스트	2	25
마가린	2	25
소금	2	25
호밀사워	40	500
물	56	700
캐러웨이 씨드	1	12.5
계	203	2,525

1) 분할 무게=500×5=2,500[g]
2) 재료 무게=2,500÷0.9853≒2,537.30
3) 밀가루 무게=2,537.30÷2.03≒1,249.9→1,250[g]
4) 사워의 양은 각자가 결정(40% 사용시)
5) 기타 재료도 각자가 사용량을 결정하지만 전체의 요구사항에
   맞추어 배합율 조절
6) 자연발효의 특성을 고려하여 제조

(2) 요구사항

1) 분할 무게 500g인 자연발효 호밀빵 5개를 제조하는 배합표를 작성
2) 분할시까지 손실은 1.47%, 밀가루 1g 미만은 올림으로 정수화
3) 호밀사워를 20% 이상 사용하는 배합표를 자유롭게 작성

(3)자연발효로 호밀빵 제조

▶ 호밀사워 만들기

물과 호밀가루를 1:1로 섞고 표면에 호밀가루를 듬뿍 뿌려 따뜻한 곳에 방치시킨다.

다음날 여기에 같은 양의 물을 붓고 다시 발효시킨다. 표면에 뿌려둔 호밀가루가 갈라지면 호밀가루와 약간의 물을 붓고 반죽한다.

다음날 처음 양의 반 정도되는 물과 호밀가루를 넣고 잘 섞은 후 발효시킨다.

이 다음날부터 처음 양의 호밀가루와 그 반 정도의 물의 붓고 발효시킨다.

마지막 단계를 3일간 반복한다.

▶ 도

①

믹싱 : 저속 4분 중속 8분

②

반죽온도 : 26℃

③

플로아 타임 : 15분

④

분할 : 500g

⑤

성형 : 자연발효빵과 마찬가지로 반죽을 돌려가며 손바닥으로 가볍게 누르는 듯하면서 성형한다. 둥글게 성형하거나 럭비공 모양으로 성형할 수도 있다.

→ 바게트와 마찬가지로 목면을 이용하여 패닝하거나 호밀가루를 뿌려둔 심펠(simmpel)에 담아 패닝한다.

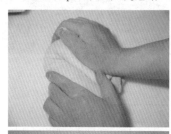

⑥

2차 발효 : 온도 30℃, 습도 80%, 60분

→ 발효가 끝난 반죽을 슬립벨트 위에 얹고 호밀가루를 뿌려준 후 쿠프를 넣는다.

⑦

굽기 : 230℃ 오븐에 40분간 굽는다.

포인트

1. 반죽의 내구성이 약하기 때문에 오래 발효시키지 않도록 주의한다.

2. 호밀에는 글루텐을 만들 수 있는 성분이 없기 때문에 믹싱을 오래 할 필요가 없다.

9. 버터 스펀지 케이크

(1) 배합표 및 요구사항

재 료	%	g
박력분	100	A
설탕	100	B
계란	200	C
소금	1	D
바닐라향	1	E
버터	25	F
계	G	H

※A=800, B=800, C=1,600, D=8, E=8, F=200, G=427, H=3,416

※배합표의 비율과 무게는 변화 가능

1) 완제품 600g인 케이크 5개 제조용 배합표
2) 분할까지 손실=2%, 굽기 손실=10.45%
3) 밀가루 1g 미만은 버림(소수 첫째자리)→정수
4) 반죽은 공립법, 반죽온도=24℃
5) 비중 측정

(2)밀가루 무게의 계산

1) 총 배합율=427%
2) 완제품 무게=600g×5=3,000g
3) 분할 무게=3,000÷0.8955≒3,350.08[g]
4) 재료 무게=3,350.08÷0.98≒3,418.45[g]
5) 밀가루 무게=3,418.45÷4.27≒800.57→1g 미만을 버림→800g

(3) 제조실제

①

믹서 볼에 계란을 넣고 잘 푼다. 잘 풀지 않으면 설탕이나 소금이 덩어리져서 케이크에 덩어리로 남게 된다.

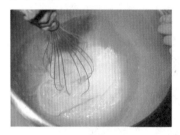

②

여기에 설탕과 소금을 넣고 중탕을 하면서 거품을 낸다.

③

· 처음엔 고속으로 90%까지 거품을 낸 후 나머지 10%는 중속으로 천천히 시간을 들여가며 거품을 낸다.
· 향을 넣는다.
· 밀가루를 고루 혼합한다.

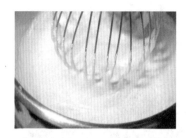

④

여기에 녹인 버터를 넣고 가볍게 섞어준다.

⑤

준비해 둔 팬에 담고 윗면을 골고루 펴준다. 윗면에 버터막이 남으면 구운 후 터지는 원인이 된다.

⑥

준비한 팬에 모두 담은 후 180℃/160℃로 예열한 오븐에 35분간 굽는다.

포인트

1. 계란을 완전히 푼 후 다른 재료와 혼합한다.
2. 계란에 설탕과 소금을 넣은 후 43℃로 중탕한다.
3. 사용하는 용해 버터의 이론적인 온도는 60℃이지만 반죽에 넣는 순간 온도가 급격히 떨어지므로 반죽 중 전분을 호화시키지는 않는다.

10. 코코아 스펀지 케이크

(1) 배합표 및 요구사항

재 료	%	g
박력분	100	A
코코아	15	B
계란	200	C
설탕	100	D
소금	2	E
바닐라향	1	F
버터	25	G
계	H	I

※A=600, B=90, C=1,200, D=600, E=12, F=6,
G=150, H=443, I=2,658

※완제품 550g인 코코아 스펀지 4개를 제조하는 배
합표를 작성

1) 분할시까지 손실=2%, 굽기 손실=15.5%
2) 밀가루 1g 미만은 올려서 정수로 계산
3) 반죽은 공립법으로 제조
4) 반죽온도는 24℃가 표준

(2) 밀가루 무게의 계산

1) 총 배합율=443%
2) 완제품 무게=550g×4=2,200g
3) 분할 무게=2,200÷0.845≒2,603.55[g]
4) 재료 무게=2,603.55÷0.98≒2,656.68[g]
5) 밀가루 무게=2,656.68÷4.43=599.70→1g 미만은 올림→600g

(3) 제조실제

①

계란을 잘 풀고 설탕과 소금을 넣은 후 중탕을 하면서 녹인다.

②

중탕한 믹서 볼을 옮겨 거품을 낸다.

③

처음엔 고속으로 거품을 내다가 중속으로 거품을 낸다.

④

· 여기에 녹인 버터와 바닐라 향을 넣고 재빨리 섞는다.
· 밀가루를 넣고 가볍게 섞는다.
· 또는 밀가루와 코코아를 체질하여 넣고 혼합한다.

⑤

코코아의 분산을 쉽게 하려면 다른 볼에 코코아 파우더를 담고 4배 정도 되는 따뜻한 물에 잘 푼다.

⑥

⑤를 ④에 넣고 잘 섞는다.

⑦

팬에 담고 180℃/160℃ 오븐에 35분 간 굽는다.

포인트

1. 반죽에 직접 코코아 파우더를 혼합하지 말고 따뜻한 물에 풀어서 사용한다.
2. 끓인 물을 이용하여 중탕으로 거품을 내면 짧은 시간에 원하는 만큼 거품 내는 것이 가능하다.

11. 시퐁 케이크

(1) 배합표 및 요구사항

재 료	%	g
노른자	A	B
설탕(A)	65	C
소금	2	D
식용유	30	E
물	25	F
바닐라향	0.5	G
박력분	100	H
베이킹 파우더	2	I
흰자	J	K
설탕(B)	65	L
주석산크림	0.5	M
계	N	O

※A=55, B=275, C=325, D=10, E=150, F=125, G=2.5, H=500, I=10, J=110, K=550, L=325, M=2.5, N=455, O=2,275

※다음의 조건에서 배합표를 완성

1) 분할 무게 560g인 제품 4개 제조

2) 분할까지의 손실은 1.53%

3) 계란은 165%로 노른자와 흰자로 분리하여 사용

4) 전통적인 시퐁 케이크 제조법으로 제조

5) 반죽온도는 23℃를 표준으로 함

6) 밀가루 1g 미만은 올려서 정수로 함(밀가루 산출근거를 제시)

(2) 밀가루 무게의 계산

1) 총 배합율=455%

2) 분할 무게=560g×4=2,240 g

3) 재료 무게=2,240÷0.9847≒2,274.80[g]

4) 밀가루 무게=2,274.80÷4.55=499.96→1g 미만 올림→500g

(3) 제조실제

①

믹서 볼에 흰자와 설탕 B를 넣고 거품을 올려 머랭을 만든다.

②

다른 볼에 노른자를 풀고 여기에 물과 식용유를 넣어 섞는다.

③

②에 설탕 A와 소금을 넣은 후 녹을 때까지 잘 저어 섞어준다.

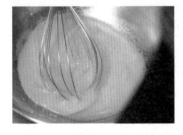

④

여기에 체에 친 박력분과 베이킹 파우더를 넣은 후 잘 섞어준다.

⑤

마지막으로 바닐라 향을 넣어준다.

⑥

약간의 ⑤를 떠서 머랭 1/3과 섞는다.

⑦

⑥을 나머지 ⑤와 섞는다.

⑧

여기에 나머지 머랭 2/3을 넣고 섞는다.

⑨

팬에 담은 후 180℃/160℃의 오븐에 25~30분 간 굽는다.

포인트

1. 재료 확인 : 계란은 반드시 흰자와 노른자를 나누어 사용한다.

2. 같은 비중에서 힘 있는 머랭(meringue)을 올리는 방법 : 처음에 고속으로 거품을 내어 흰자를 완전히 풀어준 후 설탕을 혼합한다. 60~70%까지 거품이 올라가고 중·저속으로 바꾸어 90%가 될 때까지 거품을 올린다.

12. 과일 케이크

(1) 배합표 및 요구사항

재 료	%	g
중력분	100	A
설탕	90	B
마가린	60	C
계란	100	D
우유	20	E
베이킹 파우더	1	F
소금	1	G
바닐라향	0.5	H
건포도	50	I
체리	40	J
호두	30	K
오렌지 필	30	L
럼주	20	M
계	N	O

※A=600, B=540, C=360, D=600, E=120, F=6,
  G=6, H=3, I=300, J=240, K=180, L=180,
  M=120, N=542.5, O=3,255

※마지팬을 씌우기 위한 원판 케이크로 과일 케이크
  를 만들려 한다.

1) 분할 무게 800g인 케이크 4개를 제조
2) 분할까지의 손실은 1.6%
3) 반죽은 크림법과 머랭을 사용하는 복합법으로 제조
4) 희망 반죽온도는 23℃를 표준
5) 과일은 럼주로 전처리
6) 제시된 원형팬에 반죽을 넣고 데커레이션 원판용으로 굽기를 한다.
7) 배합표의 밀가루 1g 미만은 올려서 정수로 하고 다른 재료는 비율대로 계산

(2) 예상 문제

1) 마지팬으로 전면을 씌운다.
2) 윗면의 중앙 상단에 마지팬으로 장미꽃 1송이와 잎사귀를 만들고 "Wedding Day"라는 사인을 초콜릿색으로 쓴다.
4) 옆면에 마지팬으로 레이스를 만들어 장식한다.
5) 다른 기능을 검정하고자 할 경우에는 별도로 요구한다.

(3) 밀가루 무게 계산

1) 총 배합율=542.5%
2) 분할 무게=800g×4=3,200g
3) 재료 무게=3,200÷(1−0.016)=3,200÷0.984≒3,252.03[g]
4) 밀가루 무게=3,252.03÷5.425≒599.45→1g 미만을 올림→600g

(4) 제조실제

①

흰자와 설탕 1/2를 넣고 머랭을 만든다.

②

포마드(pomade)상태의 마가린에 나머지 설탕 1/2을 넣고 섞은 후 노른자를 2~3회에 나누어 크림 (cream)화 한다.

③

과일과 견과류를 섞어 럼주와 우유를 섞은 볼에 담그고 전처리 한다.

④

1/3가량의 머랭을 2에 넣은 후 가볍게 섞는다.

⑤

여기에 체에 친 중력분과 베이킹 파우더를 넣고 잘 섞는다.

⑥

다시 여기에 전처리를 한 과일과 견과류를 넣고 섞는다.

⑦

나머지 머랭 2/3를 넣고 가볍게 섞는다.

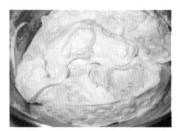

⑧

팬에 담고 175℃/155℃ 오븐에 40분 간 굽는다.

포인트

1. 재료 확인 : 설탕과 계란은 계량 후 반반씩 나누어 만드는 것을 잊지 않도록 유의한다.
2. 우유는 반죽온도에 맞추어 사용한다.
3. 호두는 다지지 말고 6등분하여 사용한다. 다지면 미세한 껍질이 떨어져 나가서 케이크의 외관상 나쁜 영향을 줄 수 있다.

13. 마지팬(343, 361~364면 참조)

(1) 배합표 및 요구사항

재 료	%	g
마지팬(모델링)	100	1,000
분당	20	200
코코아	10	100
색소	–	적당량

(2) 용도

1) 여러 가지 동물 만들기
2) 여러 가지 꽃 만들기
3) 꽃에 맞는 잎사귀 만들기
4) 기타 모형(신랑-신부, 기념물, 조형물 등) 만들기

14. 머랭(335~336, 353~354면 참조)

(1) 배합표 및 요구사항

재 료	%	g	비 고
흰자	100	300	–
설탕	200	600	가감 가능
분당	30	90	가감 가능
주석산크림	1	3	–

(2) 용도

1) 여러 가지 동물 만들기
2) 여러 가지 꽃 만들기
3) 잎사귀, 줄기 만들기
4) 기타

15. 버터 크림(333, 346~352면 참조)

(1) 배합표 및 요구사항

재 료	%	g
버터	100	–
설탕	40	가감 가능
물엿	10	〃
계란	10	〃
물	10	농도 조절
양주	5	가감 가능

(2) 용도

1) 샌드용
2) 아이싱용
3) 데커레이션용
※ 용도에 따라 자유롭게 제조

16. 사인(Sign)용 버터

(1) 기본 배합표

▶ 초콜릿색

재 료	%	g	비 고
다크 초콜릿	100	200	–
버터	50	100	가감 가능

▶ 흰색

재 료	%	g	비 고
화이트 초콜릿	100	200	–
버터	50	100	가감 가능

(2) 용도

1) 글씨쓰기용
  ① 초콜릿색
  ② 흰색
2) 여러 가지 꽃 만들기

17. 코팅용 초콜릿(338~342, 357면 참조)

(1) 기본 배합표 및 용도

	재 료	%	g	비 고	용 도
I	다크 초콜릿	100	500	–	· 가나슈 형태
	생크림	200	1,000	가감 가능	1) 케이크 전면의 코팅(coating)
	쇼트닝	20	100	가감 가능	2) 센터(center)용=온도에 유의 가감 가능
	식용유	10	50	가감 가능	
II	① 다크 초콜릿 ② 밀크 초콜릿 ③ 화이트 초콜릿	100	1,000	–	1) 코팅용 2) 초콜릿 단독사용 가능
	쇼트닝	20	200	가감 가능	

18. 초콜릿 플라스틱(359~360면 참조)

(1) 기본 배합표

	재 료	%	g	비 고
	다크 초콜릿	100	500	–
여 름	물엿	30	150	가감 가능
	카카오버터	20	100	가감 가능
겨 울	물엿	40	200	가감 가능
	카카오버터	10	50	가감 가능

(2) 용도

1) 초콜릿 꽃(온도와 농도에 유의)
2) 초콜릿 잎

19. 몰드 초콜릿(336면 참조)

(1) 기본 배합표 및 용도

구 분		재 료	%	g	비 고
껍 질 (shell)		① 다크 초콜릿 ② 밀크 초콜릿 ③ 화이트 초콜릿(커버처)	100	300	· 템퍼링이 중요 =광택과 되기의 조절
속 (center)	가나슈	밀크 초콜릿	200	600	· 피복용
		생크림	100	300	· 센터의 종류에 따라 배합율 조정
		양주	20	60	· 뜨거운 생크림+잘게 썬 초코릿
	시럽	설탕	80	240	· 60℃ 이하에서 양주 첨가
		물	20	60	· 액체 센터=기술요구
		양주	20	60	· 시럽 제조 후 술 첨가
	견과	견과류(통아몬드)	20	60	균일한 두께로 코팅
	치즈	치즈크림	200	600	균일한 코팅

※ 형태가 다르고 속이 다른 몰드 초콜릿을 제조

20. 파이핑(piping)한 후 디핑(dipping)하는 초콜릿

(1) 기본 배합표 및 용도

종 류	재 료	%	g	비 고
럼 트러플	커버처 초콜릿	100	200	· 커버처 초코릿은 다크 초코릿, 다크 밀크 (스위트) 초코릿을 사용
	생크림	50	100	· 가나슈를 만들어 10g 정도로 둥글게 하거나
	버터	10	20	한일자(一)로 길게 짜서 굳힌 후 둥글게 만든다.
	럼주	20	40	· 공모양 만들기, 초콜릿의 담그기의 공정을
	커버처 초콜릿	마무리 재료		거쳐 송로(松露)를 제조
	분당, 코코아			
화이트 트러플	화이트 초콜릿	100	200	· 화이트 초콜릿으로 가나슈를 만들고 냉장고에 굳힌다.
	생크림	50	100	· 짤주머니에 넣고 둥글게 짜서 냉장 → 분당을
	물엿	8	16	묻혀가며 구형(球形)을 만들고 다시 냉장
	체리술	5	10	· 화이트 초코릿에 디핑하여 트러플을 제조
	커버처 화이트	마무리 재료		
	분당			

※ Pave's와 같이 칼이나 커터(cutter)를 이용하는 초콜릿 제조도 준비

21. 설탕공예(356면 참조)

(1) 기본 배합표

재 료	%	g
설탕	100	1,000
물	30	300
물엿	30	300
주석산크림	0.5	50

(2) 제조실제

꽃, 동물, 조형물 등

22. 공예빵(가닥빵, 빵꽃공예, 각종 모형)

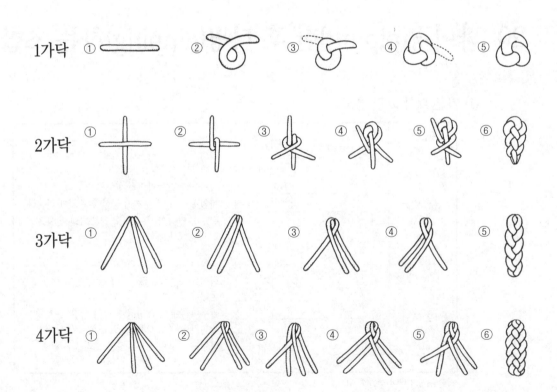

Chapter 3

데커레이션
강의 및
기출문제 풀이

월간 제과제빵 자료

케이크 데커레이션

제과기능장 실기시험 출제유형

케이크 데커레이션이 제과기능장 실시시험에 도입된 것은 1996년도 부터이다. 이에 따라 기능장시험에 응시하려는 기술인은 실기시험에 대비해 한국산업인력관리공단이 공개한 실기품목 전체(본서목록참조)에 대한 배합표 작성능력에서부터 생산관리, 케이크 데커레이션에 관련된 각종 기능에 이르기까지 종합적인 준비가 필요하게 되었다.

예를 들어 브리오슈와 데커레이션 케이크가 출제된 경우에는 (1) 브리오슈와 버터 스펀지의 배합표 작성 (2) 브리오슈의 제조 원가 (3) 생산 부서의 인원 배정 (4) 팬의 용적과 분할량 등이 주관식 문제로 나왔다. 특별히 유의할 사항은 반드시 "답이 나오는 과정"을 근거로서 제시해야 득점으로 연결된다는 것이다.
바게트와 초콜릿 생크림 케이크가 출제된 경우에는 (1) 밀가루 수분 함량이 가지는 경제성과 회분과의 관계 (2) 바게트와 슈의 굽기 등에 대한 지식을 요구하기도 하였다.

제과기능장이 현장의 책임자, 관리자로서 역할을 다하기 위한 지식으로 (1) 배합표 작성과 운용 (2) 생산성 향상과 생산계획 수립 (3) 원가계산 (4) 제품구성 (5) 재료의 특성과 활용 (6) 인원 관리 (7) 제조 이론 등에 중점을 둘 필요가 있다.
특히 새롭게 변화되는 공정과 새로운 재료의 출현에 대하여도 관심을 가지고 연구하는 자세가 바람직하다. 실기와 관련된 제조이론과 현장실무에 대한 배점 비율은 20% 내외에 달한다.

제빵 품목으로 자주 출제되는 것은 불란서빵, 브리오슈, 데니시 페이스트리, 하드 롤, 모카빵이며, 제과 품목으로는 레이어 케이크, 데블스 푸드, 퍼프 페이스트리, 스펀지 케이크(공립법과 별립법), 슈크림 등이다. 주로 원판 중심이었으나 1996년부터는 제과에 데커레이션 기능을 추가하였다.
데커레이션 기능은 (1) 원판 제조 (2) 버터 크림 제조와 아이싱 (3) 초콜릿과 가나슈 제조 및 아이싱 (4) 마지팬 공예 (5) 꽃 짜기와 동물 만들기 (6) 글씨 쓰기 (7) 슈 장식물 만들기 (8) 전체적인 조화 등의 심사기준이 있으며 종합적인 기능평가를 도모하고 있다.
제과기능장의 실기 문제는 참신성을 주기 위해 중복해서 출제하지 않으려 하기 때문에 이미 출제된 제품과는 다른 제품이 나올 것으로 예상되므로 빵의 경우는 기출(旣出) 외의 빵 제품에 대하여도 준비할 필요가 있다.
데커레이션 제품도 새로운 문제가 출제될 것으로 보인다. 하지만 버터 크림이나 생크림, 초콜릿과 응용제품, 마지팬과 머랭 등 가장 보편적인 D/C 재료를 만들어서 이들을 사용하여 아이싱, 글씨 쓰기, 모양 그리기, 꽃 짜기와 만들기, 조형물 만들기 등 데커레이션에 동원되는 여러 가지 기능을 측정한다는 골격은 당분간 계속될 것으로 보인다. 케이크 데커레이션에 대한 배점비율은 45% 이상으로 기능장 실기시험 평가항목 중 가장 높은 비중을 차지하고 있다.

제1장 케이크 데커레이션 재료

1. 크림류

(1) 버터 크림

버터 크림은 케이크 표면을 아이싱하거나 장식할 때 주로 사용하는 크림이다. 각종 부재료를 첨가하여 맛과 향을 변화시킬 수 있어 그 종류도 다양하다. 우리나라에서는 버터 크림에 설탕을 넣어 휘핑하는 방법을 처음 사용하다가 차츰 설탕 시럽을 섞고 있는 추세이다. 그리고 제조 방법의 개선으로 계란을 첨가한 버터 크림도 많이 사용되고 있다.

1) 전란 버터 크림
■**기본배합**

전란 250g, 설탕 140g, 무염버터 500g, 바닐라 에센스 1/2tsp, 럼주 50cc

■**만드는 법**

① 전란을 풀고 설탕을 넣는다.

② ①을 중탕으로 40℃에서 스푼으로 자국을 내어 무늬가 남을 때까지 휘핑한다.

③ 버터를 부드럽게 풀어 ②에 서너 번 나누어 넣고 섞는다.

④ 계란과 버터가 완전히 섞이면 처음 부피의 2~3배까지 휘핑한다. 마지막으로 바닐라 에센스와 럼주를 섞으면 완성.

☞ 전란 버터 크림은 겨울철에 많이 사용한다.

2) 이탈리안 머랭 버터 크림
■**기본배합**

흰자 320g, 설탕 160g, 물 50cc, 무염버터 600g, 바닐라 에센스 1/2tsp, 럼주 50cc

■**만드는 법**

① 설탕과 물을 더해 115~118℃에서 끓인다.

② 흰자를 휘핑하면서 ①의 설탕 시럽을 조금씩 넣는다. 이때 시럽이 뜨거우므로 흰자를 식히면서 휘핑하여야 한다.

③ 따로 버터를 풀어 부드러운 포마드 상태로 만든다.

④ ②에 ③을 5~6차례 나누어 넣고 섞는다.

⑤ 머랭과 버터가 완전히 섞이면 처음 부피의 2~3배만큼 거품 낸다. 마지막으로 바닐라와 럼주를 넣으면 완성.

(2) 생크림

1) 기본 생크림

유지방함량 18% 이상의 크림을 생크림으로 분류하나 제과점에서 주로 사용하는 생크림은 유지방함량 35~45% 이상의 진한 생크림을 휘핑하여 사용한다. 휘핑온도는 4~6℃ 정도가 가장 적당하고 겨울철에는 10℃ 정도에서 작업해도 무방하다.

생크림의 보관이나 작업시 제품온도는 3~7℃가 좋고 작업장을 20~23℃가 적당하다. 완성된 제품은 13℃ 이하에서 냉장 보관해야 한다. 또, 휘핑시간이 적정시간보다 짧으면 기포가 너무 크게되어 안정성이 약해지고, 너무 길면 부피가 줄고 지방과 수분으로 분리되어 버리므로 80~90% 정도 휘핑하여 사용하는 것이 좋다.

2) 딸기 생크림

딸기 생크림의 딸기는 생딸기를 사용하거나 가공처리된 딸기 시럽을 사용하는 방법이 있다.

시럽형태로 사용할 때에는 처음부터 생크림에 더해 거품내면 된다. 한편 생딸기를 쓸 때에는 생크림을 90% 이상 거품낸 다음에 딸기 과즙을 넣어야 한다.

※ 생크림과 과일의 궁합

생과일즙은 강한 산성을 띠기 때문에 생크림의 거품체를 힘없이 처지게 만든다. 그래서 생과일을 더하기 전에 미리 휘핑해야 한다. 반면 통조림 과일은 이미 산도가 처리되어 있으므로 처음부터 생크림에 넣고 휘핑하여도 상관없다. 단 그 과일에 신맛이 적으므로 나중에 레몬즙을 섞으면 좋다.

3) 커피 생크림

커피도 생과일과 마찬가지로 산성이 강하다. 따라서 럼, 위스키, 브랜디 등을 혼합하여 90% 이상의 거품이 일어난 생크림에 섞어야 한다.

4) 견과 페이스트 첨가 생크림

견과 페이스트 하면 프랄리네, 피넛 버터, 밤 페이스트 등을 들 수 있다. 이들 자체에 이미 많은 유지방이 함유되어 있어서 이것을 처음부터 생크림에 넣고 휘핑해야 한다. 이 크림은 버터 크림처럼 굳으므로 그 순간을 잘 포착하여 사용한다.

※ 버터 크림과 생크림의 근본적 차이

버터 크림 = 유중수적형(지방이 수분을 감싸고 있는 형태)
생 크 림 = 수중유적형(수분이 지방을 감싸고 있는 형태)

(3) 가나슈 크림(Ganache)

끓인 생크림에 초콜릿을 더한 크림. 초콜릿은 버터 성분이 많은 커버처 초콜릿을 사용하면 만들기 쉽다.

■기본배합

다크 초콜릿 500g, 생크림 500g

■만드는 법

① 생크림을 두꺼운 냄비에 넣고 거품이 나도록 팔팔 끓인다.
② ①을 불에서 내리고 다크 초콜릿을 잘게 쪼개 넣은 뒤 4~5분간 그대로 둔다.
③ 초콜릿이 녹녹해지면 거품기로 휘저어 섞는다.
④ 완전히 식혀서 사용한다.

· 초콜릿을 뜨거운 생크림에 넣고 바로 섞으면 초콜릿이 녹아 크림의 온도가 떨어지므로 다시 가열해 녹여 써야 하는 경우가 생긴다. 따라서 반드시 4~5분간 그대로 둔 다음에 섞도록 한다.
· 생크림은 신선해야 함을 원칙으로 하되, 한번 휘핑한 생크림이나 아이싱하고 남은 크림을 냉동실에 보관 하였다가 끓여서 가나슈 크림을 만들 때 쓴다.
· 초콜릿과 생크림의 배합 비율은 1:1이 원칙. 단 초콜릿 과자에 충전 크림으로 사용할 때에는 1:1, 2:1, 3:1 등 초콜릿의 양을 늘릴 수 있다.
· 초콜릿의 종류는 다크(스위트, 바닐라) 초콜릿, 밀크 초콜릿, 화이트 초콜릿 3가지이다. 이들 각각은 카카 오 성분이 다르기 때문에 가나슈를 만드는 비율이 달라진다.

다크 초콜릿 : 생크림 = 1 : 1
밀크 초콜릿 : 생크림 = 2 : 1
화이트 초콜릿 : 생크림 = 3 : 1

단, 화이트 초콜릿은 프레시 버터나 카카오 버터를 첨가하면 더욱 좋다.

2. 머랭류

주로 흰자를 이용하여 설탕과 함께 거품을 내어 만드는 반죽이 머랭이다. 머랭을 만드는 방법에는 대략 4가지 가 있는데, 일반적으로 사용되는 머랭과 이탈리안 머랭, 불에 가열하는 머랭, 스위스 머랭 등으로 구분된다. 물 론 이 머랭 반죽의 기본 배합은 제법에 관계없이 설탕과 흰자의 비율이 2:1이다.

1) 보통의 머랭(냉제 머랭)

보통의 머랭은 흰자 500g에 대해 설탕 250g의 비율을 가진다. 상온에서 흰자를 휘핑하면서 설탕, 또는 바닐라 슈거를 소량씩 투입하면서 만든다. 철판에 버터를 붓으로 칠하고 밀가루를 뿌린 뒤 짤주머니를 이용해 적당한 크기로 짜서 약 100℃ 오븐에서 구워준다(건조). 샌드할 내용물로는 주로 생크림이나 가나슈를 힘있게 휘핑한 것을 사용한다. 이 머랭은 주로 건과에 사용되며, 냉제 머랭(cold meringue)이라고도 한다.

2) 온제 머랭(Hot meringue)

온제 머랭은 기준량의 흰자에 대해서 반드시 2배 이상의 슈거 파우더를 사용해야 한다. 흰자와 슈거 파우더를 혼합한 후 약한 불로 가열하면서 힘이 좋은 머랭으로 휘핑하여 준다.

슈거 파우더 대신 설탕을 사용할 경우는 흰자 100g에 설탕 280g 정도를 사용하는데, 처음 흰자에 설탕 50g을 중탕으로 가열하면서 천천히 섞고 점점 세게 휘핑하다가 남은 설탕을 조금씩 나누어 넣는다. 반죽온도가 50℃ 정도가 되면 중탕에서 내려 열이 없어질 때까지 휘핑을 계속해 단단한 머랭을 만든다.

이 반죽으로 만든 머랭은 결이 곱고 무겁다. 머랭 반죽 자체가 열을 갖고 있기 때문에 표면이 건조되기 쉽고, 별모양깍지로 짠 것도 모양이 흐트러지지 않는다. 따라서 머랭세공품이나 마카롱 같은 간단한 머랭쿠키 등에 적합하다.

3) 이탈리안 머랭(Boiled meringue)

이탈리안 머랭은 흰자거품(머랭)과 설탕을 청 잡아서 사용한다. 즉 계란 흰자 250~300g에 설탕 500g과 설탕량의 30~40%의 물을 사용하여 만든 115~121℃의 설탕시럽을 서서히 투입하여 아주 힘이 좋은 머랭을 만든다. 계속 천천히 휘핑하면서 식힌 후 사용한다. 열처리되었으므로 케이크 장식이나 버터 크림, 초콜릿 반죽 등 다용도로 쓸 수 있다.

4) 스위스 머랭

스위스 머랭은 흰자와 슈거 파우더를 1:2의 비율로 만든다. 1/3 분량의 흰자에 슈거 파우더 전량을 넣고 글라스 로열을 만든다(이때에 식초를 몇 방울 사용한다). 남은 2/3의 흰자에 적당량의 바닐라 슈거로 보통 머랭을 만든 후 혼합하여 완성한다.

※ 글라스 로열(Glace Royale)

슈거 파우더에 거품이 날 정도로 휘핑한 소량의 흰자를 투입하여 만든 머랭으로 주로 조형물 제작에 사용된다. 짤주머니를 이용해 가는 글씨나 쿠키하우스 제작시 접착제 및 고드름을 만드는 데 효과가 있다. - 로열 아이싱 참조

3. 기타 아이싱 재료

1) 화이트 퐁당(Fondant)

퐁당은 미리 만들어 두고 필요할 때마다 가열(중탕)하여 구워낸 제품의 윗면에 코팅 장식하기 위해 사용한다. 흔히 흰색의 화이트 퐁당이 사용되고, 여기에 과일향이나 커피, 초콜릿 등을 녹여서 첨가하기도 한다.

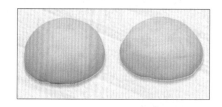

■기본배합

설탕 1kg, 물엿 100g, 물 500cc, 소금 2.5~3g
☞ 때에 따라 유지(쇼트닝)를 섞어 쓰기도 한다.

■만드는 법

① 배합 재료를 한데 넣고 고루 풀어서 113℃까지 끓인다.
② 끓인 설탕시럽을 대리석 판 위에 쏟아 붓고 40~43℃까지 식힌다.
☞ 이때 윗면에 분무기로 물을 뿌려 식히는 속도를 촉진할 수 있다.
③ 나무주걱을 사용하여 골고루 섞듯 휘저어 공기를 포함시킨다(투명하던 시럽이 하얗게 탁해지며 주걱을 휘젓기가 힘들어 질 때까지). 이때 필요하면 유지를 첨가하기도 한다. 이것을 비닐 랩이나 비닐 봉지에 싸서 시원한 곳에 보관한다.

• 퐁당의 종류는 소프트 퐁당(주석산칼륨), 바닐라 퐁당, 캐러멜 퐁당, 초콜릿 퐁당, 커피 퐁당, 홍차 퐁당, 버터 퐁당(버터 10~15% 함유), 밀크 퐁당 등이 있다. 이는 기본재료의 물 대신 커피액, 홍차, 우유 등을 사용하여 만든다.

2) 로열 아이싱(Glace royale)

로열 아이싱은 각종 과자를 코팅하거나 장식 케이크, 세공 케이크 등을 만드는 크림이다. 파이 제품에도 묽게 코팅하여 굽기도 한다. 이것은 분당과 흰자를 섞어 만든 크림으로 흰자의 양으로 되기를 조절하여 사용한다.

■기본배합

흰자 1개 분량, 분당 150g, 레몬즙 3~4 방울
☞ 식초나 주석산을 사용하기도 한다.

3) 워터아이싱(Glace l'eau)

분당을 물에 녹인 것. 과자의 표면이나 미국식 도넛의 표면에 발라 얇은 설탕막을 씌우기 위해 사용하는데 주로 당도가 포함된 광택제로 사용된다.

■기본배합

분당 1kg, 물 250g

■만드는법

분당을 물에 녹인다

☞ 용도에 따라 배합 비율은 조정할 수 있다.

☞ 코팅하려면 제품이 뜨거울 때 워터 아이싱을 바르면 수분이 증발하여 얇은 반투명의 설탕막이 형성된다.

☞ 향을 첨가하여 맛을 조절한다.

4. 초콜릿

(1) 초콜릿의 종류

- **카카오 매스** : 흔히 비터 초콜릿이라고도 하는데 말 그대로 "쓴 초콜릿"이다. 카카오 빈에서 외피와 배아를 없애고 부순 것으로 설탕이나 그밖의 다른 성분은 전혀 포함하고 있지 않기 때문에 카카오 빈 특유의 쓴 맛이 그대로 난다.

- **카카오 버터** : 카카오 빈에서 직접 추출하거나 코코아 파우더를 만들 때 추출해낸 것을 두었다가 사용할 수도 있다. 커버처를 좀더 매끄럽게 하고 싶을 때나 가나슈를 만들 때 부드럽고 리치한 맛을 내기 위해 버터 대신 넣기도 한다.

- **다크 초콜릿** : 순수한 쓴맛의 카카오 매스에 설탕과 약 7~10%의 카카오 버터, 레시틴, 바닐라 등을 섞어 만든 것. 카카오 버터를 일정량 함유하고 있는 카카오 매스에 별도로 카카오 버터를 첨가했기 때문에 유지 함량이 좀더 높고 유동성이 좋으며 카카오 풍미도 강하다.

- **밀크 초콜릿** : 다크 초콜릿의 구성 성분에 전지분유를 더한 것. 분유는 유백색이므로 색이 엷어질수록 분유의 함량이 많은 것으로 보면 된다. 다크 초콜릿이 원재료인 카카오 빈의 질에 따라 맛이 좌우된다고 한다면 밀크 초콜릿은 그 외에 분유의 상태에 따라서도 영향을 받는다. 부드럽고 풍부한 맛을 강하게 하려면 카카오 버터의 함량을 높이면 된다.

- **화이트 초콜릿** : 카카오 빈을 이루는 두 가지 성분, 즉 카카오 고형분과 카카오 버터 중 초콜릿 특유의 다갈색을 내는 것은 카카오 고형분이다. 초콜릿을 만들 때 카카오 고형분을 뺀 나머지만으로 만들어진 것이

바로 화이트 초콜릿이다. 카카오 버터와 설탕, 분유, 레시틴, 바닐라로 이루어진 화이트 초콜릿은 카카오 고형분이 전혀 들어있지 않다는 이유로 몇몇 나라에서는 이것을 초콜릿이 아닌 "설탕과자"로 분류하기도 한다.

· **컬러 초콜릿** : 화이트 초콜릿에 유성 색소를 넣어 만든다. 유성 색소를 첨가하는 이유는 화이트 초콜릿 자체가 카카오 버터를 주성분으로 하는 유성이므로 수성 색소를 넣으면 잘 섞이지 않기 때문이다.

· **가나슈용 초콜릿** : 카카오 매스에 설탕만을 더한 것. 카카오 버터를 넣지 않았기 때문에 다른 초콜릿들에 비해 카카오 고형분이 갖는 강한 풍미를 살릴 수 있다는 것이 장점이다. 유지 함량이 적어 생크림처럼 지방과 수분이 많아 분리될 위험이 있는 재료와도 잘 섞인다.

· **코팅용 초콜릿** : 대부분 초콜릿을 다루면서 가장 까다롭다고 여기는 것이 바로 템퍼링 작업. 초콜릿에 템퍼링이 필요한 이유는 맛과 품질에 큰 영향을 미치는 카카오 버터의 분자 배열 상태를 안정되게 만들기 위해서이다. 하지만 코팅용 초콜릿은 카카오 매스에서 카카오 버터를 제거한 다음 식물성 유지와 설탕을 더해 만들었기 때문에 번거로운 템퍼링 작업 없이도 언제 어느 때든 손쉽게 사용할 수 있다. 유동성이 좋다는 점이 가장 크게 작용해 코팅용으로 쓰인다.

· **코코아 파우더** : 카카오 빈을 부순 코코아 매스에서 카카오 버터를 약 2/3 정도 추출해낸 후 그 나머지를 가루로 만들어 알칼리 처리를 한 것이 바로 코코아 파우더이다. 초콜릿과 같은 풍미를 가지면서도 가루 상태라 물이나 우유에 녹기 쉽고 취급하기도 쉬워서 여러 가지로 매력이 있다. 반죽에 섞어 넣어서 표면에 뿌리는 등 응용 범위가 넓다.

(2) 초콜릿 다루기

1) 커버처

초콜릿 제품의 기본 재료로 두툼한 판 형태로 판매되는 것이 일반적이다. 커버처는 영어 발음이고 프랑스어로는 "쿠베르튀르(couverture)"라고 한다. 국제 규정에서는 이것을 초콜릿 중에서도 '총 카카오 분량이 35%(카카오 버터는 31%) 이상이며, 다른 대용 유지를 함유하지 않은 것' 이라고 규정하고 있다.
즉 카카오(카카오 버터)의 비율이 높고 유동성이 뛰어난 트랑페(시럽, 퐁당, 리큐르, 초콜릿 등에 과자를 담그는 일)하기에 적당한 초콜릿을 가리키는 것으로 현재 '카카오 함유량이 많은 초콜릿' 이라는 의미로 널리 쓰이고 있다.

2) 템퍼링의 필요성

한마디로 말하자면 그것은 초콜릿에 많이 함유된 카카오 버터의 성질 때문이다. 카카오 버터는 그 결정의 모양에 따라서 성질(풍미나 촉감)이 크게 달라진다. 여기서 결정이란 카카오 버터를 구성하고 있는 분자의 배열을 말하는 것으로 이것이 어떤 형태를 갖는가에 따라 초콜릿의 상태가 결정된다.

그렇다면 이런 결정의 차이는 왜 생기는 것일까.

결정의 형태는 녹인 초콜릿을 굳히는 방법 여하에 따라 결정된다. 초콜릿은 녹인 채로 그대로 두면 분자 배열이 모두 제멋대로 흐트러져 매우 불안정한 결정이 생긴다. 이 결정을 방치하면 안정된 상태로 돌아오기는 하지만 꽉 짜인 완벽한 상태로 되기까지 너무 오랜 시간이 걸린다. 또 그 사이 결정이 커져 모래를 씹는 듯 까칠까칠한 식(食)감이 나는 형태로 변해버리기 일쑤다.

하지만 굳기 시작하는 단계에서 리더(核)가 되는 안정된 결정을 만들어 두면 그 밖의 다른 분자도 리더를 본떠 안정된 모양의 결정을 만들어간다. 그래서 인위적으로 리더가 되는 안정된 결정을 만드는 작업이 필요한 것이다. 즉 템퍼링이란 온도에 따라 변화하는 결정형의 성질을 이용해 안정된 결정이 만들어지도록 온도를 맞춰주는 작업이다.

3) 가장 쉽고 원칙적인 템퍼링 방법

① 물기를 완전히 제거한 볼에 잘게 썬 판 초콜릿을 넣는다. 작업 중에 불안에 물이 들어가지 않도록 각별히 주의한다.

② ①의 볼보다 작은 볼에 물을 채워 약한 불에 올리고, 그 위에 ①의 볼을 겹쳐 올려 중탕한다. 고무 주걱으로 섞으면서 녹인다.

② 40~45℃ 정도가 되면 전체가 균일하게 매끄러운 상태가 된다.

④ 이번엔 볼을 냉수에 받쳐서 천천히 섞으면서 온도를 낮춘다. 34℃를 거쳐(베타형) 27℃ 정도가 되면 묵직하게 끈기 있는 상태가 된다.

⑤ 마지막으로 다시 불에 올려 중탕해 29~32℃ 정도까지 온도를 높인다. 34℃ 이상이 되지 않도록 주의한다. 만일 그렇게 되면 ④번의 과정부터 다시 한 번 되풀이해야 한다.

☞ 초콜릿을 다루는 작업장의 온도는 대개 18℃ 전후가 좋다. 이보다 온도가 높으면 잘 굳지 않으므로 주의한다.

4) 감각적인 템퍼링

작업대에서 초콜릿을 식히는 방법은 비교적 널리 이용되는 방법이다. 녹인 초콜릿의 2/3 정도의 분량을 작업대 위해 덜어내고 얇게 펼쳐 이기면서 식힌다. 차츰 점성이 생기면(27~29℃) 원래의 초콜릿 용기에 다시 담아 전체를 섞어 온도를 맞춘다(31~32℃). 단 이 방법은 작업대 위에서 어느 정도 뒤적여 식히고, 언제 다시 용기에 담아야 하는지를 기술자가 감각적으로 판단해야 하므로 기술자에게 숙련된 기술과 경험이 요구된다.

5) 템퍼링의 또 다른 방법

찬물을 이용하는 방법과 작업대를 이용하는 방법 외에도 템퍼링을 할 때 초콜릿을 식히는 또 다른 방법이 있다. 적정 온도로 녹인 초콜릿에 아주 곱게 다진 초콜릿(템퍼링한 것)을 더해 온도를 낮추는 방법이 바로

그것. 이때 투입하는 초콜릿은 기본적으로 녹인 커버추어와 같은 것이라야 하며 제조 후 1개월 이상 지난 것이 좋다.

6) 전문가의 템퍼링 포인트

① 초콜릿은 항상 중탕으로 녹인다.
② 물이나 수증기가 들어가지 않도록 각별히 주의한다.
③ 초콜릿은 40~50℃ 사이에서 녹인다.
④ 밀크 초콜릿을 부드럽게 할 때는 올리브유를 첨가한다.
⑤ 공기가 들어가지 않도록 천천히 젓는다.

7) 템퍼링시 지켜야할 5가지

① 온도계만 믿지 말고 육안으로 상태를 판단한다. 단순히 온도계의 수치만 보고 판단해서는 실수를 초래하기 쉽다. 초콜릿을 녹이고, 냉각시키고, 다시 온도를 높이는 각 단계마다 적정 온도의 상태를 눈과 피부로 기억해 두는 것이 중요하다.

② 템퍼링한 후에도 적정 온도를 유지한다. 템퍼링이 완료되어 본격적인 제품 만들기에 들어가는 사이 별 생각 없이 초콜릿을 그대로 방치해 두면 다시 온도가 내려가 모처럼 애써 안정시킨 초콜릿 결정이 다시 흐트러져 버린다. 따라서 전용 보온기나 보온 플레이트, 설탕공예용 램프 등을 사용해 일정한 온도를 유지시킨다. 적당한 기구가 없을 경우에는 번거롭지만 다시 데워 적정온도로 되돌린 후 작업해야 한다.

③ 템퍼링하는 초콜릿은 일정한 분량이 되어야 한다. 필요한 초콜릿이 소량일지라도 템퍼링할 때는 가능한 한 많은 양을 하는 것이 좋다. 그래야 온도 변화를 줄일 수 있기 때문이다. 또 같은 분량의 초콜릿이라도 큰 볼에 조금 넣어 작업하는 것보다 작은 볼에 넣어 작업하는 것이 온도 변화를 줄이는 요령이다.

④ 공기가 들어가지 않도록 저어준다. 초콜릿 전체의 온도에 차이가 나면 균일하고 안정된 결정이 생길 수 있다. 그래서 작업하는 동안 쉼없이 저어주는 것이다. 단, 이때 공기가 들어가지 않도록 하는 것이 포인트. 일단 한번 들어간 공기는 좀처럼 빠져나오지 못한다. 스패튤러는 너무 심하게 움직이지 말고 조용히 소리나지 않게 젓는다.

⑤ 녹일 때에는 적정 온도에서 완전히 녹여야 한다. 초콜릿은 35℃ 전후에서도 녹아있는 것처럼 보이지만 사실은 육안으로 보이지 않는 분자의 결합이 여전히 남아 있는 상태이다. 따라서 35℃와 55℃에서 녹인 초콜릿을 각각 같은 방법으로 템퍼링하면 표면의 광택이나 응고 상태에 차이가 생긴다. 일반적으로 다크 초콜릿은 45~50℃(55~58℃인 것도 있다). 밀크와 화이트 초콜릿은 40~45℃(45~48℃)가 기준이다.

8) 초콜릿과 블룸

초콜릿의 품질이 저하되는 데는 여러 가지 원인이 있다. 만드는 과정에 문제가 있거나 제품을 보관하고 유통하는 과정에서의 취급 방법이 적절치 못하면 초콜릿은 광택을 잃고, 표면이 거칠어지고, 하얀 반점 등이 생겨 급기야 내부조직까지 윤기를 잃게 된다. 이같은 초콜릿의 품질 저하 현상의 대표적인 예가 바로 "블룸"이다.

팻 블룸(Fat bloom)은 프랄리네라 초콜릿 표면에 하얀 곰팡이와 같이 얇은 막이 생기는 현상이다. 템퍼링 작업이 제대로 이뤄지지 않았을 경우 카카오 버터의 분자들은 형태에 따라 굳는 시간이 각각 달라진다. 이때 늦게 굳는 지방 분자가 표면으로 떠올라 지방 결정이 생기는 것이다. 특히 커버처의 굳는 속도가 늦거나 충분히 굳지 않았을 때 더 일어나기 쉽고, 커버처가 다른 유지(아몬드나 기타 너트류와 같은 센터를 사용할 때)에 닿으면 보다 심해진다. 이밖에도 커버처를 너무 따뜻한 곳에 보관하거나, 제품을 온도 변화가 심한 곳에 저장했을 때도 팻블룸이 일어난다.

슈거 블룸(Sugar bloom)은 굳은 커버처 표면에 작은 회색반점이 생기는 현상이다. 제품을 습도가 높은 방에서 작업을 하거나, 오래 보관을 한 경우에 나타난다. 즉 표면에 물방울이 생기면 커버처 내부의 설탕이 이 수분을 흡수해 설탕의 일부가 녹고, 이후 수분이 증발되면서 설탕이 재결정되어 반점이 생기는 것이다.

또 냉장고에서 냉각된 초콜릿을 따뜻한 장소로 옮기면 급격한 온도 변화로 인해 제품의 표면에 작은 물방울들이 생겨 슈거 블룸이 생긴다. 따라서 냉장고 등에 넣고 꺼낼 때는 그 온도차가 8℃ 이하가 되도록 주의해야 한다.

9) 코팅시 꼭 지켜야 할 것

코팅(또는 커버링)이란 초콜릿의 템퍼링 작업이 끝난 후 센터를 초콜릿으로 씌우는 작업을 말하는데 이것 역시 템퍼링 못지 않게 중요한 작업이다. 이때 템퍼링이 끝난 초콜릿을 담은 볼 밑에 고무받침대 등을 받쳐 볼이 작업대에 직접 닿지 않도록 하는 것이 초콜릿이 쉽게 식지 않도록 하는 데 도움이 된다.

① 템퍼링한 초콜릿을 준비한다. 센터를 초콜릿에 넣고 초콜릿 포크를 사용해 초콜릿에 살짝 담근다.

② ①을 초콜릿 포크로 즉시 떠올린 후 위아래로 털어 여분의 남은 초콜릿을 없앤다.

③ 여분의 초콜릿이 깨끗이 없어지도록 볼 둘레에 대고 문지른다.

④ 유산지를 깐 트레이에 코팅한 제품을 나란히 늘어놓는다

⑤ 모양을 낼 때는 초콜릿 포크로 가볍게 눌러주듯이 자국을 낸다.

10) 전문가의 코팅 노하우

① 온도 18~20℃, 습도가 낮은 곳에서 작업을 한다.

② 센터의 온도는 20℃ 정도가 좋다.

③ 코팅한 제품은 15℃에서 보관한다.

④ 작업실 온도가 높으면 트레이를 차게 해 준비한다.

⑤ 퐁당을 센터로 사용한 경우 두 번 정도 코팅한다.

5. 마지팬

마지팬(Marzipan)은 아몬드 페이스트를 설탕과 혼합해 만든 반죽이다. 프랑스어로는 파트다망드(Pâte d'amands), 독일에서는 마르치판 (Marzipan)이라고 한다.
마지팬의 종류는 배합과 특성에 따라 일반 마지팬과 로 마지팬(Raw marzipan)으로 나뉜다.

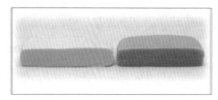

(1) 마지팬

설탕과 아몬드의 비율에 2:1인 마지팬은 설탕의 점도가 강해 마지팬 세공품을 만들거나 얇게 펴서 케이크 커버링 용으로 사용한다. 마지팬의 색깔은 로 마지팬 보다 엷기 때문에 착색효과는 좋다.

(2) 로 마지팬

설탕과 아몬드의 비율이 1:2인 로 마지팬은 아몬드량이 많아 스펀지, 파운드 반죽 등에 섞어 구워내거나 필링 용으로 사용한다.

6. 슈

슈(choux)는 프랑스어로 양배추라는 뜻이다. 구워진 상태의 외형이 마치 양배추와 같은 모양이라 해서 붙여진 이름이다.

(1) 슈의 기본배합 및 제법

일반적 슈 배합과 제법 참조 (제과제빵 실기특강 p.159, 비앤씨월드)

(2) 슈 반죽의 단계별 포인트

1) 준비단계에서의 포인트

계량은 정확하게 하고 용기 및 도구는 청결하게 한다. 사용하는 용기는 스테인리스 볼이나 동제 볼 등이 좋지만 대량 반죽시에는 믹서 볼을 사용하기도 한다.
반죽을 철판에 짜기 위하여 코팅 철판이나 일반 철판은 버터칠을 얇게 하는 것이 좋다. 철판에 기름을 바를 경우 많이 바르게 되면 슈 껍질의 밑면이 퍼질 염려가 있으므로 최대한 얇게 바른다.

2) 반죽단계에서의 포인트

물과 유지를 충분히 끓여준 후 밀가루를 넣어야 하는데 그 전에 넣으면 구워진 후에 위로 부풀지 않고 옆으로 퍼지게 된다. 또한 유지와 물을 충분히 끓이지 않으면 나중에 덩어리가 지게 된다.

물에 유지를 녹여 끓일 때 재빨리 녹지 않으면 수분 증발이 크므로 센 불에서 녹인다. 또한 밀가루를 섞고 볶아줄 때에도 수분 증발을 최대한 막아준다.

반죽은 충분히 섞어주어야 탄력적이고 구워졌을 때 위로 동그랗게 부풀어진다. 그러나 지나치게 섞으면 글루텐의 힘에 의해 제대로 부풀지 못한다.

계란을 섞을 때는 전 중량을 6회로 나누어 섞어주는 것이 가장 좋다. 또한 계란을 넣어 완성된 상태에서 반죽이 식으면 덜 부풀고 껍질이 단단해진다.

3) 굽는 단계에서의 포인트

철판에 패닝한 뒤 장시간 방치해 두면 반죽이 마르고 굽는 과정에서 제대로 부풀지 않으며 보기 좋은 광택이 나지 않는다. 오븐은 약 200℃까지 충분히 예열한다. 철판의 온도가 낮을 경우 껍질이 얇아지고 광택도 살지 않는다. 또한 온도가 너무 셀 경우 옆으로 퍼진 모양으로 구워진다.

반죽이 질 경우에는 소형 베이비 슈를 구워도 되지만 파리브레스트와 같이 대형 슈를 구울 경우 반죽이 확실한 상태(약간 되게 반죽된 상태)로 만들어야 깨끗하게 구워진다.

4) 구워진 후의 포인트

오븐에서 꺼낼 때 부서질 정도로 충분히 건조시켜 꺼내야 수축을 막을 수 있으며, 부딪혔을 때 경쾌한 소리가 나는 것이 오래 보관된다.

표면에 5~6군데 선명한 균열이 나타난 것이 이상적이며 유럽에서는 딱딱한 것을 선호하지만 부드러운 경우는 수분이 덜 마른 상태이므로 보관상 상당한 주의가 필요하다.

7. 기타 공예용 반죽

1) 떡(운뻬이) 반죽

운뻬이 반죽은 찹쌀떡 반죽에 설탕과 슈거 파우더를 섞어 작업하기 좋은 상태로 만든 것인데, 적당한 상태로 완성된 반죽은 눌렀을 때 10% 정도 다시 올라오는 탄력이 있다. 누른 후 반죽이 다시 원상태로 돌아오면 슈거 파우더가 부족한 것으로 반죽을 얇게 밀어 펼 수가 없다. 반대로 슈거 파우더가 너무 많이 들어가면 누른 상태 그대로 다시 올라오지 않는다. 이렇게 되면 반죽을 밀어 펴거나 제품을 말렸을 때 끊어지기 쉽고 손작업시 녹아버린다. 질좋은 운뻬이 반죽을 만들기 위해서는 떡 반죽을 되게 하고 슈거 파우더는 허용되는 선에서 충분히 넣어야 한다.

■배합 및 만드는 법
찹쌀떡 반죽 100g, 설탕 100g, 슈거 파우더 50~60g, 식용색소(초록, 빨강)

① 찹쌀떡 반죽에 설탕을 넣고 잘 치댄다.
② 반죽에 슈거 파우더를 넣고 치대면서 반죽의 상태를 점검한다.
③ 원하는 색깔의 색소를 넣어 색을 들인다.
④ 완성된 반죽을 2mm 정도의 두께로 밀어 펴서 나뭇잎 모양틀로 찍어낸다.

※ 공예용 운뻬이 반죽 만들기

만들고자 하는 작품의 규모가 조금 클 경우 운뻬이 반죽만으로는 너무 약해 부서지기 쉽다. 이럴때는 검 페이스트를 섞어 사용하는 것이 좋다. 검 페이스트를 첨가할 때는 평면 표현일 경우 1대 1 비율로, 입체적인 표현일 때는 운뻬이 반죽과 검 페이스트의 비율을 10대 2로 조절한다. 검 페이스트가 많이 들어간 반죽은 다루기가 쉽지 않고 얇게 밀어 펴거나 섬세하게 만드는 것에는 적합하지 않으므로 너무 많이 넣지 않도록 주의한다.

2) 슈거 페이스트 반죽

■배합

슈거 파우더 500g, 트라캉트 고무 분말 12g, 흰자 파우더 12g, 젤라틴 12g, 물 35cc, 물엿 60g, 흰자 50~60cc, 식초 소량, 쇼트닝 3~5g

■만들기

☞ 만들기 전에 트라캉트 고무 분말과 슈거 파우더, 흰자 파우더를 체쳐 놓는다.
① 젤라틴을 약 5~10분간 물에 불린다.
② ①을 중탕해서 충분히 녹인다. 이때 충분히 녹이지 않으면 반죽 상태에서 덩어리가 지게 되고 꽃잎 등을 만들 때 매끈해지지 않으므로 주의한다.
③ 줄줄 흐를 정도로 중탕한 물엿을 ②에 넣고 섞어 저어가면서 완전히 녹인다. 이때 온도는 60℃ 정도가 적당한데 온도가 너무 높으면 젤라틴의 접착력이 떨어지므로 주의한다.
④ 흰자 ⅓을 ③에 넣고 섞는다.
⑤ 슈거 파우더와 흰자 파우더, 트라캉트 고무 분말을 넣고 나무주걱으로 저으면서 중탕한다.
⑥ ④를 ⑤에 넣고 온도가 떨어지기 전에 재료를 재빨리 섞는다.
⑦ 나머지 흰자를 2~3차례에 걸쳐 나눠 넣으면서 섞는다. 손에 달라붙지 않도록 쇼트닝을 발라가며 반죽을 치댄다.
⑧ 빙초산을 넣고 반죽이 쫄깃쫄깃하고 하얗게 될 때까지 섞은 후 랩을 씌워 실온에서 하루 정도 숙성시킨다. 숙성이 제대로 이루어지지 않으면 반죽의 결이 찢어지므로 충분히 숙성시킨다.

제2장 케이크 데커레이션 실기

아트 파이핑

【 무늬짜기 】

1) 별+둥근 모양깍지

기본형인 별과 둥근 깍지를 하나로 만든 것. 한 깍지로 두 가지 모양을 동시에 낼 수 있어 편리하고 모양도 예쁘다.

 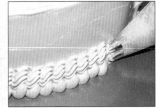 

1. 케이크의 아랫부분을 소박하면서도 풍성하게 꾸밀 수 있는 방법. 한 마디를 5㎝ 정도 길이로 끊어서 짜준다.

2. 약간 변형된 형태. 끝까지 손을 쉬지 않고 한숨에 물결무늬로 짜 나간다. 모양깍지의 위아래를 바꿔 짤 수도 있다.

3. 케이크 윗부분을 장식할 수 있는 방법으로 윗면 가장자리 부분에 돌려가며 짠다. 꼬리 부분이 얇아지도록 약간 잡아당기는 느낌으로 마무리한다.

2) 물결무늬 깍지

납작한 모양에 톱니가 달려 있어 크림을 짜면 일정한 간격의 물결무늬가 생긴다. 주로 옆면 장식에 쓰이는데 바구니 모양이나 리본 모양을 만들 수도 있다.

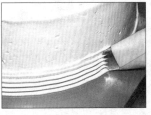  

1. 일자로 길게 짜기. 케이크의 아랫부분을 깔끔하게 정리할 수 있다.

2. 깍지를 위아래 지그재그로 움직여 큰 물결무늬를 만든다. 한 가지 만으로 옆면이 꽉 찬 느낌이 든다.

3. 깍지를 아래에서 윗부분으로 비스듬히 끌어 올려 S자 모양으로 만든다. 여러 마디를 연결하면 굵게 꼬인 로프 모양이 된다. 각도를 변화시켜 넓거나 좁은 모양을 만들 수 있다.

3) 별 모양깍지

깍지의 모양 자체만으로도 장식적인 효과가 커서 여러 가지 방법으로 응용할 수 있다.

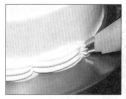   

1. 부풀린 리본처럼 풍성해 보이는 옆면 장식. 5cm 정도의 길이로 마디를 끊어 짜주면 마치 주름잡힌 천을 두른 것처럼 멋스럽다.

2. 주문 케이크처럼 화려하고 눈에 띄는 장식이 필요한 경우에 알맞다. 두 개가 서로 마주보도록 윗부분에서 큰 소용돌이 모양으로 시작해 아랫부분으로 끌어 내려 짜면 파도모양의 큰 하트 장식이 완성된다.

3. 별모양 깍지의 특징은 약간의 변형만으로도 화려하게 표현할 수 있다는 점이다. ②처럼 소용돌이 모양으로 시작해 길게 꼬리를 빼고 로프 모양으로 한 번 더 감아주면 큰 파도처럼 보인다.

4. 생크림 케이크 장식에 많이 쓰이는 방법이다. 깍지를 수직으로 세워 윗면에 방울 모양으로, 끝이 뾰족하게 빠지도록 약간 당기는 느낌으로 짠다. 끝부분에 녹인 초콜릿을 동그랗게 돌려 짜면 더 예쁘다.

4) 잎+별 모양깍지

납작한 잎 모양 깍지에 별 모양 깍지가 달린 변형형. 맨 처음에 소개한 깍지처럼 한 깍지로 두 가지 모양을 만들 수 있어 자주 이용된다.

1. 케이크 밑부분이 허전하다고 느껴진다면 이 깍지를 이용해 보자. 손을 어떻게 움직이느냐에 따라 다채로운 장식이 가능하다. 이 깍지 하나면 별다른 옆장식이 필요 없다.

2. 화려한 이미지가 필요한 각종 기념일용 케이크에 어울리는 장식이다. 용수철 모양으로 휘어 짠 다음 꼬리를 길게 빼 리본 장식처럼 짠다.

3. ②와 같은 요령으로 옆면을 장식했다. 머리부분의 크기나 길게 늘어지는 꼬리 부분을 조금씩 달리하는 것만으로도 다양하게 응용할 수 있다.

5) 잎 모양깍지

납작하고 앞 부분이 비스듬한 사선으로 처리된 잎 모양 깍지는 버터나 머랭으로 꽃을 짜는 데 유용하게 쓰인다. 그 외에도 레이스나 리본 모양으로 장식할 수 있다.

 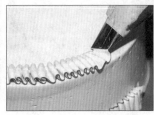 

1. 잎 모양 깍지로 짜낸 장식은 자칫 단순해 보일 수 있으므로 짤주머니 안에 길게 한 줄로 초콜릿크림 등을 발라 색깔을 달리 하면 좀더 다양하게 활용할 수 있다. 깍지를 세워 넓은 띠 모양으로 짠다.

2. 깍지를 눕혀 윗면을 장식했다. 색깔이 들어간 부분을 바깥쪽으로 향하도록 한다.

3. 깍지를 눕혀 윗면을 장식했다. 색깔이 들어간 부분을 바깥쪽으로 향하도록 한다.

6) 둥근 깍지(큰 것)

둥근 깍지는 잎 모양 깍지와 함께 가장 많이 쓰이는 것들 중의 하나이다. 모양은 단순하지만 활용범위가 넓어 기본적으로 여러가지 크기를 갖추어 놓으면 유용하게 쓸 수 있다.

1. 케이크 윗면의 가장자리를 심플하게 꾸몄다. 깔끔한 생크림 케이크 장식에 알맞다.

2. 발렌타인데이 등에도 응용할 수 있는 방식법.

3. 원형 깍지 하나만으로도 단순한 데커레이션뿐 아니라 복잡하고 다양한 모양을 표현할 수 있다. 조금만 연구하고 테크닉을 익히면 학이나 사슴 등의 동물 문양도 어렵지 않게 만들어낼 수 있다.

【 꽃짜기 】

케이크 데커레이션에 가장 많이 등장하는 꽃은 짜기에 의한 방법과 형틀(커터)로 찍어 만드는 방법이 있다.

꽃짜기에 주로 사용되는 재료로는 버터 크림과 머랭 등이 있으며, 꽃 만들기에는 초콜릿과 마지팬, 떡(윤삐이), 설탕공예 기법이 주로 사용된다.

먼저 버터 크림을 준비할 때는 약간 되직한 상태가 모양내기에 편리하며 색감은 취향에 따라 선택하되 너무 자극적인 색감은 피하는 것이 세련미를 더할 수 있다.

짤주머니에 버터 크림을 담을 때는 색을 들인 버터 크림을 짤주머니에 세로방향으로 반 정도를 담고 하얀 버터 크림으로 나머지를 채운다. 그리고 색이 곱고 조화있게 나오도록 어느 정도 짜낸 뒤 그 다음부터 장식을 하면 고우면서도 아름다운 색을 동시에 표현할 수 있다.

1) 장미

만드는법

1. 흰색과 분홍색의 버터 크림을 반반씩 짤주머니에 담는다.

2. 꽃짜기 판 위에 뾰족한 꽃심을 짠다.

3. 잎 모양 깍지로 꽃심 주변에 봉오리 상태의 꽃잎을 짠다.

4. 조금씩 벌어지는 모양의 꽃잎을 짠다.
  처음부터 너무 벌어지게 짜면 꽃송이가 커져 예쁘지 않다.

5. 바깥쪽의 꽃잎은 넓게 감싸듯이 짠다.

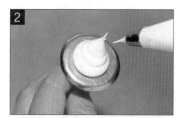

2) 등꽃

1. 하얀색과 청색으로 남보라빛에 가까운 등꽃을 짠다. 순간적인 동작으로 이루어지기 때문에 매우 숙련된 기술을 요하는 부분이다.

2. 먼저 나무색의 색소를 첨가해 자연스런 등나무 줄기를 길게 짠다.

3. 앞에서 만든 등꽃을 등나무 줄기에 매달려 보이도록 자연스럽게 나열하고 끝부분으로 갈수록 좁고 작게 나열해 마무리한다. 가는 모양깍지를 이용해 초록색의 가는 줄기를 짠다.

4. 덜 핀 등꽃을 표현하기도 하고 위, 아래로 이파리를 자연스레 짜 넣어 하나의 등나무 줄기를 완성한다.

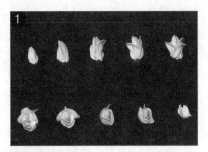

3) 에델바이스

1. 꽃잎을 돌려가며 짜서 완성한다. 한 가운데는 노란색 버터 크림으로 수술·암술을 표현하고 진한색으로 씨앗을 표현한다.

2. 케이크의 주변을 따라가며 가는 초록색 버터 크림을 가늘게 짜준다.

3. 가장자리에 일정한 간격을 두고 잼을 이용해 빨간색의 포인트를 준다.

4. 가장자리 끝을 돌아가며 에델바이스를 얹고 한 가운데는 운뻬이로 만든 장미꽃과 이파리로 장식한다.

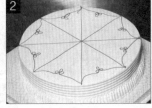
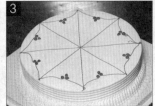

4) 연속 꽃무늬

1. 간격을 일정하게 표시한 후 작은 형의 장미모 양깍지를 이용해 꽃을 짜준다.

2. 꽃은 부채꼴 모양으로 짜주며 그 위에 S형으로 봉우리를 만든다.

3. 반부채 꼴 모양으로 마주보게 한다.

4. 줄기를 짜준 다음 잎사귀는 종이 짤주머니를 이용해 작업한다..

5. 잎사귀와 꽃받침으로 마무리한다. 이때 장미꽃은 그림과 같은 방법을 이용한다.

흰색   분홍색

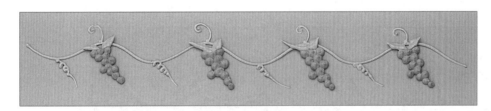

1. 간격을 일정하게 한 후 원형 모양깍지 1호를 사용해 줄기를 짜준다. 이때 줄기의 색은 초록색에 황색과 적색을 혼합한 것이다.

2. 원형 모양깍지 3호를 이용해 포도알갱이를 만들어 나간다.

3. 잎사귀는 종이 짤주머니를 이용해 마무리한다.

1. 간격을 일정하게 표시한 후 줄기, 꽃, 잎사귀 순으로 작업해 나간다.

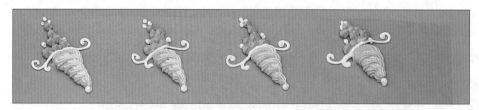

1. 작은 형의 별모양깍지를 이용해 감아서 바
구니 모양을 낸다.

2. 꽃은 별모양깍지로 찍어낸다.

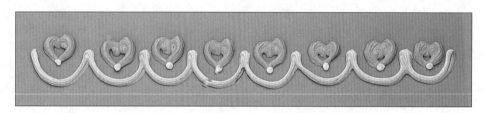

1. 작은 형의 별모양깍지를 이용해 그려나간다.

1. 줄기는 원형 모양깍지 1호를 사용해 감으
면서 그려나간다.

2. 꽃은 작은 형의 장미 모양깍지를 사용해
그림과 같은 순서로 짜준다.

3. 종이 짤주머니를 이용해 잎사귀를 짜준
후 마무리한다.

※ 참고

분당과 흰자 그리고 주석산을 배합해 고속으로 휘핑하면 반죽이 단단해진다. 따라서 힘을 가해 짜려면 종이 짤주
머니보다는 비닐 짤주머니를 사용하는 것이 좋다.

【 기타 아트 파이핑 】

1) 사슴 - 흰색, 갈색, 고동색, 빨간색 머랭을 준비한다.

만드는 법

1. 갈색 머랭으로 다리 두 개를 짠다.

2. 사슴의 목과 나머지 다리를 짠다.

3. 사슴 머리를 짠 다음 뿔과 눈, 흰 반점을 그려 넣는다.

※ 머랭으로 장식물을 만들 때 사슴의 뿔이나 나뭇가지처럼 가느
란 부분은 잘 부러지기 쉬우므로 찬 머랭을 사용한다.

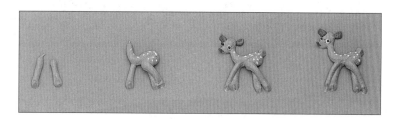

2) 오리 - 흰색, 노랑색, 짙은 노랑색, 보라색 머랭을 준비한다.

만드는 법

1. 지름 1cm의 원형깍지를 이용하여 몸통을 먼저 짜준 후 머리을 짠다.

2. 꽃잎모양의 종이 짤주머니를 이용하여 오리 모양의 입을 짜준다.

3. 다른 부분은 순서에 상관없이 진행되도 된다.

4. 마지막으로 종이 짤주머니를 만들어 날개를 짜주면 완성된다.

3) 천사 – 흰색, 빨간색, 초록색, 연갈색 머랭을 준비한다.

만 드 는 법

1. 흰 머랭을 가늘고 길게 짜서 아래쪽의 다리를 그린 다음 몸통과 엉덩이, 나머지 한쪽 다리를 짠다.

2. 날개와 팔, 머리를 짠다.

3. 갈색 머랭으로 머리를, 빨강과 초록으로 꽃을 짠다.

4) 산타 – 흰색, 살색, 분홍색, 빨간색, 머랭을 준비한다.

만 드 는 법

1. 흰 머랭을 둥근 원 모양으로 짜고 그 안에 분홍색 머랭을 원뿔 모양으로 짜서 몸통을 만든다.

2. 둥근 깍지로 원뿔을 빙 둘러 팔 모양을 짜고 끝 부분에 동그랗게 흰 머랭을 짜서 손을 만든다.

3. 산타의 얼굴을 만든다. 살색 머랭을 둥글고 넓적하게 짠 다음 아랫부분에 흰색 머랭으로 수염을 만든다.

4. 분홍색 머랭으로 모자를 만들고 눈, 코 등을 그린다.

5. 몸통에 머랭으로 얼굴을 붙인다.

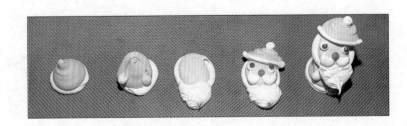

꽃 만들기

꽃 만들기 재료로는 마지팬과 ·슈거페이스트, 떡(운뻬이)반죽, 초콜릿 등이 주로 쓰인다. 마지팬이나 슈거페이스트, 떡반죽 등은 반죽을 엷게 펴서 만들고자 하는 모양의 형틀(커터)로 찍어낸 다음 손이나 소도구를 사용하여 꽃잎이나 나뭇잎 형태를 만들고 이것들을 조합하여 꽃을 만든다. 초콜릿 꽃의 경우는 녹인 초콜릿을 꽃모양 형틀에 부어 굳혀 내거나, 템퍼링한 초콜릿을 비닐 위에 얇게 펴 바른 다음 약간 덜 굳은 상태에서 꽃잎 모양을 찍어내고 이것을 다시 꽃잎 형태로 만들어 붙인다.

1) 포인세티아 만들기

크리스마스를 장식하는 관엽식물인 포인세티아는 꽃 모양의 붉은 잎이 화려하고 아름다워서 초록과 붉은색으로 상징되는 크리스마스와 잘 어울린다. 멕시코 원산이므로 추운 겨울을 나야 하는 우리나라에서는 흔하지 않은 식물이지만 붉은색과 초록색 운뻬이 반죽으로 얼마든지 근사한 포인트세티아를 만들 수 있다.

만드는법

1. 붉은색 반죽을 얇게 밀어 펴 나뭇잎 모양틀로 찍어낸다.

2. 나뭇잎의 한쪽 끝부분을 뾰족하게 아물려 줄기 모양으로 만든다.

3. 버터 크림을 둥그스름하게 짠 다음 ②를 빙둘러 보기 좋게 꽂는다.

4. 가운데 부분에 노란색과 붉은색 버터 크림을 조그맣게 짠 다음 냉동고에 굳힌다.

   ※ 가운데 심지 부분을 머랭으로 한 경우에는 낮은 온도의 오븐에서 건조시킨다.

2) 장미 만들기

만드는법

1. 장미꽃잎 모양의 틀로 붉은색 반죽을 찍어낸다.

2. 길쭉하고 얇은 꼬챙이로 나뭇잎의 끝부분을 바깥쪽으로 구부린다.

3. 만들어둔 꽃잎을 아랫부분을 아물리면서 둥글게 붙여 장미꽃 모양으로 만든다.

3) 국화

1. 노란 슈거페이스트 꽃술을 만든다. 동그랗게 둥글려 가위집을 넣어 부숭부숭한 꽃술을 표현한다.

2. 꽃잎을 만든다. 크고 작은 꽃잎 형틀로 찍어 누른 노란 슈거페이스트를 분홍 스폰지에 대고 끝이 뭉특한 봉으로 문질러 낱낱의 꽃잎을 구부린다. 꽃잎의 크기가 커지면 봉의 크기도 바꾸어 사용한다.

   ※ 스폰지가 따로 없으면 가정용 스폰지 행주를 사용해도 상관없다.

3. 2의 크고 작은 꽃잎을 작은 것부터 1의 꽃술에 풀칠해 붙여 나간다. 마지막으로 초록색 꽃받침대를 끼워 붙이면 소담스런 국화 한 송이가 완성된다.

4) 들꽃

1. 흰 슈거 플라워 반죽을 얇게 밀어 펴 세잎 클로버 모양의 꽃잎 모양틀로 찍어낸다.

2. 꽃잎의 윗면에 끝부분에 가는 세로 홈이 패여 있는 봉을 굴려 결을 새기고 넓게 펼친다.

3. 꽃술을 반으로 접어 철심에 감은 것을 ②의 꽃잎에 끼운다.

4. 초록색 슈거 플라워 반죽을 둥글게 뭉쳐 한 부분을 뾰족하게 잡아뺀다. 이 뾰족한 부분을 중심으로 나머지 부분을 사방으로 밀어 펴 멕시칸 모자 모양으로 만든다. 꼭지 부분을 중앙에 놓고 꽃받침 모양틀로 찍어낸다.

5. 꽃받침을 ③에 끼워 붙여 완성한다.

초콜릿 데커레이션

【 초콜릿 데커레이션 하기 】

템퍼링

초콜릿을 40℃로 녹여 대리석 위에 흘려 붓고 팔레트 나이프로 펼치면서 식힌다.

· 일반 초콜릿을 템퍼링할 경우 대리석이 너무 차가워서 빨리 굳어버리는 경우가 있다. 이럴때는 다크 초콜릿에 면실유 20%를 첨가하면 강도가 약해져서 사용 가능하다.

· 초콜릿이 너무 되면 부러지거나 끊어질 수 있으니 주위한다.

· 스텐 위에서 작업할 경우 스텐을 냉각시킨 후 작업한다.

1) 초콜릿 꽃 데커레이션하기

만드는법

1. 다크초콜릿을 40℃ 정도로 녹여 케이크에 듬뿍 흘려 골고루 코팅한다.

2. 별도의 작업대에 렘퍼링 한 초콜릿을 팔레트 나이프로 골고루 저어주면서 얇게 펴준다.

3. 초콜릿이 적절하게 굳어지면 팔레트 나이프로 부드럽게 긁어 사진과 같이 모양을 떠낸다.

4. 주름 모양의 초콜릿을 코팅된 케이크 위에 보기좋게 데커레이션 한다.

5. 슈거 파우더를 뿌려 마무리한다.

2) 데커레이션용 초콜릿만들기 - 말린 모양 만들기

만드는법

1. 다크 초콜릿을 50℃ 정도로 녹여 대리석 위에 붓고 골고루 밀어준다. 다시 통에 담아 주걱으로 저어주며 30℃ 온도로 낮춰준다. 대리석 위에 적당량 흘리고 팔레트 나이프로 얇게 펴준다.

2. 칼로 가늘게 위에서 아래로 긁어주면 말린 모양이 나온다.

3) 다크·화이트 초콜릿 말린 모양 만들기

만드는법

1. 다크 초콜릿을 50℃ 정도로 녹여 대리석 위에 붓고 골고루 밀어준다. 다시 통에 담아 주걱으로 저어주며 30℃ 온도로 낮춰준다. 대리석 위에 적당량 흘리고 팔레트 나이프로 얇게 펴준다.

2. 초콜릿을 펴 준 다음 삼각톱날을 이용해서 문양을 만든다.

3. 그 위에 화이트 초콜릿을 얇게 펴준다.

4. 칼로 위에서 아래로 가늘게 긁어주면 말린 모양이 나온다.

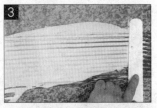

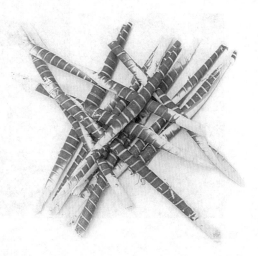

4) 화이트 · 다크초콜릿 말린 모양만들기

만 드 는 법

1. 화이트초콜릿을 50℃ 정도로 녹여 대리석 위에 붓고 골고루 밀어준다. 다시 통에 담아 주걱으로 저어주며 30℃ 온도로 낮춰준다. 대리석위에 적당량 흘리고 팔레트 나이프로 얇게 펴준다.

2. 초콜릿을 펴 준다음 삼각톱날을 이용해서 문양을 만든다.

3. 그 위에 다크초콜릿을 얇게 펴준다.

4. 칼로 위에서 아래로 가늘게 긁어주면 말린 모양이 나온다.

 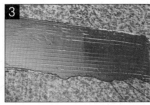 

5) 장미꽃

배 합 (g)

화이트(다크)초콜릿 1000, 물엿 300, 카카오버터 100, 시럽(설탕 1 : 물 1) 200

1. 초콜릿을 26℃로 녹인다. 물엿을 녹인 후 초콜릿과 섞는다.

2. 1에 카카오버터를 넣고 시럽을 마지막으로 넣어준다.

3. 기계를 이용 살짝 섞어준 후 냉장고에서 하루정도 숙성 후 사용한다.
   ※ 손으로 섞어줄 경우 카카오버터는 24℃에서
     녹기 때문에 기름기가 생길 수 있다.

만 드 는 법

1. 화이트초콜릿으로 봉을 만든다. 적색3호를 이용하여 화이트초콜릿 에 색을 입힌 다음 얇게 펴준다.
   분홍색 초콜릿으로 화이트초콜릿 봉을 싸서 말아준다. 봉을 반으로 자른후 일정 크기로 잘라낸다.

2. 비닐을 덮고 수저로 눌러준다 .

3. 손으로 만져서 꽃잎을 만든다

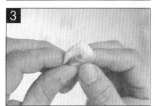

4. 꽃심도 만들어 둔다.

5. 꽃심 둘레로 꽃잎을 하나씩 붙여준다.

6. 꽃잎을 약간 뒤로 저쳐 펼친 모습을 만든다.

6) 잎사귀

만드는 법

1. 화이트초콜릿과 분홍색초콜릿이 합쳐져 있는 봉을 칼로 반을 가른다.

2. 비닐로 덮고 밀대로 밀어준다.

3. 칼로 잎사귀 모양의 크기로 잘라낸다.

4. 살짝 밀대로 밀어준다.

5. 칼로 잎사귀 모양으로 성형한다.

6. 마지막으로 손으로 다듬는다.

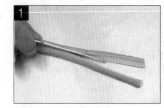 
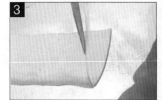 
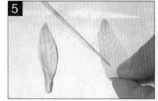 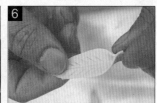

7) 줄기

만드는 법

1. 봉을 반으로 자른 후 손으로 밀어 말아준다.

2. 말아둔 반죽을 밀대에 둘둘 말아 모양을 만든다.(줄기에 작은 잎사귀를 붙이면 벚꽃 효과를 낼 수 있다)

마지팬 공예

마지팬은 준비가 용이할 뿐
만 아니라 꽃만들기에서부터
여러 가지 조형물을 만드는
데 아주 적합한 재료이기 때
문에 버터 크림이나 머랭과
함께 출제 가능성이 매우 높
은 데커레이션 소재이다.

1) 딸기

만드는 법

1. 마지팬을 손으로 빚어 딸기 모양으로 만들고 이 쑤시개 다발로 꾹꾹 눌러 표면에 무늬를 낸다.

2. 에어 브러시로 빨간색 색소를 분사한다.

3. 마지팬 스틱을 이용해 잎과 꼭지를 붙인다.

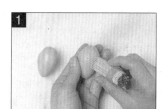

2) 바나나

만드는 법

1. 마지팬을 바나나 모양으로 길게 빚어 꼭지를 뺀 다음 마지팬 스틱으로 꼭지에 홈을 낸다.

2. 에어 브러시로 연두색 색소를 분사한다.

3. 커피 농축액을 살짝 발라준다.

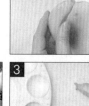

3) 체리

1. 마지팬을 둥글린 다음 비닐을 씌워 홈을 만든다. 그리고 칼날 모양의 마지팬 스틱을 이용해 열십자로 길게 줄을 낸다.

2. 초록색으로 착색된 마지팬 안에 철심을 넣고 손바닥으로 비벼 체리 줄기를 만든다.

3. 에어 브러시로 빨간색 색소를 분사한 다음 줄기를 꽂아 완성한다.

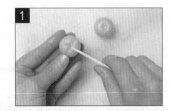
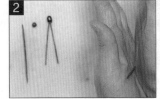

4) 복숭아

1. 마지팬을 둥글려 복숭아 모양으로 만든 다음 칼날 모양의 마지팬 스틱으로 복숭아의 밑부분에서부터 위쪽으로 길게 홈을 낸다.

2. 에어 브러시로 빨간색 색소를 분사한다.

3. 콘스타치를 붓에 묻혀 ②에 살짝 칠한 다음 잎을 만들어 붙여 완성한다.

5) 강아지

1. 흰 반죽 60g으로 한쪽은 둥글고 한쪽은 길쭉한 모양의 몸통을 빚는다. 길쭉한 쪽의 한가운데를 길게 가른 후 칼자국이 난 평평한 면이 바닥으로 오도록 안쪽으로 비틀어 모양을 잡고 발가락 모양을 낸다.

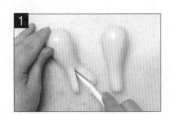

2. ①에 뒷다리 허벅지 모양을 낸다.

3. 뒷다리를 만들어 붙인다.

4. 흰 반죽 20g으로 머리 모양을 빚는다.

5. 입을 가르고 윗부분에는 세로로 입술 자국을 낸다.

6. 콧등에 주름자국을 내고 눈 자국을 낸 다음 귀를 만들어 붙인다.

7. ⑥을 몸통에 붙인다.

8. 흰 반죽으로 꼬리를 만들어 붙이고, 까만 반죽과 빨간 반죽으로 각각 코와 혓바닥을 만들어 붙인다.

9. 로열 아이싱과 가나슈로 눈을 그리고 에어 브러시로 색을 입혀 마무리한다.

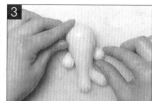

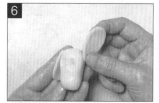

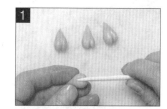

6) 돼지

만 드 는 법

1. 분홍색 반죽 40g으로 돼지 몸통을 빚는다. 입을 가른 후 모양을 다듬는다.

2. 머리가 둥근 봉으로 콧구멍 자국을 내고, 콧등에는 주름 모양을 낸다.

3. 발가락이 두 개로 갈라진 돼지 발을 만든다.

4. 넓적하고 오목한 모양의 귀를 만든다.

5. 발과 귀를 각각의 적당한 위치에 붙이고 꼬리를 만들어 붙인 후 로열 아이싱과 가나슈로 눈을 그린다.

7) 수탉

1. 흰 반죽 30g을 원추형으로 둥글린 후 끝부분을 뾰족하고 휘듯이 잡아빼 몸통을 빚는다.

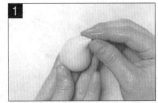

2. 점점 두꺼워지도록 늘인 흰 반죽을 세 개씩 붙여 날개를 만든다.

3. 날개를 몸통에 붙이고 꼬리를 만들어 붙인다.

4. 빨간 반죽으로 벼슬을 만들어 붙인다.

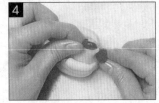

5. 검은 반죽으로 눈을 만들어 붙인다.

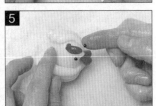

8) 곰

1. 갈색 반죽 42g을 둥글려 몸통을 빚고, 흰 반죽을 얇게 밀어 펴 배 한가운데에 붙인다.

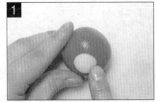

2. 팔과 다리를 만들어 붙인다.

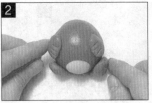

3. 25g의 갈색반죽으로 머리를 빚고, 얇게 밀어 편 흰 반죽을 입 부분에 붙인다. 그 한 가운데에 홈을 내 입을 만들고 윗 입술을 가른다.

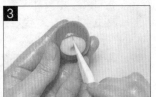

4. 눈 자국을 내고 갈색 반죽과 검은색 반죽으로 각각 귀와 코를 만들어 붙인다.

5. 머리 부분을 몸통에 붙이고 로열 아이 싱과 가나슈로 눈을 그려 완성한다.

슈 조형물

슈반죽으로 만들수있는 조형물에는 백조를 비롯한 조류와 각종 애완동물, 바나나와 같은 과일류 등이 있으나 최근에는 조형물보다는 슈제품 자체의 모양내기에 주로 이용된다.

1) 백조

1. 큰 별 모양깍지를 끼운 짤주머니에 슈 반죽을 채워 넣고 철판에 백조의 몸통부분을 짠다.

2 ▪ 3. 직경 0.3cm의 원형 모양깍지를 끼운 짤주머니에 슈 반죽을 넣고 각각 다른 철판에 백조의 머리, 목 부분을 짠다.

4. 구워진 슈를 냉각시켜 몸통부분은 몸통과 날개로 나누어 자른 후 날개 부분은 다시 반으로 나누어 자른다.

5. 커스터드 크림을 몸통 부분의 안쪽에 절반 정도 짜 넣는다. 생크림을 별 모양깍지 끼운 짤주머니를 이용하여 앞의 커스터드 크림 위에 수북히 짜 넣는다. 마지막으로 몸통 양쪽으로 날개를 붙이고 머리와 목 부분을 붙여 백조를 완성한다.

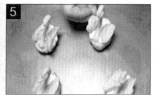

99년도 제과기능장 실기시험 기출 문제

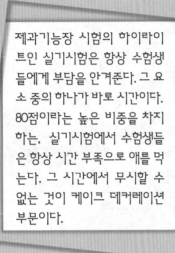

제과기능장 시험의 하이라이트인 실기시험은 항상 수험생들에게 부담을 안겨준다. 그 요소 중의 하나가 바로 시간이다. 80점이라는 높은 비중을 차지하는, 실기시험에서 수험생들은 항상 시간 부족으로 애를 먹는다. 그 시간에서 무시할 수 없는 것이 케이크 데커레이션 부문이다.

• 스펀지 케이크를 3등분하여 데커레이션 케이크 완성하기

1. 가나슈 아이싱 및 데커레이션(머랭 꽃 만들기)
2. 마지팬 아이싱 및 데커레이션
   (마지팬으로 숫사자 만들기)
3. 버터 크림 아이싱 및 데커레이션

※ 시험문제 요구대로 만들어야 한다
   (케이크-2단 샌드에 7cm 높이).

1) 가나슈 아이싱 및 데커레이션

만드는법

1. 먼저 빳빳한 종이를 접어서 ㄱ 자로 오린다. 오린 종이를 케이크 위에 정확하게 삼각형 모양으로 올린다 (3등분을 만든다).

2. 종이를 올린 케이크 위에 초콜릿을 조심스럽게 붓는다.

3. 머랭을 100% 올린다. 70% 정도 올린 머랭은 힘이 없고 질어 보인다.

4. 조금씩 벌어지는 모양의 꽃잎을 짠다. 꽃잎은 안쪽 3개, 바깥쪽 5개를 만들며, 처음부터 너무 벌어지게 짜면 꽃송이가 커져 예쁘지 않다.

5. 가나슈로 코팅한 주위에 어울리는 선을 짜준다.

6. 마무리로 완성된 꽃잎을 코팅한 위에 올린다. 꽃잎 주위에 잎사귀를 짜준다.

2) 마지팬 아이싱 및 데커레이션 (마지팬으로 숫사자 만들기)

만드는 법

1. 3등분한 케이크의 크기대로 삼각 모형과 일자형 모형으로 종이를 오린다. 마지팬 반죽을 얇게 펴 종이를 그 위에 올리고 모양대로 자른다(자를 때 반죽이 종이에 들러붙지 않게 전분을 살짝 뿌려 준다).

2. 자른 마지팬을 케이크 위에 조심스럽게 올린다.

3. 숫사자를 만들기 위해 마지팬 반죽에 색깔을 넣는다. 사자모양을 만든 후 녹는 것을 방지하기 위해 냉장보관 한

다. 숫사자를 만들 때 같이 꽃모양을 만든다.

4. 남은 반죽을 길게 꼬아 테두리에 장식하고, 위에 숫사자와 꽃을 올린다.

5. 마무리 작업으로 꽃잎 주위에 잎사귀를 짜준다.

3) 버터 아이싱 및 데커레이션

만드는 법

1. 별 모양깍지를 이용하여 버터크림으로 테두리에 장식을 한다.

2. 마지막으로 잎 모양깍지를 이용 하여 꽃 모양을 만든

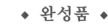

◆ 완성품 ◆

※ 주의사항
· 머랭을 이용하여 꽃잎을 짤 경우 머랭을 100% 올려야 한다.
· 꽃잎을 짤 경우 꽃송이가 너무 크지 않게, 너무 벌어지지 않게 짜 준다.

2000년도 제과기능장 실기시험 기출 문제

• 버터 스펀지 케이크를 버터 크림과 마지팬을 이용하여 데커레이션 케이크 완성하기

제과기능장 실기문제 도면

1. 데커레이션 요구사항
   1) A는 수평으로 버터 크림으로 샌드
   2) A,B면 모두 버터 크림으로 아이싱하고 초콜릿으로 코팅
   3) A면에는 버터 크림으로 무늬 및 모양을 자유롭게 표현
   4) B면은 마지팬으로 모양을 만들어 진열하고,
      버터 크림으로 장미꽃 1개와 잎새, 글씨로 마무리

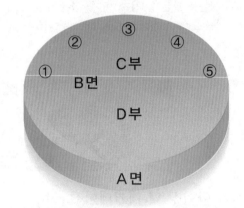

2. 윗면 (B면)
   1) ① ② ③ ④ ⑤ : 마지팬으로 5가지 형태 만들기
   2) C부 : 버터 크림으로 장미꽃과 잎새.
   3) D부 : 글씨로 '축 생일' 쓴 후 마무리.

1) 버터 크림 아이싱 및 데커레이션 (무늬 및 모양만들기)

만드는 법

1. 케이크 옆면을 버터 크림으로 샌드하고 전체를 아이싱하여 초콜릿으로 코팅한다.

2. 별 모양깍지를 이용하여 케이크 밑부분 둘레에 장식한다.

3. 짤주머니를 이용하여 케이크 위에 선으로 장식한다.

4. 5가지 형태의 마지팬을 만든 후 케이크 위 뒤쪽으로 올린다.

5. 잎 모양깍지를 이용하여 장미꽃을 만든다.

6. 장미꽃을 마지팬 앞쪽에 올리고 잎사귀 모양을 짜준다.

7. 장미꽃 앞에 짤주머니를 이용하여 축하글씨를 쓴다.

2) 마지팬 데커레이션(5가지 형태 만들기)

2001년도 제29회 제과기능장 실기시험 기출 문제

제과기능장 실기문제 도면

1. 데커레이션 요구사항

1) A는 수평 절단(2번)해 시럽을 칠하고 버터 크림으로 샌드
2) A, B면 모두 버터 크림 아이싱 및 초콜릿 코팅
3) A면에는 모양깍지 2종 이상을 사용하여 버터 크림으로 무늬 또는 모양을 자유롭게 표현
4) B면에는 마지팬으로 만든 동물 3개, 머랭으로 만든 장미꽃 3송이와 잎새, 머랭으로 만든 동물 2개를 진열하고 지정한 글씨로 마무리

2. 윗면 (B면)

1) ① ② ③는 마지팬 동물을 진열하되 강아지, 토끼, 사자, 곰, 사슴 중 3가지를 선택(동물 1 개의 무게는 100g 이하)
2) ④ ⑤는 머랭으로 만든 동물을 진열하되 강아지, 오리, 사슴, 토끼, 코끼리 중 2가지를 선택
3) C부에는 버터를 사용해 〈축 어린이날〉을 쓰고, D부에는 머랭으로 장미꽃 3송이와 잎새. B면의 기타 부분은 전체의 조화를 감안하여 자유롭게 표현해 완성.

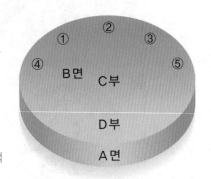

머랭으로 동물만들기

■ 토끼 만들기

만드는 법

1. 노란색 색소를 넣은 머랭으로 귀 모양을 짜쭌다.

2. 귀 아래부분에 몸통을 짜준다.

3. 귀와 몸통 사이에 얼굴부분을 약간 뽀족하게 올려준다.

4. 앞다리와 뒷다리를 짜준다.

5. 얼굴부분에 눈동자를 짜준다.

6. 적색색소를 이용하여 코를 짜준다.

7. 적색 색소와 녹색 색소를 이용하여 당근 모양을 짜주고 완성한다.

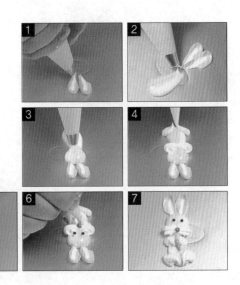

■ 사슴 만들기

만드는 법

1. 머랭에 노란 색소를 약간 첨가한다. 작은 둥근깍지를 이용하여 다리 2개를 너무 길지 않도록 짜준다.
2. 짜 놓은 다리 위로 겹치게 나머지 다리를 짠다.
3. 다리 윗부분 쪽으로 귀를 짜준다.
4. 귀와 다리 사이 가운데에 머리부분을 짠다. 끝을 약간 뾰족하게 올려준다.
5. 머리에 눈을 짜주고 남색 색소를 섞은 머랭으로 눈동자를 짠다.
6. 다리 부분에 꽃사슴 문양을 만든다.

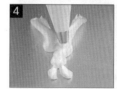

■ 데커레이션 케이크

만드는 법

1. 마지팬으로 원하는 동물모양을 만든다.
2. 버터 크림으로 아이싱 및 초콜릿 코팅한 케이크에 다양한 깍지를 이용하여 문양을 짜준다.
3. 뒤쪽으로 가운데에 마지팬 동물을 올리고 그 양옆으로 머랭 동물을 올린다.
4. 가운데에 축하 글씨를 써주고 그 아래 머랭 장미를 올린다. 마지막으로 잎새를 짜준다.

2001년도 제30회 제과기능장 실기시험 기출 문제

▶▶ 실기문제 도면

I. 데커레이션 요구사항

1) 버터 스펀지 케이크는 수평 절단(2번)해 시럽을 칠하고 버터 크림으로 샌드(시트 높이 7cm)한다.
2) 모든 면을 버터 크림 아이싱을 한 후 B면은 가나슈 코팅한다.
3) C면은 모양깍지를 사용하여 자유주제로 표현하고, D면은 모양깍지 3종을 사용하여 지정 무늬 표현한다.
4) 윗면에는 마지팬으로 만든 꽃(코코아색) 한 송이, 초콜릿 판 꽃 두 송이와 잎, 머랭으로 만든 꽃 세 송이, 마지팬으로 만든 동물 세 마리를 만들고 지정한 글씨로 마무리한다.

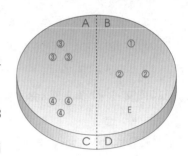

II. 윗면

1) ①에는 코코아색 마지팬으로 만든 꽃 한 송이를 진열한다.
2) ②에는 초콜릿 판으로 꽃 두 송이와 잎을 진열한다.
3) ③에는 머랭으로 만든 꽃 세 송이를 진열한다.
4) ④에는 마지팬으로 서로 다른 동물 세 가지를 선택하여 진열(무게는 50g 이하)한다.
5) E부에는 버터를 사용해 〈스승님의 은혜〉를 쓰고, 윗면 기타 부분은 전체의 조화를 감안하여 자유롭게 표현해 완성(전체높이 12cm이내)한다.

▶▶ 데커레이션 케이크 만들기

① 3단 샌드를 한 케이크에 버터 크림으로 전체 아이싱한 후 종이를 이용하여 케이크 윗면을 반으로 가른다. 냉동고에서 약간 굳힌다.
② 초콜릿 300g을 중탕으로 녹인다. 생크림 400g도 중탕으로 열을 가한 후 초콜릿과 섞는다. 거품이 나지 않도록 살짝 섞으면서 열을 식힌다. 이때 유동성을 조절하기 위하여 식용유나 쇼트닝 등을 첨가하기도 한다.
③ 가나슈의 온도를 체크한 후 종이로 반을 가른 케이크 한쪽에 흘려부어 코팅한다. 가나슈가 약간 굳은 상태에서 종이를 떼어낸다.
④ 윗면에 원하는 선그리기를 한다. 가나슈 코팅된 부분은 가나슈 실선을 그리는 것이 보기에 좋다.
⑤ 버터 크림 아이싱 된 부분 옆면에 깍지를 이용하여 자유주제로 모양을 낸다. 지정무늬와 비슷한 분위기를 내는 것이 좋다.
⑥ 가나슈 코팅된 부분 옆면에 3종 깍지를 이용하여 지정무늬를 짠다.
⑩ 각 지정위치에 만들어 놓은 것을 올린다.
⑪ 지정위치에 '스승님의 은혜라는 글씨를 써주고, 전체적인 조화에 맞게 잎새와 줄기를 짜 마무리한다.

2002년도 제31회 제과기능장
실기시험 기출 문제

▶▶▶ 실기문제

데커레이션 요구사항

1. 케이크는 수평 절단해 시럽을 칠하고 버터 크림으로 샌드한다.
2. 케이크는 버터 크림 아이싱 및 초콜릿으로 코팅한다.
3. 옆면에 원형 모양깍지로 반을 장식하고 나머지 반은 자유무늬로 짜준다.
4. 앞면에는 마지팬으로 장미 1송이와 잎새를 만들고 지정된 글씨로 마무리한다.

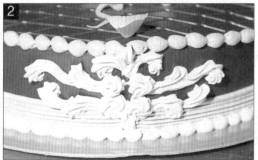

▶▶▶ 데커레이션 케이크

1. 버터 크림으로 아이싱 및 초콜릿 코팅한 후, 초콜릿 사인으로 두께 1mm, 간격 1cm 이하로 네트를 짜준다.
2. 마지팬으로 장미 1송이와 잎새를 장식한다.
3. 앞면에 마지팬으로 '축 가정의 달'을 싸인한다.
4. 원형 모양 깍지로 반을 장식하고 나머지 반은 자유무늬로 짜준다.
5. 별모양 깍지로 **2**의 그림처럼 모양을 내어 세 부분에 짜준다. 밑면에 바구니 모양깍지로 장식한다.

2002년도 제32회 제과기능장
실기시험 기출 문제

▶▶ 실기문제 .... 데커레이션 요구사항

1. 케이크는 수평 절단해 시럽을 버터 크림으로 샌드한다.

2. 케이크는 버터 크림 아이싱 및 초콜릿으로 코팅한다.

3. 옆면은 자유무늬로 짜준다.

4. 앞면에는 머랭으로 장미 3송이를 만들고 지정된 글씨로
마무리한다.

▶▶ 데커레이션 케이크

1. 버터 크림으로 아이싱 및 초콜릿 코팅한다.

2. 옆면은 자유무늬로 짜준다.

3. 앞면에 머랭으로 '仲秋佳節'을 사인한다.

4. 앞면에 머랭으로 장미 3송이를 장식한다.

5. 앞면에 머랭으로 만든 강아지, 토끼, 마지팬으로 만든 사자,
토끼, 곰을 올린다.

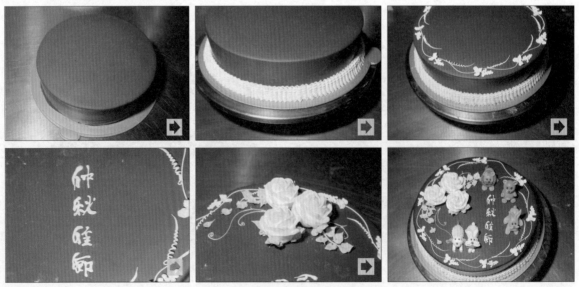

▶▶▶머랭으로 꽃과 동물 만들기

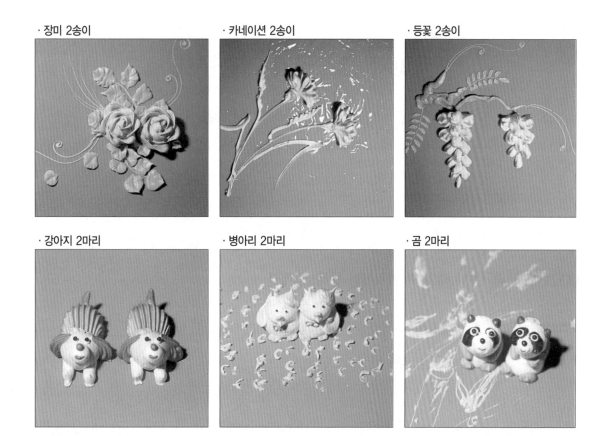

· 장미 2송이

· 카네이션 2송이

· 등꽃 2송이

· 강아지 2마리

· 병아리 2마리

· 곰 2마리

▶▶▶마지팬으로 동물 만들기

· 토끼 2마리, 사자 2마리

· 다람쥐 2마리

2002년도 제과기능장 제31회 필기시험 문제 & 해설

1. 유화쇼트닝 60%를 사용하는 옐로 레이어 케이크를 초콜릿 32%를 사용하는 초콜릿 케이크로 바꾸려한다. 옐로 레이어의 유화쇼트닝은 얼마가 되는 것이 좋은가?

　　가. 48%　　　　나. 54%　　　　다. 60%　　　　라. 66%

　　해설 : 초콜릿의 양의 5/8은 코코아, 3/8은 카카오 버터의 양이다. 이것이 유화쇼트닝으로서 가능할 수 있는 양은 1/2이다.
　　따라서 32% × 3/8 = 12%, 코코아 버터의 유화 쇼트닝 기능은 12 × 1/2 = 6%이다. 정답은 60 – 6 = 54이다.

2. 스펀지 케이크 제조시 계란을 600g 사용하는 원래 배합을 변경하여 유화제를 24g 사용하고자 한다. 이 때 필요한 계란양은?

　　가. 720g　　　　나. 600g　　　　다. 576g　　　　라. 480g

　　해설 : 유화제를 사용하는 스펀지일 경우　　①유화제의 4배에 해당하는 물을 사용함. 24 × 4 = 96g
　　② 유화제의 양 24g　　③ 전체 계란량 – (유화제 + 물) = 600 – (24 + 96) = 480g

3. 고율 배합 케이크용 밀가루의 가장 적당한 pH는?

　　가. 약 4.0　　나. 약 5.2　　다. 약 8.8　　라. 약 9.2

　　해설 : 고율배합이란 밀가루보다 설탕을 더 많이 사용하는 배합을 가리킨다. 이때 밀가루 전분의 호화 온도를 낮추어 굽기 과정 중에 오븐 안에서 안정을 빠르게 하여 수축과 손실을 감소시키는 염소 표백 밀가루(pH 5.0~5.5, 약산성)를 사용한다.

4. 일반 스펀지 케이크(Sponge Cake)의 적당한 pH는?

　　가. 5.5~5.8　　　　나. 6.0~6.2　　　　다. 7.3~7.6　　　　라. 8.9~9.2

5. 퍼프 페이스트리 제조시 굽는 동안 유지가 흘러나오는 이유가 아닌 것은?

　　가. 밀어펴기가 부적절하므로　　　　　나. 강한 밀가루를 사용하므로
　　다. 과도한 밀어펴기를 하므로　　　　　라. 오븐 온도가 너무 낮으므로

해설 : 굽는 동안 유지가 흘러 나오는 이유는 밀어펴기의 부적절, 약한 밀가루 사용, 과도한 밀어펴기, 오래된 반죽사용, 너무 낮은 온도에서 굽는 경우이다.

6. 손으로 만드는 케이크 도넛이 튀김 중에 유지를 많이 흡수하는 이유가 아닌 것은?

    가. 생지 온도가 높다.   나. 믹싱이 부족하다.

    다. 튀김기름 온도가 낮다.   라. 튀김 시간이 길다.

해설 : 케이크 도넛의 과도한 흡유 원인은 너무 많은 반죽의 수분, 믹싱의 부족, 많은 팽창제 사용, 많은 양의 설탕 사용, 긴 튀김시간 등이다. 생지 온도가 높으면 유지흡수가 줄어든다.

7. 옐로 레이어 케이크 제조시 밀가루 100%, 설탕 100%, 쇼트닝 100% 사용시 계란 사용량은 어느 정도인가?

    (단, 우유는 사용하지 않는다)

    가. 55%   나. 75%   다. 92%   라. 110%

해설 : 옐로 레이어 케이크의 계란사용량 = 쇼트닝 × 1.1 = 100 × 1.1 = 110%

8. 초콜릿 케이크 제조시 속색을 진하게 하기 위한 조치는?

    가. 유지의 사용량을 증가한다.   나. 설탕의 사용량을 증가한다.

    다. 계란의 사용량을 증가한다.   라. 탄산수소나트륨의 사용량을 증가한다.

해설 : pH를 조절하는 방법은 사용하는 재료가 가장 중요한데 인위적으로 산성을 만들려면 주석산크림을 사용하고 알칼리를 만들려면 탄산수소나트륨을 사용한다.

9. 엔젤 푸드 케이크 제조시 흰자에 넣어 튼튼한 머랭을 만드는 재료와 거리가 먼 것은?

    가. 주석산칼륨   나. 과일즙   다. 소금   라. 수산화나트륨

해설 : 흰자는 pH가 중성 또는 알칼리에 속하므로 산성재료를 넣어서 중성 쪽으로 와야 튼튼한 머랭을 만들 수 있다. 수산화나트륨은 알칼리이다.

10. 엔젤 푸드 케이크의 배합표 작성시 재료의 사용범위가 틀린 것은?

    가. 박력분 100%   나. 흰자 40~50%

    다. 설탕 30~42%   라. 주석산크림 0.5~0.625%

    해설 : 박력분은 15~18% 이다.

11. 엔젤 푸드 케이크를 만들 때 가장 알맞는 반죽 방법은?

    가. 노른자와 흰자에 설탕을 반씩 넣고 거품을 올린다.

    나. 흰자에 설탕을 전부 넣고 거품을 내기 시작한다.

    다. 흰자 무게의 60~70% 설탕을 거품과정 중에 넣는다.

    라. 중탕법으로 흰자의 거품을 올린다.

해설 : 엔젤 푸드 케이크를 만들 때 머랭 제조시 전체 설탕의 60%~70%를 넣는데 너무 많이 넣으면 머랭의 부피가 작아지고 너무 적으면 머랭이 약해진다. 전체 설탕 중 2/3는 입상형으로 머랭 제조시 투입하며, 1/3은 분당으로 밀가루와 함께 투입한다.

12. 파이 껍질(Pie Crust) 배합에 관한 설명 중 맞는 것은?

    가. 파이 반죽의 온도는 약간 높은 편이 좋다. (28℃정도)

    나. 반죽을 부드럽게 하기 위해 액체유를 쓰는 게 좋다.

    다. 반죽은 배합 후 바로 사용하여야 한다.

    라. 급수 사용량은 비교적 적게 하는 편이 좋다.

해설 : 파이 반죽 온도는 온도가 낮아야 하므로 냉수를 사용한다. 또한 액체유는 고체일 경우 사용한다. 반죽 배합은 냉장 휴지 후에 사용한다.

13. 반죽형 쿠키를 만들 때 퍼짐이 결핍되는 경우는?
    가. 반죽이 알칼리성인 경우   나. 믹싱이 지나친 경우
    다. 오븐 온도가 너무 낮은 경우   라. 설탕 입자가 너무 고운 경우

    해설 : 퍼짐이 결핍된다는 것은 퍼짐이 작다는 것을 의미하는데, 반죽은 알칼리성이 산성보다 크다. 또한 오븐 온도는 고온보다 저온이 크다.

14. 밀가루 100%(=600g)와 계란 150%를 사용하는 시퐁 케이크에서 흰자의 사용량은?
    가. 300g   나. 600g   다. 900g   라. 1,200g

    해설 : 노른자 50% × 6 = 300g / 흰자 100% × 6 = 600g

15. 마지팬을 만들 때 필요한 기본 재료가 아닌 것은?
    가. 아몬드   나. 물   다. 전분   라. 설탕

    해설 : 마지팬은 설탕과 아몬드를 갈아 만든 페이스트로 유럽에서는 마지팬의 성분에 대해 일정한 기준을 정해 놓고 있다. 이는 나라마다 조금씩 차이를 보이는데 일반적인 것은 당분 68% 이하(10% 이하의 전화당 첨가는 허용), 수분 12.5%이다. 아몬드의 함량이 전체의 1/3 이하인 페이스트는 마지팬이라 부르지 않는다.

16. 다음과 같은 배합표에 의한 제품중량 900g의 식빵 1,200개의 주문을 받았다. 중량 미달 제품의 발생을 염려하여 910g의 제품을 만들기로 하였다면 소요되는 소맥분은 얼마인가? (단, 발효손실 2%, 소성손실 12%만 고려하며 불량품은 없는 것으로 본다. 또한 소맥분 1kg으로 계산한다.)

재료명	강력분	이스트	설탕	쇼트닝	소금	이스트 푸드	분유	물
배합	100%	2%	4%	4%	2%	0.1%	2%	61.9%

    가. 536kg   나. 720kg   다. 942kg   라. 1,080kg

    해설 : 발효손실 2% = 1 − 0.02 = 0.98, 소성손실 12% = 굽기손실 : 1 − 0.12 = 0.88
        ① 제품 총중량 = 910g × 1,200개 = 1,092kg
        ② 총 분할무게 = 1,092kg ÷ 0.88(굽기손실 1 − 0.02) = 1,240kg
        ③ 총 재료무게 = 1,240 ÷ 0.98(발효손실 1 − 0.12) = 1,266kg
        ④ 밀가루 무게 = (총재료 무게 × 밀가루 비율) / 총 배합률 = (1,266 × 100) / 176 = 126,600 / 176 ≒ 719.44kg ≒ 720kg

17. 제빵시 적량보다 많은 설탕을 사용하였을 때 결과 중 잘못된 것은?
    가. 이스트 사용량을 증가시키지 않는 한 부피가 적다.   나. 설탕 사용량이 많을수록 색상이 검다.
    다. 껍질이 두껍고 거칠다.   라. 세포의 파괴로 회색 또는 황갈색의 속색을 나타낸다.

18. 일반 스트레이트법 식빵을 비상 스트레이트법 식빵으로 만들 때 필수적인 조치사항이 아닌 것은?
    가. 반죽온도를 30℃로 높임   나. 수분흡수율 1% 감소
    다. 발효속도 증가(이스트를 1.5배로 증가)   라. 설탕량 1% 감소

    해설 : 수분흡수율을 1% 감소시킨다.
    * 비상반죽시 필수사항
    ① 1차 발효시 단축 = 15~30분 ② 믹싱시간 증가 = 20~25% 증가 ③ 발효속도 증가 = 이스트가 1.5배일 때, 반죽온도가 30℃
    ④ 껍질색 조절 = 설탕 1% 감소 ⑤ 반죽되기 조절 = 물 1% 증가

19. 다른 조건은 같으며 아래의 보기와 같은 사항에 관해서만 변동이 있을 때 같은 시간내에 제빵을 위해서 이스트를 다소 증가시켜 사용하지 않아도 되는 것은?
    가. 생지 온도를 낮게 올릴 때　　　　　　　　나. 밀가루의 숙성이 충분히 되었을 때
    다. 생지를 굳게 준비할 때　　　　　　　　　라. 글루텐이 강할 때

20. 노타임 반죽법에 대한 일반적인 설명으로 틀린 것은?
    가. 환원제를 사용하므로 믹싱시간을 25% 정도 증가시킨다.
    나. 산화제를 사용하므로 발효시간을 단축한다.
    다. 산화제는 -SH 결합을 -S-S 결합으로 하여 글루텐을 강화한다.
    라. 1차 발효시간을 단축시키는 방법으로 사용한다.
    해설 : 환원제는 밀가루 단백질 사이의 S-S 결합을 환원시켜서 믹싱시간을 25% 정도 단축시킨다.

21. 이스트의 사용량을 감소하는 것이 좋은 경우는?
    가. 반죽온도가 낮은 경우　　　　　　　　　나. 손 작업량이 많은 경우
    다. 우유 사용량이 많은 경우　　　　　　　　라. 설탕 사용량이 많은 경우
    해설 : 손으로 작업할 경우 작업시간이 길어지므로 발효가 많이 된다.

22. 스펀지&도법으로 빵을 만들 때 스펀지 발효시 온도와 pH의 변화에 대한 설명으로 맞는 항목은?
    가. 온도와 pH가 동시에 상승한다.　　　　　　나. 온도와 pH가 동시에 하강한다.
    다. 온도는 하강하고 pH는 상승한다.　　　　　라. 온도는 상승하고 pH는 하강한다.
    해설 : 발효시 Co2, 에틸알콜(CHOH), 열(cal), 유기산, 알데히드 등 발생함. 온도는 30분에 1℃ 상승, ph는 5.5에서 4.6으로 하강한다.

23. 2차 발효의 가장 큰 목적은?
    가. 단백질과 전분의 변화　　　　　　　　　나. 제품의 원하는 부피
    다. 보유가스빼기　　　　　　　　　　　　　라. 탄력의 완화
    해설 : 바람직한 외형과 좋은 식감의 제품을 얻기 위해

24. 다음 중 2차 발효실(Proofing Room)에서 가장 좋은 조건은?
    가. 온도 20 - 25℃, 관계습도 85 - 90%　　　나. 온도 33 - 43℃, 관계습도 75 - 90%
    다. 온도 55 - 60℃, 관계습도 75 - 80%　　　라. 온도 65 - 70℃, 관계습도 85 - 95%

25. 제빵시 굽기 과정에서 일어날 수 있는 변화가 아닌 것은?
    가. 단백질과 전분의 변화　　　　　　　　　나. 캐러멜화 반응
    다. 수분제거　　　　　　　　　　　　　　　라. 단백질 강화
    해설 : 단백질은 구조형성에 기여한다.

26. 식빵을 제조하는데 있어서 필수 재료가 아닌 것은?
    가. 밀가루　　　　　　나. 물　　　　　　다. 이스트　　　　　　라. 설탕
    해설 : 식빵의 필수 재료는 밀가루, 물, 이스트, 소금이다.

27. 렛 다운 단계(Let down stage)까지 믹싱해도 좋은 제품은?
    가. 데니시 페이스트리　　　　나. 잉글리시 머핀　　　　다. 불란서 빵　　　　라. 식빵

해설 : 잉글리시 머핀은 팬의 흐름을 좋게 하기 위해서

28. 완제품 빵의 pH가 다음과 같을 때 정상적인 발효로 볼 수 있는 것은?
　　가. pH 4.5　　　　　　나. pH 5.0　　　　　　다. pH 5.7　　　　　　라. pH 6.7
　　해설 : pH 5.0은 지친 반죽일 경우, pH 5.7은 정상 반죽일 경우, pH 6.0은 어린 반죽일 경우

29. 포장을 완벽하게 하더라도 빵제품에 노화가 일어나는 주요한 원인은?
　　가. 빵 내부의 부위별로 수분이 이동　　　　나. 빵 표면에서 밖으로 수분이 증발
　　다. 향의 강도가 서서히 감소　　　　　　　라. 전분의 퇴화가 진행
　　해설 : 빵의 노화는 빵 속의 수분이 껍질로 이동과 전분의 퇴화가 진행되기 때문이다.

30. 빵의 노화가 가장 빨리 일어나는 온도 범위는?
　　가. −18℃ 이하　　　　　나. −7~10℃　　　　　다. 13~20℃　　　　　라. 22~27℃
　　해설 : 냉장온도로 −7~10℃이다.

31. 밀가루 전분의 중요 구조인 아밀로펙틴(Amylopectin)에 대한 설명으로 틀린 항목은?
　　가. 측쇄가 있으며 측쇄의 포도당 단위는 α−1,6결합으로 연결되어 있다.
　　나. α−아밀라아제에 의하여 덱스트린(호정)으로 바뀐다.
　　다. 보통 백만 이상의 분자량을 가지고 있다.
　　라. 보통 곡물에는 아밀로펙틴이 17~28% 정도 들어 있다.
　　해설 : 아밀로펙틴은 72~83% 정도 들어있으며, 아밀로오스는 17~28% 정도 들어있다.

32. 효소에 대한 설명으로 틀린 것은?
　　가. 알파 아밀라아제(α−amylase)는 당화효소이다.
　　나. 말타아제(maltase)는 맥아당을 2개의 포도당으로 분해한다.
　　다. 라피아제(lipase)는 지방을 분해하는 효소이다.
　　라. 펩신(pepsin)은 단백질을 분해하는 효소이다.
　　해설 : 알파 아밀라제는 녹말이나 글리코겐 등의 글루코오스 사슬을 안쪽에서부터 규칙성 없이 절단하면 반응의 초기부터 다당류는 급속히 저분자화 하여 요오드 녹말반응을 나타내지 않게 된다. 액화 효소라고도 한다.

33. 밀가루의 회분함량에 대한 설명 중 틀린 것은?
　　가. 밀가루의 정제도를 표시하기도 한다.
　　나. 제분율이 높을수록 회분함량이 높다.
　　다. 같은 제분율일 때 연질소맥은 경질소맥에 비해 회분함량이 낮다.
　　라. 회분함량이 많으면 밀가루의 색이 희어진다.
　　해설 : 회분함량이 많으면 밀가루 색이 검어진다.

34. 100g의 밀가루에서 50g의 젖은 글루텐이 만들어졌다. 이 밀가루는?
　　가. 초박력분　　　　나. 박력분　　　　다. 중력분　　　　라. 강력분
　　해설 : 젖은 글로텐 % = 50/100 × 100 = 50 이며, 밀가루 단백질 = 젖은 글루텐 ÷ 3 = 16.6%

35. 다음 당류 중 상대적 감미도가 가장 낮은 것은?
　　가. 유당　　　　나. 과당　　　　다. 자당　　　　라. 포도당

해설 : 과당 175, 전화당 135, 자당 100(기준), 포도당 75, 맥아당 32, 유당 16

36. 튀김기름에 들어있는 유리지방산에 대한 설명으로 틀린 것은?

　　가. 유지의 가수분해에 의하여 생성된다.

　　나. 유리지방산이 많아지면 튀김기름에 거품이 잘 생긴다.

　　다. 유리지방산이 많아지면 튀김기름의 발연점이 낮아진다.

　　라. 유리지방산은 튀김기름의 유화력을 높인다.

해설 : 튀김기름의 가수분해는 유리지방산의 양이 1%를 넘으면 진행이 급속히 빨라진다.

37. 생크림 숙성온도와 시간으로 가장 적당한 것은?

　　가. -2~0℃에서 5시간 정도　　　　　　나. 3~5℃에서 8시간 정도

　　다. 8~10℃에서 18시간 정도　　　　　라. 15~20℃에서 24시간 정도

해설 : 생크림의 숙성은 저온(5℃)에서 장시간 (8시간)동안 보존한다. 이는 유지방 속에 들어있는 유지의 배열을 가장 안정된 형태로 바꾸어 품질을 향상한다.

38. 케이크 제품 제조에 있어 계란의 결합제 기능을 이용한 항목은?

　　가. 스펀지 케이크 제조　　　나. 초콜릿 케이크 제조　　　다. 커스터드 크림 제조　　　라. 머랭 제조

39. 제빵용 활성건조효모를 물에 풀어서 사용할 때 물 온도로 가장 적당한 것은?

　　가. 10℃　　　　나. 25℃　　　　다. 40℃　　　　라. 55℃

해설 : 드라이 이스트는 신선한 생 이스트를 가루로 만들어 저온에서 건조시킨 것이며 40℃ 미지근한 물에 풀어 사용한다.

40. 어떤 베이킹 파우더 17kg 중 전분이 40%이고, 중화가(中和價)가 104일 때 산 작용제는 얼마나 들어 있는가?

　　가. 4kg　　　　나. 5kg　　　　다. 10kg　　　　라. 17kg

해설 : [중화가 = 중조의 양 × 100 / 산성제의 양] [중조의 양 = 산성제의 양 × 중화가 / 100] [산성제의 양 = 중조의 양 × 100 / 중화가] [BP = 중조 + 산염 + 전분, 전분의 양은 17×40 / 100 = 6.8kg] [중조 + 산작용제(17 - 6.8)는 10.2kg] [산작용제를 △ 라 할 때 중조는 (△ × 104) / 100] [중조 = 1.04△]　[∴ △ + 1.048△ = 10.2kg x = 5kg]

41. 어떤 제빵공장의 급수가 경수이기 때문에 발효가 지연되고 있다. 이 문제를 해결하는 조치로 틀린 항목은?

　　가. 배합에 이스트 사용량을 증가시킨다.　　　　나. 맥아 첨가 등의 방법으로 효소를 공급한다.

　　다. 이스트 푸드의 양을 감소시킨다.　　　　　라. 소금의 양을 소량 증가시킨다.

해설 : 소금의 양을 감소시킨다.

42. 건포도를 전처리(Conditioning)하여 사용할 때 필요한 27℃ 물의 사용량은?

　　가. 건포도 중량의 12%　　　　　　나. 건포도 중량의 25%

　　다. 건포도 중량의 50%　　　　　　라. 건포도 중량과 동량

43. 다음의 안정제 중 동물에서 추출되는 것은?

　　가. 한천　　　　나. 젤라틴　　　　다. 펙틴　　　　라. 구아검

해설 : 젤라틴은 동물의 뼈, 근육 등을 푹 고았을 때 우러나오는 (연골성분의) 국물을 정제한 것. 동물성 단백질이라서 상온에서도 쫄깃쫄깃한 성질을 유지한다. 무스나 바바로아처럼 부드럽고 젤리 같은 질감의 반죽을 만들 때 굳히는 역할을 한다. 녹는 온도는 25℃, 굳는 온도는 10℃로 비슷한 용도로 쓰는 식물성의 한천보다 낮다.

44. 밀가루의 반죽 성향을 측정하기 위해서 사용하는 기기(Instrument)들 중 전분의 점성을 측정할 수 있는 것은?

가. 믹소그래프(Mixgraph)　　　　　　　　나. 패리노그래프(Farinograph)

다. 아밀로그래프(Amylograph)　　　　　　라. 익스텐소그래프(Extensograph)

해설: 아밀로그래프는 밀가루와 물의 현탁액을 매분 1.5℃씩 상승시킬 때 일어나는 점도의 변화를 계속적으로 기록하는 장치로 밀가루 전분의 호화 정도를 알 수 있다.

45. 휘핑 크림의 취급과 사용에 관한 설명 중 틀린 것은?

　　가. 휘핑 크림의 유통 과정 및 보관에서 항상 5℃를 넘지 않도록 해야한다.

　　나. 냉각된 휘핑 크림의 운송도중 강한 진탕에 의해 기계적 충격을 주게 되면 휘핑성을 저하시킨다.

　　다. 냉각을 충분히 시켜서 5℃ 이상을 넘지 않는 한도 내에선 오래 휘핑할수록 부피가 커진다.

　　라. 높은 온도에서 보관하거나 취급하게 되면 포말이 이루어지더라도 조직이 연약하고 유청 분리가 심하게 나타날 염려가 있다.

46. 포도상구균에 의한 식중독에 대한 설명으로 틀린 것은?

　　가. 화농성 질환을 가지고 있는 조리자가 조리한 식품에서 발생하기 쉽다.

　　나. 독소형 식중독으로 독소는 열에 의해 쉽게 파괴되지 않는다.

　　다. 독소는 엔테로톡신(Enterotoxin)이라는 장관독이다.

　　라. 잠복기가 느리고 식중독 중 치사율이 가장 높다.

해설 : 포도상구균식중독은 보툴리누스 식중독과 함께 대표적인 독소형 식중독으로서 식품 중에서 대량 증식한 세균의 섭취에 따른 감염형 식중독과는 달리 일반적으로 짧은 시간(평균 3시간)에 식중독을 일으킨다. 증상으로는 설사에 앞서 구토가 먼저 일어나는 경우가 많으며 많은 환자가 격심한 구토증상을 일으킨다. 포도상구균식중독 환자의 약 70%가 설사를, 2/3가 복통을, 1/3이 발열 증상을 보이지만 38℃ 이상 고열의 경우는 드물다. 각 증상의 지속시간은 수 시간 정도로서 특별한 경우를 제외하고 24시간 이내에 회복되며 사망예는 거의 없다.

47. 마이코톡신(Mycotoxin)의 특징을 바르게 설명한 것은?

　　가. 곰팡이가 생성한 독소에 의한다.　　　나. 원인식은 지방이 많은 육류이다.

　　다. 항생물질로 치료된다.　　　　　　　라. 약제에 의한 치료효과가 크다.

해설 : Fusarium屬이 생산한 마이코톡신 중독원인은 곰팡이가 생긴 수수, 보리, 밀, 메밀을 먹은 것이며, 중독의 증상은 독량이 많게 됨에 따라서 오심, 구토, 설사에 머무르지 않고, 백혈구의 감소, 괴사, 피부출혈, 반점, 패혈증을 일으키며, 골수 등 조혈기능에 장해를 일으켜 사망에 이르게 한다.

48. 합성 플라스틱규에서 발생하는 화학적 식중독 물질은?

　　가. 포름알데히드(Formaldehyde)　　　　나. 둘신(Dulcin)

　　다. 베타나프톨(β-naphthol)　　　　　　라. 겔티아나바이올렛(Gertiana violet)

해설 : 합성 수지 중 페놀수지, 요소 수지 등은 열 경화성 수지로서 제조시 가열. 가압 조건이 부족할 때는 미반응 원료인 페놀, 포름알데히드가 유리되어 용출되는 경우가 있다.

49. 자외선 살균의 이점이 아닌 것은?

　　가. 살균효과가 크다.　　　　나. 균에 내성을 주지 않는다.

　　다. 표면 투과성이 좋다.　　　라. 사용이 간편하다.

해설 : 물은 비교적 자외선을 잘 투과시킨다. 예를 들면 우물물의 살균, 소독에는 자외선 조사가 효과가 있지만, 자외선에 불투명한 식기 · 의류 등에서는 표면살균만 된다.

50. 사람의 손, 조리기수, 식기류와 소독제로 적당한 것은?

　　가. 포름알데히드(Formaldehyde)　　　　　나. 메틸알콜(Methyl alcohol)

다. 승홍(Corrosive sublimate)   라. 역성비누(Invert soap)

해설 : 역성비누는 세정력은 약하나 살균력이 강하고 가용성이며, 냄새가 없고 자극성과 부식성이 없어 손의 소독, 그릇의 소독에 적당하다.

51. 다음 중 체내에서 수분의 기능이 아닌 것은?

    가. 신경의 자극전달   나. 영양소와 노폐물의 운반   다. 체온조절   라. 충격에 대한 보호

52. 담즙(Bile juice)에 대한 사항 중 옳지 않은 것은?

    가. 담즙분비는 콜레시스토키닌에 의하여 자극 받는다.

    나. 담즙은 지방질을 섭취할 때 가장 많이 분비된다.

    다. 담즙의 주 작용은 유화작용이다.

    라. 담즙은 약알칼리성으로 Glycocholic acid가 주성분이다.

해설 : 담즙(膽汁)은 보통은 쓸개에 모아져 농축된 다음에 십이지장으로 분비된다. pH 7.8~8.6으로 알칼리성이며, 위액에 의해 산성으로 된 반소화물(半消化物)을 중화시킨다. 포유류의 쓸개즙은 소화효소를 포함하지 않고, 주성분(담즙산염과 담즙색소)인 담즙산염이 지방을 유화시켜 이자에서 분비되는 소화효소인 리파아제의 작용을 촉진한다. 그 결과 생긴 지방산을 용해시켜 장에서의 흡수를 용이하게 한다. 이 담즙산염은 장에서 흡수되어 간으로 되돌아간다.

53. 기초대사율(Basal metabolic rate)은 신체조직 중 무엇과 가장 관계가 깊은가?

    가. 혈액의 양   나. 피하지방의 양   다. 근육의 양   라. 골격의 양

해설 : 기초대사율은 생명 유지에 필요한 최소한의 에너지 소모율을 말한다. 몸무게가 똑같아도 근육과 골격이 큰 사람의 기초대사율이 더 높다.

54. 다음과 같은 직업을 가진 사람 중 비타민 D 결핍증이 걸리기 쉬운 사람은?

    가. 광부   나. 농부   다. 사무원   라. 건축노동자

해설 : 피부에 자외선을 쪼이면 비타민 D가 만들어지는데 햇빛을 못받는 광부들이 걸리기 쉽다. 비타민 D가 결핍되면 뼈의 주성분이 되는 칼슘과 인의 화합물 인산칼슘이 정상적으로 침착되지 않아 어린이에게는 구루병(病), 어른에게는 골다공증(骨多孔症) 또는 골연화증 증세가 생기기 때문에 항구루병성 비타민(antirachitic vitamin)이라고 불린다.

55. 전밀빵, 호밀빵, 잡곡빵 등에는 껍질 함량이 높은 경우가 많다. 껍질이 많은 가루로 만든 빵을 흰빵에 대하여 건강빵이라 하는 이유는 무엇인가?

    가. 흰빵보다 칼로리가 높기 때문이다.   나. 흰빵보다 소화 흡수가 잘 되기 때문이다.

    다. 흰빵보다 섬유질과 무기질이 많기 때문이다.   라. 흰빵보다 완전 단백질이 많기 때문이다.

해설 : 건강빵은 입에 착 달라붙는 첫맛보다는 담백하고 씹을수록 고소한 끝 맛이 매력. 섬유질이 풍부한 통밀, 호밀, 보리로 만든다.

56. 햄버거 빵 생산에 있어서 다음과 같은 기계 설비의 생산 능력이 문제된다면 어느 기계 설비를 기준으로 생산능력(작업량)을 정해야 하는가? (단, 발효손실 등 공정 중 손실 및 불량품 발생은 없고, 기계설비능력은 각각 100% 활용할 수 있는 것으로 봄)

기계설비	생산능력
믹서(22kg), 분할기(4포켓트) 오븐(철판수용수 90장), 믹싱	4포 배합, 1분당 25회 분할 1철판 8개 정렬, 시간당 3배합 가능
소성시간 12분, 배합율 총계 170%	소성시간 12분, 배합율 총계 170%

가. 믹서　　　　나. 분할기　　　　다. 오븐　　　　라. 세 기계설비의 평균치

57. 식빵제조 라인을 설치할 때 분할기와 연속적으로 붙어있지 않아도 좋은 것은?
　　가. 믹서(Mixer)　　　　　　　　　나. 환목기(Rounder)
　　다. 중간 발효기(Over head proofer)　　라. 성형기(Moulder)

58. 어느 제빵회사 A라인의 지난 달 생산실적이 다음과 같을 때 노동분배율은 얼마가 되는가?
　　「외부가치 = 7,000만원, 생산가치 = 3,000만원, 인건비 = 1,500만원, 감가삼각비 = 300만원, 제조이익 = 1,200만원,
　　생산액 = 1억원, 부서인원 = 50명」
　　가. 12%　　　　나. 30%　　　　다. 50%　　　　라. 70%

　　해설 : 노동배분율은 생산된 소득 중에서 노동에 대해 분배되는 부분을 말한다. 생산액에서 그에 소요된 제비용을 공제하여 부가가치(附加價値)를 구하고 그 중에서 차지하는 임금·봉급 등 인건비의 비율로 산출한다. 이때 부가가치를 감가상각비를 포함한 총 부가가치로 보는가, 또는 감가상각비를 공제한 순부가 가치로 보는가에 따라 노동분배율의 수치는 달라진다. 노동 분배율 = 인건비× 100 / 생산가치　1,500 × 100 / 3,000 = 50%.

59. 제조원가 중의 제조경비 항목에 속하지 않는 것은?
　　가. 작업기계의 감가삼각비　　　나. 동력비　　　다. 작업자의 복리 후생비　　　라. 판촉비

　　해설: 제조 경비는 제품 제조를 위하여 소비되는 원가 요소 중에서 재료비, 노무비를 제외한 기타의 모든 원가 요소이다

60. 매일 작업을 가장 정상적으로 진행하기 위한 4대 원리에 들어가지 않는 항목은?
　　가. 작업 방법과 기계 설비를 분석하여 최선의 방법을 선택한다.
　　나. 선정한 작업에 가장 알맞는 사람을 선택한다.
　　다. 경영자와 작업자간에 협조적 관계가 확립되는 합리적 급여제도를 선택한다.
　　라. 사무 자동화를 단계별로 발전시켜서 원가 절감의 기법을 선택한다.

　　해설: 작업원을 최선의 방법으로 교육, 훈련시키는 기법을 선택한다.

◆ 종목명 : 제과기능장 제31회 답안

1나 2라 3나 4다 5다 6가 7라 8라 9라 10가 11다 12라 13라 14나 15다 16나 17라 18다 19나
20가 21나 22라 23다 24다 25라 26라 27다 28다 29라 30나 31라 32가 33라 34라 35가 36라 37나 38
다 39다 40나 41라 42가 43나 44다 45다 46라 47가 48가 49다 50라 51가 52나 53다 54가 55다 56다
57가 58다 59라 60라

2002년도 제과기능장 제32회 필기시험 문제 & 해설

1. 화이트 레이어 케이크에서 설탕 120%, 유화쇼트닝 50%를 사용한 경우 분유 사용량은 ?
   가. 5.85%　　　　나. 6.85%　　　　다. 7.85%　　　　라. 8.85%

   해설 : 전란 = 쇼트닝×1.1 = 55　 흰자 = 전란 × 1.3 = 71.5　　　우유 = 설탕 + 30 - 흰자　120 + 30 - 71.5 = 78.5
   우유는 탈지분유10%, 물90%로 대처할수 있으므로 78.5%×0.1 = 7.85%

2. 도넛 설탕의 발한(sweating)현상을 제거하는 방법으로 틀리는 것은 ?
   가. 도넛에 묻히는 설탕량을 증가시킨다.　　　　나. 충분히 냉각시킨다.
   다. 냉각 중 환기를 많이 시킨다.　　　　　　　라. 튀김시간을 감소시킨다.

   해설 : 발한을 제거하는 방법은 도넛에 묻은 설탕의 양을 증가, 도넛을 충분히 냉각, 도넛의 튀기는 시간을 증가, 설탕에 적당한
   점착력을 주는 튀김기름 사용하면 된다.

3. 다음은 크림법(creaming method)에 대한 설명이다. 맞는 것은 ?
   가. 먼저 설탕과 계란을 혼합하여 공기 혼입시키는 방법이다.
   나. 소맥분과 쇼트닝을 먼저 혼합하는 방법이다.
   다. 먼저 설탕과 쇼트닝을 혼합하여 공기 혼입시키는 방법이다.
   라. 먼저 소맥분, 설탕, 쇼트닝을 넣고 혼합하는 방법이다.

4. 다음 제품 중 팽창 형태가 근본적으로 다른 것은 ?
   가. 옐로우 레이어 케이크　　　나. 머핀 케이크　　　다. 스펀지 케이크　　　라. 과일 케이크

   해설 : 스펀지 케이크는 거품형 반죽케이크에 대표적인 과자, 즉 달걀의 기포성을 이용한 반죽과자이다.

5. 젤리롤을 말 때 표면이 터지는 것을 방지하기 위해서 사용할 수 있는 방법은 ?
   가. 설탕의 일부를 물엿으로 대체한다.　　　나. 팽창제 사용을 증가한다.
   다. 흰자를 더 첨가한다.　　　　　　　　　라. 밀가루의 양을 증가한다.

   해설 : 젤리롤을 말 때 표면의 터짐방지를 위해 ㉠설탕(자당)의 일부를 물엿으로 대치한다. ㉡덱스트린의 점착성을 이용한다.
   ㉢팽창이 과다한 경우에는 팽창제를 감소시킨다. ㉣노른자 비율을 감소시키고 전란을 증가시킨다.

6. 엔젤 푸드 케이크의 배합율이 밀가루 = 15 %, 주석산크림 = 0.5 %,
   흰자 = 45 %일 때 머랭 제조시에 넣는 1단계의 설탕량으로 적정한 항목은 ?
   가. 8%　　　나. 13%　　　다. 26%　　　라. 39%

   해설 : 1단계 – 머랭을 만들 때 전체 설탕의 약2/3를 입상형으로 사용
   설탕 = 100-(흰자＋밀가루+1), 100-(45＋15+1)=39　　　입상형 = 39 ×2/3 = 26%

7. 퍼프 페이스트리(puff pastry) 제조시 반죽에 들어가는 유지 함량이 적고 충전용 유지(roll-in margarine)가 많을수록 어떤 경향이
   되는가 ?
   가. 부피가 커진다.　　　　　　나. 제품이 부드럽다.
   다. 밀어 펴기가 용이하다.　　　라. 오븐 팽창이 적다.

8. 생크림 제품을 만들기 위해 생크림을 준비하고자 한다. 그 처리가 잘된 것은 ?
   가. 거품을 낼 때 크림의 온도는 따뜻해야 한다.
   나. 크림은 최대한으로 거품을 올려야 분리현상이 없다.

다. 일단 거품을 올린 휘핑크림은 실온에 두어도 된다.

라. 휘핑크림은 냉장보관 중 얼었으면 얼지 않은 것과 혼합하여 다시 거품을 올려 사용한다.

해설 : 생크림의 휘핑온도는 4~6℃가 적당하고 겨울철에는 이보다 약간 높은 10℃ 정도에서 작업하여도 무방하다. 보관이나 작업시 3~7℃가 좋고, 작업장은 20~23℃ 정도가 가장 적당하다.

9. 과자반죽 제조시 pH 5.0의 산성 반죽과 비교하여 pH 8.0의 알칼리성 반죽의 특성으로 맞는 것은 ?

　가. 부피가 작다. 　　　　　　　　　　　나. 풍미가 약하다.

　다. 기공이 닫혀 있다. 　　　　　　　　　라. 겉껍질 색상이 진하다.

해설 : 일반적으로 pH가 높을수록 캐러멜 반응과 마이야르 반응이 현저하게 나타나므로 겉껍질 색상이 진하다.

10. 팬에 사용되는 이형유(pan oils)에 대한 설명으로 틀린 것은 ?

　가. 보통 식물성 기름과 미네랄 오일로 구성된다.

　나. 보통 반죽 무게의 0.1~0.2%를 사용한다.

　다. 과량으로 사용하면 바닥 껍질색이 어두워지고 두꺼워진다.

　라. 사용되는 식물성 기름은 불포화도가 높을수록 좋다.

11. 일반적인 케이크의 굽기에 관한 사항 중 틀린 것은 ?

　가. 고율배합일수록 낮은 온도에서 오래 굽는다.

　나. 저율배합일수록 높은 온도에서 빨리 굽는다.

　다. 반죽량이 많을수록 낮은 온도에서 굽는다.

　라. 반죽량이 적을수록 수분 손실을 줄이기 위하여 오버베이킹 한다.

해설 : 반죽량이 적을수록 수분손실을 줄이기 위해 높은 온도에서 빨리 굽는다.

12. 반죽형 케이크의 부드러운 성질에 가장 크게 영향을 미치는 것은 어느 것인가 ?

　가. 계란 함량 　　　　　나. 수분 함량 　　　　　다. 원료 혼합속도 　　　　　라. 쇼트닝과 설탕 함량

해설 : 쇼트닝은 제품을 유연하게 해주며 설탕은 밀가루 단백질을 부드럽게 하는 연화작용을 한다.

13. 전란과 계란 노른자를 이용하여 스펀지 케이크 반죽을 거품낼 때 공기를 포집하여 유지시키는 역할을 하는 성분으로 맞는 것은 ?

　가. 계란 노른자 　　　　　나. 계란 흰자 　　　　　다. 전란 　　　　　라. 계란 고형분

14. 케이크 제조에서 균일성과 품질을 조절하는데 사용하는 중요한 세 가지 요소로 맞는 것은 ?

　가. 밀가루, 설탕, 쇼트닝 　　　　　　　　나. 혼합 방법, 혼합 시간, 혼합기의 종류

　다. 반죽의 온도, 반죽의 비중, 반죽의 산도 　　　　라. 굽기 시간, 굽기 온도, 오븐의 종류

15. 도넛 튀김기를 완전하게 세척하기 위해서는 가성용액을 사용해야 한다. 세척이 끝난 후에는 가성용액 성분을 완전히 제거하기 위하여 반복하여 씻어내게 되는데 이 때가 성용액을 중화시키기 위하여 사용하는 물질은 ?

　가. 식초 　　　　　나. 비누 　　　　　다. 중조 　　　　　라. 밀가루

16. 제빵에 있어서 소금 사용량에 관한 설명 중 잘못된 것은 ?

　가. 식빵에는 보통 2% 정도 사용된다.

　나. 앙금빵에 넣는 소금량은 앙금의 0.3% 정도이다.

　다. 사용하는 배합수가 연수일 경우에는 다소 소금의 사용량을 높이는 것이 좋다.

　라. 과자빵에 설탕 사용량을 증가시키면 그에 따라 소금량을 증가시키는 것이 좋다.

17. 일반적으로 반죽시 탈지분유 1% 증가에 물 1%를 추가하는 경향이 있다. 이와 같은 관계는 분유 몇 %까지가 유효한가 ?

　가. 1% 　　　나. 2% 　　　다. 6% 　　　라. 10%

18. 다음 제품 중 일반적으로 가장 빠른 믹싱단계에서 믹싱을 완료해도 좋은 것은 ?

  가. 데니시 페이스트리   나. 식빵   다. 잉글리시 머핀   라. 불란서빵

  해설 : 데니시 페이스트리 반죽의 믹싱을 짧게 한다. 대체로 4-5분의 믹싱 시간을 준수한다. 이것은 롤링시 글루텐이 생성되기 때문이다.

19. 빵의 노화를 지연시키는 조치가 아닌 것은 ?

  가. 냉장 온도에 보관한다.   나. 단백질의 양과 질이 높은 양질의 밀가루를 사용한다.
  다. 적절한 유화제를 사용한다.   라. 적정한 제조 공정을 지켜 생산한다.

  해설 : 냉장온도에서 노화속도가 가장 빠르게 진행된다.

20. 분할기를 사용하여 빵반죽을 분할할 때 분할량을 조정한 후 시간이 지체될수록 단위 개체는 어떻게 되는가 ?

  가. 부피가 커진다.   나. 부피가 작아진다.   다. 무게가 감소된다.   라. 무게가 증가된다.

  해설 : 분할은 가능한 짧은 시간에 끝내야 한다. 그 이유는 시간이 경과 할수록 발효에 의하여 부피가 커지기 때문이다. 정용적 분할을 하는 기계분할의 경우에는 이스트의 가스발생에 의한 부피의 증가와 반죽의 신장 저항의 증가 때문에 분할 후반의 반죽은 중량이 가볍고 반죽 손상도 크게 된다.

21. 스펀지법에서 일반적으로 스펀지발효는 약 4시간이다. 이 때 발생하는 현상으로 맞는 것은 ?

  가. 반죽의 신장성과 탄력성이 증가하여 부피가 커진다.
  나. 활발한 이스트의 증식으로 탄산가스가 감소하여 반죽이 약해진다.
  다. 밀가루에 있는 당이 분해되어 알콜 및 각종 유기산이 형성된다.
  라. 발효가 진행됨에 따라 온도와 pH가 같이 상승한다.

22. 대량생산 공장에서 반죽을 밀어펼 때 2단계 롤러를 사용한다. 두 롤러 사이의 간격 조절로 알맞은 것은 ?

  가. 2단계 롤러는 1단계 롤러의 1/2 간격으로 유지한다.
  나. 2단계 롤러는 1단계 롤러의 1/3 간격으로 유지한다.
  다. 2단계 롤러는 1단계 롤러의 1/4 간격으로 유지한다.
  라. 1단계, 2단계 롤러를 같은 간격으로 조절한다.

23. 빵의 냉각에 대한 설명 중 틀린 것은 ?

  가. 빵속의 온도(품온)는 30℃, 수분함량은 30%까지 냉각 후 포장한다.
  나. 냉각 중 내부의 수분이 외부로 이동하여 껍질이 부드러워진다.
  다. 냉각 중 수분손실로 2% 정도의 무게 감소가 일어난다.
  라. 슬라이스를 용이하게 하고 보존 중 미생물 번식을 최대한 억제하기 위함이다.

  해설 : 냉각은 빵 속의 온도를 35~40℃, 수분은 38%로 낮추는 것이다.

24. 호밀빵 제조시 주의사항으로 틀린 것은 ?

  가. 호밀은 글루텐을 형성하는 단백질 함량이 많아 밀가루에 비하여 발효시간이 길다.
  나. 호밀분이 증가할수록 흡수율을 증가시키고 반죽 온도를 낮춘다.
  다. 오븐 온도가 높을 때 얇게 커팅하고 낮을 때 깊게 커팅한다.
  라. 굽기 중 표면이 갈라지는 것은 발효 과다, 찬 오븐에서 구운 과발효 반죽이다.

25. 과자빵의 옆면 허리가 낮은 이유로 적합치 않은 것은 ?

  가. 이스트 사용량이 적거나 반죽을 지나치게 믹싱하였다   나. 발효(숙성)가 덜 된 반죽을 그대로 사용하였다.
  다. 성형할 때 지나치게 눌렀거나 2차 발효시간이 길었다   라. 오븐의 온도가 높았다.

26. 팬에 사용하는 기름의 조건으로 맞지 않는 것은 ?
　　가. 굽기 중 연기가 나지 않아야 한다.　　　　나. 발연점이 210℃ 이상이 되는 기름을 사용해야 한다.
　　다. 산패가 되기 쉬운 지방산이 없어야 한다.　　라. 보통 반죽무게의 1~2%를 사용한다.
　　해설 : 반죽 무게에 대해 0.1~0.2%정도 사용한다.

27. 풀먼 브레드의 굽기 손실은 몇 %인가 ?
　　가. 5~7%　　　　　나. 8~10%　　　　　다. 11~13%　　　　　라. 14~16%

28. 과자빵류에 속하는 커피 케이크의 분할 중량은 ?
　　가. 30~60g　　　　나. 100~120g　　　　다. 240~360g　　　　라. 1,000~1,500g

29. 하스(Hearth) 브레드 제조시 올바른 사항이 아닌 것은?
　　가. 수분 손실이 많다.　　　　　　　　　　나. 분할 중량이 작은 것은 2차 발효가 짧다.
　　다. 분할 중량이 큰 것은 2차 발효가 길다.　　라. 수분 손실이 적다.

30. 나선형 후크(hook)가 내장되어 불란서빵과 같이 된 반죽이나 글루텐 형성능력이 다소 적은 밀가루로 빵을 만들 경우의 믹싱에
　　적당한 믹서는 ?
　　가. 버티컬 믹서(vertical mixer)　　　　　나. 수평 믹서(horizontal mixer)
　　다. 스파이럴 믹서(spiral mixer)　　　　　라. 믹서트론(mixartron)

31. 당과 그 분해 효소에 관한 설명 중 옳은 것은 ?
　　가. 치마아제는 이스트가 가진 많은 효소가 모인 효소군으로 포도당과 과당을 분해하여 탄산가스와 알콜을만든다.
　　나. 자당은 말타아제에 의해 분해된다.
　　다. 맥아당은 인베르타아제에 의해 분해된다.
　　라. 유당은 이스트 중의 효소에 의해 단당류로 분해된다.

32. 효소에 관한 설명 중 틀리는 것은 ?
　　가. 효소는 생물체로부터 만들어진다.
　　나. 효소는 대체로 자기 자신은 변화없이 유기물을 분해한다.
　　다. 효소는 용액 속에서만 작용한다.
　　라. 효소가 작용하기 위해서는 산소가 필요하다.
　　해설 : 효소는 단백질이기 때문에 무기촉매와는 달리 온도나 pH 등 환경요인에 의해 기능이 크게 영향을 받는다.

33. 밀가루를 표백하는 이유가 아닌 것은 ?
　　가. 제품의 색상을 개량함　　　　나. 밀가루의 수화를 좋게 함
　　다. 캐러멜화를 촉진함　　　　　　라. 밀가루, 설탕, 유지와의 결합을 좋게 함

34. 밀가루의 글루텐은 어느 성분에 해당되는가 ?
　　가. 단백질　　　　나. 탄수화물　　　　다. 지질　　　　라. 무기질

35. 당류의 주역할이 아닌 것은 ?
　　가. 감미 증가　　　　나. 캐러멜화 작용　　　　다. 케이크 형태 유지　　　　라. 노화 방지
　　해설 : 당류의 주 역할은 단맛을 내고 캐러멜화 작용으로 껍질색을 진하게 하고 독특한 향을 내며 수분보유력이 있어 제품을
　　촉촉하게 하여 신선도를 오랫 동안 유지시킨다.

36. 지방의 산화를 가속화시키는 요인과 거리가 먼 것은 ?

가. 이중결합수　　　　나. 온도　　　　다. 효모　　　　라. 산소

해설 : 지방의 산화는 산소가 필수요소이고 이중결합이 많은 불포화 지방산일수록 온도가 높을수록 가속화된다.

37. 제빵에서 분유의 기능과 가장 거리가 먼 것은 ?

가. 믹싱 내구력을 높인다.　　　　　　나. 흡수율을 증가시킨다.

다. 보존성을 증가시킨다.　　　　　　라. 발효 내구성을 증가시킨다.

해설 : 제빵에서 분유의 기능은 영양가 강화와 맛과 향의 향상, 발효내구성 증가, 믹싱 내구력을 높이고 흡수율을 증가시키며 노화를 지연시킨다.

38. 공립법으로 제조시 계란의 기포력을 증가시키고 싶다. 가장 효과적인 방법은 ?

가. pH를 저하　　　나. 설탕첨가　　　다. 우유첨가　　　라. 신선란 사용

39. 밀가루 색상을 판별하는 방법이 아닌 것은 ?

가. 페카 시험법　　　나. 분광 분석기 이용방법　　　다. pH 미터기 이용방법　　　라. 여과지 이용방법

40. 이스트 푸드의 성분 중 이스트의 직접적인 영양원이 되는 것은 ?

가. 칼슘염　　　나. 염화나트륨　　　다. 암모늄염　　　라. 소맥분

41. 당밀을 발효시켜 만든 술은 ?

가. 위스키　　　나. 럼주　　　다. 포도주　　　라. 청주

해설 : 럼주는 당밀이나 사탕수수의 발효즙을 발효시켜서 증류한 술이다.

42. 이스트 활동의 최적온도로 가장 알맞은 것은 ?

가. 28℃　　　나. 32℃　　　다. 45℃　　　라. 60℃

해설 : 이스트 활동의 최적온도는 32~38℃에서 왕성해지고 최적 pH는 4.5~4.8이다.

43. 다음 중 화학 팽창제가 아닌 것은 ?

가. 베이킹 파우더　　　나. 탄산수소나트륨　　　다. 효모　　　라. 염화암모늄

해설 : 효모는 생물학적 팽창제이다.

44. 수분활성도가 큰 식품일수록 미생물의 번식 및 저장성을 맞게 설명한 것은 ?

가. 미생물 번식이 쉬우며 저장성이 좋다.　　　　나. 미생물 번식이 쉬우며 저장성이 나쁘다.

다. 미생물 번식이 어려우며 저장성도 나쁘다.　　　라. 수분활성도와 미생물의 번식 및 저장성은 상관 없다.

45.다음 중 안정제의 종류가 다른 것은 ?

가. 한천　　　나. 펙틴　　　다. 젤라틴　　　라. 카라기난

해설 : 젤라틴은 동물성 천연안정제로 동물의 가죽, 힘줄, 연골등에서 얻어지는 유도 단백질이다.

46. 살모넬라균 식중독에 관한 설명 중 잘못된 것은 ?

가. 아이싱, 버터 크림, 머랭 등에 오염 가능성이 크다.

나. 계란, 우유 등의 재료와는 큰 관계가 없다.

다. 잠복기는 보통 12~24 시간이다.

라. 가열 살균으로 예방이 가능하다.

해설 : 살모넬라균 식중독의 원인 식품은 식육과 난류가 으뜸이다.

47. 일반적으로 잠복기가 가장 긴 식중독은 ?

가. 화학물질에 의한 식중독　　　　　나. 포도상구균 식중독

다. 감염형 세균성 식중독　　　　　　라. 보툴리누스균 식중독

해설 : 감염형 식중독은 12~24시간의 잠복기간뒤 복통, 설사 등이 일어난다. 살모넬라균 등이 있다.

48. 곰팡이류에 의한 식중독의 원인은 ?

가. 주톡신(zootoxin)　　　　　　　　나. 마이코톡신(mycotoxin)

다. 피토톡신(phytotoxin)　　　　　　라. 엔테로톡신(enterotoxin)

해설 : 곰팡이의 대사산물로서 사람이나 온혈동물에게 해를 주는 물질을 총칭하여 mycotoxin(곰팡이독)이라 하여 탄수화물이 풍부한 농산물, 특히 곡류에서 많이 발생한다.

49. 소독(disinfection)을 가장 잘 설명한 것은 ?

가. 미생물을 사멸시키는 것

나. 미생물의 증식을 억제하여 부패의 진행을 완전히 중단시키는 것

다. 미생물이 시설물에 부착하지 않도록 청결하게 하는 것

라. 미생물을 죽이거나 약화시켜 감염력을 없애는 것

해설 : 소독은 화학적 방법으로 병원체를 죽이거나 약화시켜서 감염력을 없애는 것.

50. 제과회사에서 작업 전후에 손을 씻거나 작업대, 기구 등을 소독하는데 사용하는 소독용 알콜의 농도로 가장 적합한 것은 ?

가. 30%　　　　　나. 50%　　　　　다. 70%　　　　　라. 100%

51. 인체내에서 수분의 기능과 거리가 먼 것은 ?

가. 체온조절　　　　나. 노폐물의 운반다.　　　　영양소의 운반　　　　라. 신경자극의 전달

52. 노년기에 체표면적당 기초대사가 저하되는 이유는 ?

가. 골격양의 감소　　　　　　나. 지방조직량의 감소

다. 멜라닌 색소의 침착　　　　라. 대사조직량의 감소

해설 : 기초대사라 함은 신체내에서 생명현상을 유지하기 위하여 무의식적으로 일어나는 대사작용에 필요한 열량을 말한다. 기초대사량은 체표면적이 넓을수록 피부를 통해 발산되는 열량이 커진다.

53. 다음 중 필수 아미노산이 아닌 것은 ?

가. 글리신(glycine)　　　　　　　　나. 이소루신(isoleucine)

다. 메티오닌(methionine)　　　　　라. 트립토판(tryptophan)

54. 우리 국민이 많이 섭취하는 탄수화물의 대사와 가장 관계가 깊은 비타민은 ?

가. 비타민 A　　　　　나. 비타민 B　　　　　다. 비타민 C　　　　　라. 비타민 D

55. 일반적으로 아기는 생후 몇 개월부터 철분을 외부로부터 섭취해야 하는가 ?

가. 생후 1개월　　　　　나. 생후 4개월　　　　　다. 생후 8개월　　　　　라. 생후 10개월

해설 : 아기가 6개월이 되면 태어나기 전에 형성됐던 철분은 고갈되므로 이전부터 식품을 통해 철분을 섭취해야 한다.

56. 작업 계획서를 작성하는데 있어서 꼭 고려해야 할 사항과 가장 거리가 먼 것은 ?

가. 생산품종과 생산량　　　나. 제품공급 일시(日時) 및 도착지　　　다. 작업인원　　　라. 제품완료시간

57. 프라이 작업도중 후라이 냄비 내의 기름에 불이 붙기 시작했다. 다음 조치 중 가장 부적당한 것은 ?

가. 물을 붓는다.　　　　나. 열원을 끈다.　　　　다. 냄비에 뚜껑을 덮는다.　　　　라. 기름에 야채를 넣는다.

해설 : 온도가 높은 기름에 온도가 낮은 물을 부으면 사방으로 튀어나가기 때문에 매우 위험하다.

58. 완제품의 수분 손실은 포장의 유무, 저장기간, 계절 등 요인에 의해 영향을 받는다. 우리나라의 경우, 같은 제품을 포장하지 않았을 때, 5일 후의 수분감량이 다음과 같다면 봄, 여름, 가을, 겨울 중 겨울에 해당되는 항목은 ?
가. 8.50%　　　　 나. 10.24%　　　　 다. 11.35%　　　　 라. 12.40%
해설 : 수분의 손실은 포장유무, 저장기간 등에 따라 달라지는데 겨울은 저온 저습하기 때문에 가장 수분손실이 크다.

59. 생산부서의 인원에 대하여 다음과 같은 조치를 해야 된다고 제안했다면 어떤 경우에 해당하는가 ?
[① 전문가 초청 교육훈련　 ② 현장에서 기술개선 지도　 ③ 제과학교 등 교육기관에 연수 기회 부여　 ④ 사내 연구회 등 참여로 자기계발 유도]
가. 작업자의 부주의로 불량율을 증가시킨 경우　　　　　　나. 작업지시를 철저히 지키지 않은 경우
다. 작업환경(기계 등 가공조건)에 적응하지 못하는 경우　　라. 기술수준이 낮아 작업에 익숙하지 않은 경우

60. 어느 제과점에서 앙금을 만들어 사용하는데 앙금제조기의 1회 용량이 60kg이고 앙금의 원재료비는 kg당 800원이다. 1회를 만드는데 1인이 1.5시간 걸리며 1인의 1시간당 인건비는 8,000원이다.(상여와 복리후생비 포함) 이것의 130%를 사내가공단가(광열비, 소모품, 기타 경비를 가산하여)로 할 때, 얼마 이내의 가격이면 주문하여 사용해도 좋은가 ?
가. 1,540원　　　　　 나. 1,300원　　　　　 다. 1,430원　　　　　 라. 1,600원
해설 : 1Kg 당 공임 = 8,000원(인건비)×1.5(시간)÷60Kg(1회용량) = 200원.
(원재료비+공임)×사내가공단가 = (800+200)×1.3 = 1,300원

제과기능장 제49회 필기시험 문제 & 해설

1. 밀가루 100%, 유지 100%, 물 50%, 소금 1%의 배합률로 퍼프 페이스트리를 만들고자 한다. 유지의 비율이 다음과 같을 경우에 결이 분명하게 되고 부피도 커지는 것은?

    가. 반죽용:충전용=10%:90%   나. 반죽용:충전용=20%:80%
    다. 반죽용:충전용=30%:70%   라. 반죽용:충전용=40%:60%

    해설 : 퍼프 페이스트리에 사용하는 유지 %는 반죽에 넣는 것과 충전용으로 넣는 것을 합하여 100%로 하는데 충전용이 많을수록 〈결(flake)〉이 분명하고 부피도 좋아진다.

2. 계면활성제에 대한 설명이 틀린 것은?

    가. 빵의 내상을 부드럽게 한다.   나. 수분 보유력을 좋게 한다.
    다. 빵의 부피를 증대시킨다.   라. 딱딱하게 굳는 현상이 빨리 진행된다.

    해설 : 계면활성제는 빵의 노화를 지연시키고 품질을 개선시킨다.

3. 스펀지케이크 제조시 계란 양을 감소시켜야 할 때 필수적으로 고려해야 할 사항은?

    가. 베이킹파우더의 사용량을 줄인다.   나. 계란 고형분이 감소하기 때문에 물의 양을 줄여야 한다.
    다. 레시틴이 감소하기 때문에 양질의 유화제를 병용해야 한다.   라. 팽창효과가 커지므로 큰 팬을 사용해야 한다.

    해설 : 계란은 믹싱 또는 휘젓기를 하는 동안 공기를 포집하는 팽창기능이 있고 자체 수분이 많기(75%) 때문에 계란을 감소시키면 팽창을 증가시키고 물은 보충해야 한다. 다만 노른자의 〈레시틴〉이 줄기 때문에 유화제를 보강한다.

4. 카스테라 제조시 휘젓기를 하는 이유가 아닌 것은?

    가. 굽기 시간을 단축한다.   나. 제품의 표면을 고르게 한다.
    다. 제품의 수평을 고르게 한다.   라. 부피를 증가시켜 준다.

    해설 : 휘젓기-굽기를 수차례 반복하여 제품의 높이를 증가시키므로 굽기 시간은 증가된다.

5. 냉동반죽법에 대한 설명으로 틀린 것은?

    가. 단백질 함량이 평균 12~13.5%인 강력분을 사용한다.   나. 이스트푸드, 소금은 비냉동 제품과 동일하게 사용한다.
    다. 활성 건조이스트는 생이스트의 반을 사용한다.   라. 유지는 비냉동 제품보다 약간 적은 양을 사용한다.

    해설 : 동결과 해동에 직접 관계되는 재료 이외에는 특별한 변화가 없다.

6. 다음 중 아이싱의 기능을 증진시키기 위하여 첨가하는 원료와 거리가 먼 것은?

    가. 전화당   나. 물엿   다. 안정제   라. 향신료

    해설 : 전화당이나 물엿은 수분 보유력 또는 되기 조절, 안정제는 형태의 유지 또는 각종 결점의 보완에 사용한다.

7. 곰팡이의 발육방지를 위해 포장 시 충전하는 가스로 알맞은 것은?

    가. 질소와 탄산가스   나. 산소와 탄산가스   다. 질소와 염소가스   라. 산소와 염소가스

    해설 : 산소나 염소가스는 사용하지 않는다.

8. 반죽형 케이크의 제품에서 중심부가 올라온 경우의 원인으로 알맞은 것은?

    가. 설탕 사용량이 많다.   나. 쇼트닝 사용량이 많다.   다. 오븐의 윗불이 강하다.   라. 반죽의 수분함량이 많다.

    해설 : 언더 베이킹(under baking)의 특징으로 오븐 온도가 높으면 중앙부위가 올라오고 터지기 쉽다.

9. 도넛설탕이나 글레이즈의 〈발한현상(sweating)〉을 감소시키는 조치로 틀린 것은?

　　가. 환기를 잘 시키면서 충분히 냉각한다.　　　나. 도넛에 묻히는 설탕량을 감소시킨다.

　　다. 도넛 튀김시간을 증가시킨다.　　　　　　라. 설탕에 적당한 점착력을 주는 튀김기름을 사용하여 튀긴다.

　　해설 : 발한(發汗)은 물이 설탕을 녹이는 문제이다. 충분한 냉각이나 충분한 튀김은 도넛의 수분 함량을 줄이는 조치이고, 도넛 설탕이 많이 묻어 있으면 잘 녹지 않는다.(물에 대한 상대적 비율이 중요)

10. 버터크림 제조 시 설탕을 시럽 형태로 끓여서 사용하는 방법을 택한다면 시럽의 온도를 몇 ℃로 하는 것이 가장 일반적인가?

　　가. 97℃　　　　　　　　나. 116℃　　　　　　　　다. 124℃　　　　　　　　라. 138℃

　　해설 : 114~118℃의 시럽을 만들고 냉각시켜서 버터크림을 만들며 시럽법 머랭이나 퐁당용 시럽도 같은 온도이다.

11. 반죽형(batter type) 케이크의 반죽 제조에 대한 설명으로 틀린 것은?

　　가. 계란의 흰자와 노른자를 분리한 뒤 반죽을 혼합하는 방법이다.

　　나. 먼저 설탕과 쇼트닝을 혼합하여 공기를 혼입시키는 방법이다.

　　다. 먼저 밀가루와 쇼트닝을 혼합하는 방법이다.　　　라. 모든 재료는 동시에 넣어 혼합하는 방법이다.

　　해설 : 가=별립법, 나=크림법, 다=블렌딩법, 라=일단계법으로 나, 다, 라는 반죽형의 대표적 믹싱법이다.

12. 다음 중 잼 및 젤리 등에 이용하는 고 메톡실(high methoxyl) 펙틴을 겔화시키기 위한 조건으로 옳은 것은?

　　가. 설탕 0%, pH 5 정도　　나. 설탕 20%, pH 7 정도　　다. 설탕 40%, pH 5 정도　　라. 설탕 60%, pH 3 정도

　　해설 : 메톡실기가 7 이상이면 설탕 50% 이상, pH 2.8~3.4의 산(酸)이 있어야 젤리를 형성한다.

13. 튀김기에서 열을 튀김유지로 전달하는데 사용하는 기기 중 비교적 사용하는 유지량이 적으며, 신속하게 유지를 교체할 수 있고 세척이 쉬운 튀김기는?

　　가. 대기압 버너를 사용하는 튀김기　　　　　　나. 프리믹스 버너를 사용하는 튀김기

　　다. 바닥 히터(bottom heater)를 사용하는 튀김기　　라. 전기관형 히터(tubular heater)를 사용하는 튀김기

　　해설 : 용량이 적은 튀김기에 적용하는 방식이다.

14. 젤리 롤 케이크를 말 때 표면이 터지는 결점을 방지하는 방법이 아닌 것은?

　　가. 설탕의 일부를 물엿으로 대체　　　　　　나. 덱스트린의 점착성을 이용

　　다. 팽창제 사용량 감소　　　　　　　　　　라. 노른자 사용량 증가

　　해설 : 가, 나, 다의 조치와 라의 노른자 사용량 감소 및 오버 베이킹을 하지 않는 것이 방지법이다.

15. 밀가루 100%(=600g)와 계란 150%를 사용하는 시퐁케이크에서 흰자의 사용량은?

　　가. 300g　　　　　　　나. 600g　　　　　　　다. 900g　　　　　　　라. 1200g

　　해설 : 흰자 사용 % = 150 x 2/3 = 100%, 100%의 무게는 600g

16. 빵을 냉각하여 포장할 때의 조건으로 적절한 것은?

　　가. 빵 속 온도가 25~30.5℃, 수분함량 28%　　　나. 빵 속 온도가 35~40.5℃, 수분함량 38%

　　다. 빵 속 온도가 45~50.5℃, 수분함량 48%　　　라. 빵 속 온도가 55~60.5℃, 수분함량 58%

　　해설 : 빵 속 온도 35~40℃, 수분 38%로 만드는 것이 냉각의 일반적인 조건이다. 다른 항목은 비현실적인 조건

17. 데니시 페이스트리 제조 과정 중 냉장휴지를 시키는 이유로서 틀리는 것은?

　　가. 밀가루를 수화(水化)하여 글루텐을 안정화시키기 위하여　　　나. 밀어펴기를 쉽게 하기 위하여
　　다. 반죽과 유지의 되기(조밀도)를 같게 하기 위하여　　　　라. 굽기 손실을 최소화하기 위하여

　　해설 : 가, 나, 다가 휴지(retarding)의 일반적인 목적이며 굽기 손실과는 무관하다.

18. 팬에 사용하는 기름에 대한 설명으로 틀리는 것은?

　　가. 굽기 중 연기가 나지 않아야 한다.　　　　　　나. 발연점이 210℃ 이상이 되는 기름을 사용해야 한다.
　　다. 산패가 되기 쉬운 지방산이 없어야 한다.　　　　라. 보통 반죽무게의 1~2%를 사용한다.

　　해설 : 보통 반죽무게의 0.1~0.2%를 사용하는데 과량 사용하면 바닥이 두껍고 진해지며 옆면이 약해진다.

19. 언더 베이킹(under baking)에 대한 설명으로 옳은 것은?

　　가. 낮은 온도의 오븐에서 굽는 것이다.　　　　　나. 구운 제품의 윗부분이 평평해지는 경향이 있다.
　　다. 제품에 남는 수분이 적다.　　　　　　　　라. 속이 불안정하여 주저앉기 쉽다.

　　해설 : 가, 나, 다는 〈오버 베이킹〉에 대한 설명이다. 고온 단시간 굽기로 속이 익지 않을 확률이 크다.

20. 제빵에 사용하는 도 컨디셔너(dough conditioner)가 하는 역할은?

　　가. 냉동, 냉장, 해동, 2차발효를 프로그래밍에 의하여 자동으로 조절함　　　나. 1차발효가 끝난 반죽을 자동으로 분할함
　　다. 분할된 반죽의 표피를 매끄럽게 함　　　라. 반죽을 밀어펴서 가스를 빼고 다시 말아서 원하는 모양으로 만듦

　　해설 : 나=분할, 다=둥글리기, 라=정형

21. 반죽을 발효시키는데 3kg의 이스트로 2시간이 소요될 때 이스트를 2kg 사용한다면 발효시간은 얼마인가?

　　가. 3시간　　　　　나. 3시간 30분　　　　　다. 4시간　　　　　라. 4시간 30분

　　해설 : 이스트 사용량과 발효시간은 반비례이므로 2시간 x 3/2 = 3시간

22. 호밀빵 제조에 대한 설명으로 틀린 것은?

　　가. 호밀은 글루텐을 형성하는 단백질 함량이 많아 밀가루에 비하여 발효시간이 길다.
　　나. 호밀분이 증가할수록 반죽온도를 낮게 한다.
　　다. 오븐 온도가 높을 때는 칼집을 얕게 넣고, 오븐 온도가 낮을 때는 칼집을 깊게 넣는다.
　　라. 굽기 중에 표면이 갈라지는 것은 발효가 지나친 반죽을 낮은 오븐 온도에서 구웠기 때문이다.

　　해설 : 글루텐을 형성하는 단백질이 밀에는 전체 단백질의 90% 정도인데 호밀에는 25 · 26% 정도 밖에 되지 않는다.

23. 냉동반죽법을 이용하여 제빵을 할 때 품질저하를 최소화하기 위한 사항 중 옳은 것은?

　　가. 반죽의 수분량을 증가시킨다.　　　　　나. 효소와 레시틴을 함유한 개량제를 사용한다.
　　다. 휴지시간을 될 수 있는 한 많이 준다.　　　라. 냉각과 저장하는 동안 충분한 습도를 공급해 준다.

　　해설 : 가=동결 장해+형태 유지 우려, 다=적절한 휴지시간, 라=수분이 표피에 직접 닿는 것 보다 밀봉상태가 좋다.

24. 반죽에 필요한 물 온도가 5℃이고 현재 20℃의 물 800g을 사용할 때 반죽온도를 맞추기 위한 적절한 조치는?

　　가. 물 500g에 얼음 300g 사용　　　　　나. 물 600g에 얼음 200g 사용
　　다. 물 650g에 얼음 150g 사용　　　　　라. 물 680g에 얼음 120g 사용

　　해설 : 얼음 = 800g x (20-5)/(80+20) = 800g x 15/100 = 120g

25. 냉동반죽 제품에서 반죽 시 수분의 양을 줄이는 가장 중요한 이유는?

　　가. 반죽시간 감소　　　　　나. 발효 증가　　　　　다. 이스트 활동 촉진　　　　　라. 형태 유지

　　해설 : 수분을 줄이면 가, 나, 다의 설명과 반대 현상

26. 식빵에서 과자빵으로 배합률을 조정할 때의 설명으로 틀린 것은?

　　가. 설탕량을 증가시킨다.　　　나. 유지함량을 증가시킨다.　　　다. 가수율을 증가시킨다.　　　라. 계면활성제를 증가시킨다.

　　해설 : 설탕과 유지의 양이 증가되면 상대적으로 밀가루의 비율이 감소되어 가수율을 줄여야 한다.

27. 다음 중 식빵의 껍질색이 지나치게 진한 이유와 관련이 없는 것은?

　　가. 당류와 분유가 과량 사용된 경우　　　　　　　나. 발효시간이 짧은 경우
　　다. 오븐 조작이 적절치 못한 경우　　　　　　　　라. 식염 사용량이 부족한 경우

　　해설 : 가=잔류당이 많음　나=잔류당이 많음　다=가능성이 있으나 형태에 더 문제, 라=발효촉진으로 잔류당이 적음

28. 스펀지/도법에서 스펀지 발효의 완료상태를 점검하는 방법 중 틀린 것은?

　　가. 스펀지 반죽이 4~5배 정도 부푼 상태　　　　　나. 스펀지 반죽의 pH가 5.5 정도일 때
　　다. 스펀지 반죽의 중앙부분이 약간 들어간 상태　　　라. 스펀지 반죽의 표면이 우유 빛을 띨 때

　　해설 : 가=전체 발효시간의 2/3,　나=pH 4.8 정도,　다=드롭(drop) 현상,　라=표피 색상의 변화

29. 노타임 반죽법에 대한 일반적인 설명으로 틀린 것은?

　　가. 환원제를 사용함으로 믹싱시간을 25% 정도 증가시킨다.　　　나. 산화제를 사용함으로 단백질 구조를 강화한다.
　　다. 산화제는 –SH 결합을 –SS– 결합으로 바꾼다.　　　　　　　라. 1차발효시간을 단축하는 방법으로 사용한다.

　　해설 : 가=믹싱시간 단축,　나=글루텐 강화로 가스 포집력 증대,　다=산화 내용,　라=40분 이내 짧은 발효

30. 스펀지/도법에서 스펀지 제조에 사용하는 물은 몇 %인가?

　　가. 스펀지 밀가루의 35~40%　나. 스펀지 밀가루의 45~50%　다.스펀지 밀가루의 55~60%　라.스펀지 밀가루의 65~70%

　　해설 : 스펀지에 사용하는 밀가루의 55~60%의 물을 사용하고 전체 물 사용량에서 스펀지 물을 빼고 〈도〉에 사용

31. 밀가루의 단백질에 대한 설명으로 틀린 것은?

　　가. 밀의 단백질 함량이 높으면 이산화탄소가스 포집능력이 좋아진다.
　　나. 알부민은 수용성 단백질, 글로불린은 염수용성 단백질이다.
　　다. 밀가루 단백질에 물을 넣고 반죽하면 글루텐이 형성된다.　　　라. 불용성 단백질은 밀 단백질의 60%를 차지한다.

　　해설 : 글루텐을 형성하는 단백질은 밀 단백질의 80% 이상

32. 반죽에 있어서 연수의 작용에 관한 설명으로 가장 옳은 것은?

　　가. 반죽을 되게 하여 가스 보유력을 약하게 한다.　　　나. 반죽을 질게 하여 가스 보유력을 강하게 한다.
　　다. 반죽을 되게 하여 가스 보유력을 강하게 한다.　　　라. 반죽을 질게 하여 가스 보유력을 약하게 한다.

　　해설 : 연수는 흡수율이 작아서 반죽을 질게 하고 글루텐을 약화하여 가스 보유력도 떨어지게 한다.

33. 안정제의 사용목적은?

　　가. 아이싱의 끈적거림 방지　　나. 흡수제로 호화지연 효과　　다. 파이 충전물의 유화제　　라. 머랭의 수분배출 촉진

　　해설 : 안정제는 보형성(保形性) 유지, 끈적거림 방지, 내용물의 침전방지, 표피 터짐과 건조 방지, 포장성 개선에 사용

34. 냉동반죽 제조시 냉동장해로 이스트에서 용출되어 글루텐 조직을 약화시키는 물질은?

    가. 폴리펩티드   나. 엘시스테인   다.아조디카본아미드   라. 글루타티온

    해설 : 가=단백질 구조, 나=이스트와 무관한 환원물질, 다=산화제 물질, 라=이스트에서 나오는 환원물질

35. 어떤 베이킹파우더 10 kg 중에 전분이 28%이고, 중화가가 80인 경우에 탄산수소나트륨은 얼마나 들어있는가?

    가. 2.8 kg   나. 3.2 kg   다. 4.0 kg   라 . 7.2 kg

    해설 : 탄산수소나트륨 + 산 작용제 = 10 kg − (10 x 0.28)kg = 10 − 2.8 = 7.2 kg, 산을 x라 하면 탄산수소나트륨은 0.8x, 그
    러므로 x + 0.8x = 7.2, 1.8x = 7.2, x = 4 = 산, 탄산수소나트륨 = 4 x 0.8 = 3.2(kg)

36. 계란의 취급방법으로 바람직하지 않은 것은?

    가. 기포성이 우수한 신선한 계란을 사용한다.   나. 머랭 제조 시 흰자의 온도를 5~10℃ 정도로 한다.
    다. 응고성을 향상시키기 위하여 흰자에 산을 첨가한다.   라. 난황계수가 높은 계란을 사용한다.

    해설 : 나=온도가 낮으면 부피가 작아진다. 라=신선한 계란의 난황계수는 보통 0.361 ~ 0.442 정도이다.

37. 제빵에서 쇼트닝을 사용하는 효과가 아닌 것은?

    가. 풍미를 좋게 하기 위하여   나. 빵을 부드럽게 하기 위하여
    다. 열량(kcal)을 낮추기 위하여   라. 노화를 지연시키기 위하여

    해설 : 이 문제에서 쇼트닝은 유지로 해석하며 유지 사용은 칼로리를 높인다. (9 kcal/g)

38. 무당연유와 가당연유의 차이점은?

    가. 지방산 첨가 유무   나. 가열 살균 유무   다. 균질화 유무   라. 설탕 첨가 유무

    해설 : 농축우유의 일종으로 설탕 첨가의 유무가 근본적인 차이이다. 지방산 첨가 유무는 관계가 없다.

39. 이스트푸드의 성분 중 이스트의 성장에 필요한 질소를 공급하는 것은?

    가. 제1인산칼슘   나. 탄산칼슘   다. 암모늄염   라. 마그네슘염

    해설 : 질소(N)를 함유한 물질은 암모늄염뿐이다.

40. 반죽의 상태를 전력으로 환산하여 곡선으로 표시하는 장치로 표준곡선과 비교하여 새로운 밀가루의 흡수와 믹싱 시간을 신속하
    게 점검할 수 있는 기기는?

    가. 믹소그래프(Mixograph)   나. 믹사트론(Mixatron)
    다. 레-오-그래프(Rhe-o-graph)   라. 펄링넘버(Falling number)

    해설 : 가=반죽 형성 및 글루텐 발달정도, 믹싱 시간과 내구성, 다=반죽의 기계적 발달과 흡수율, 라=낙하시간 수치로 알파-
    아밀라아제 활성 측정

41. 육두구과의 나무 열매를 건조시킨 것으로 케이크도넛에 많이 사용되는 향신료는?

    가. 오레가노(oregano)   나. 넛메그(nutmeg)   다. 바닐라(vanilla)   라. 캐러웨이(caraway)

    해설 : 같은 나무의 열매에서 과육은 넛메그를, 씨앗 주위의 가종피로는 메이스(mace)라는 향신료를 만든다.

42. 다음 중 초콜릿의 종류에 대한 설명으로 틀린 것은?

    가. 다크 초콜릿은 카카오매스에 설탕, 카카오버터, 레시틴, 바닐라 등을 첨가하여 만든 것이다.

나. 컬러 초콜릿은 화이트초콜릿에 유성색소를 넣어 색을 낸 것이다.

다. 가나슈용 초콜릿은 카카오매스에 카카오버터와 설탕을 넣어 만든 것으로 커버처처럼 코팅용으로 적합하다.

라. 코팅용 초콜릿은 카카오매스에서 카카오버터를 제거하고 식물성 유지와 설탕을 넣어 만든 것이다.

해설 : 다=생크림과 혼합하는 형태, 라=식용유를 넣는 것은 진(眞)초콜릿은 아니지만 기능성에 따라 사용한다.

43. 다음 중 종실에 속하는 향신료로 짝지은 것은?

　　가. 박하, 올스파이스　　　나. 생강, 겨자　　　다. 파프리카, 계피　　　라. 후추, 바닐라

　　해설 : 가 : 박하=잎, 올스파이스=열매, 나 : 생강=뿌리, 다 : 계피=껍질

44. 밀가루 전분의 중요 구조인 아밀로펙틴(amylopectin)에 대한 설명으로 틀린 것은?

　　가. 측쇄가 있으며 측쇄의 포도당 단위는 α-1,6 결합으로 연결되어 있다.

　　나. 요오드 용액에 의하여 적자색 반응을 나타낸다.　　　다. 보통 백만 이상의 분자량을 가지고 있다.

　　라. 보통 곡물에는 아밀로펙틴이 17 ~ 28% 정도가 들어있다.

　　해설 : 보통 곡물에 아밀로오스가 17 ~ 28%, 아밀로펙틴이 72 ~ 83% 정도가 들어있다.

45. 다음 중 인과류가 아닌 것은?

　　가. 배　　　　나. 무화과　　　　다. 사과　　　　라. 비파

　　해설 : 무화과는 액과류(液果類)에 속한다.

46. 경구감염병이 아닌 것은?

　　가. 웰치　　　　나. 이질　　　　다. 콜레라　　　　라. 장티푸스

　　해설 : 웰치균은 감염형 식중독을 일으키는 균

47. 손 세척을 하는 경우가 아닌 것은?

　　가. 작업을 시작하기 전　　　나. 식품 검수 후　　　다. 생식품의 취급 전후　　　라. 화장실 사용 전

　　해설 : 식품을 만지는 시점의 전후에는 필수적으로 손을 씻는다.

48. 살모넬라균 식중독에 관한 설명 중 틀린 것은?

　　가. 아이싱, 버터크림, 머랭 등에 오염 가능성이 크다.　　　나. 계란, 우유 등의 재료와는 큰 관계가 없다.

　　다. 잠복기는 12~48시간이다.　　　　　　　　　　　라. 가열 살균으로 예방이 가능하다.

　　해설 : 가열처리를 하지 않는 재료나 식품에 오염되기 쉽고 세균 자체가 식중독을 일으킨다. 평균 잠복 시간은 20시간

49. 무미, 무취하며 방습, 방기성이 좋아 식품포장에 적당한 포장재료이나 식염을 함유하고 있는 식품을 포장할 경우 염소 이온(cl-)에 의해 부식되는 포장재료는?

　　가. 종이　　　　나. 유리　　　　다. 셀로판　　　　라. 알루미늄박

　　해설 : 광선 차단 효과가 크며 과자, 담배, 커피, 치즈, 마가린 등의 포장에 이용된다.

50. 정상보다 낮은 온도에서 구워 만든 옹기에 김치를 담가 장시간 둘 경우에 위생적으로 문제가 되는 금속은?

　　가. 비소　　　　나. 납　　　　다. 구리　　　　라. 수은

　　해설 : 800℃ 이하의 저온소성의 경우 납, 구리, 안티몬, 아연, 코발트 등이 검출되는데 〈납〉이 가장 많다.

51. 단백질 대사산물인 암모니아는 어떤 형태로 체외로 배출되는가?

    가. 담즙   나. 요소   다. 아미노산   라. 글루타민

    해설 : 무독성의 요소로 배출

52. 다음 중 당에 대한 설명으로 틀린 것은?

    가. 자연계에 존재하는 대부분의 단당류는 육탄당이다.   나. 맥아당, 유당은 이당류에 속한다.

    다. 자당은 포도당과 과당이 결합한 이당류이다.   라. 다당류는 식물 세포벽의 기본조직이며 식물에만 존재한다.

    해설 : 동물의 간에 저장되는 글리코겐도 다당류의 일종이다.

53. 지질을 60g 섭취하였을 때 체내에 흡수된 지방량과 열량은 각각 얼마인가?

    가. 60g, 540 kcal   나. 59g, 529 kcal   다. 57g, 513 kcal   라. 55g, 497 kcal

    해설 : 소화율 적용 = 60 g x 0.95 = 57 g, 열량 = 9 kcal x 57 = 513 kcal

54. 빛을 조사하면 파괴되기 쉽고, 부족하면 구순구각염과 설염의 원인이 되는 비타민은?

    가. 비타민 B1   나. 비타민 B2   다. 비타민 B6   라. 비타민 B12

    해설 : 가=티아민-당질대사, 나=리보플라빈=구내염, 다=피리독신-두통, 빈혈, 라=코발라민-빈혈, 신경 퇴화

55. 영아의 두뇌 발달에 필수적이며 모유와 관계가 있는 단당류는?

    가. 과당   나. 갈락토오스   다. 자당   라. 포도당

    해설 : 모유(母乳)에 들어있는 주요 당인 유당(乳糖)이 분해되면 단당류인 포도당과 갈락토오스가 생성된다.

56. 공장도가 400원인 빵을 생산하는 공장의 1일 고정비가 500,000원이고, 빵 1개당 변동비가 200원이라면 하루에 몇 개를 만들어야 손익분기점 물량이 되겠는가?

    가. 1000개 이상   나. 1500개 이상   다. 2000개 이상   라. 2500개 이상

    해설 : 개수를 x 라 하면 $200x \geq 500,000$, $x \geq 500,000 \div 200 = 2500$

57. 10 배합으로 200개의 빵을 만든다면 1 배합의 생산 개수는 몇 개인가?

    가. 10개   나. 15개   다. 20개   라. 22개

    해설 : 200 ÷ 10 = 20

58. 중소규모 제과회사의 생산관리 점검항목 중에서 매일 점검하지 않아도 되는 항목은?

    가. 생산량 : 무게, 개수, 생산액   나. 노동량 : 작업인원, 출근인원, 잔업인원

    다. 원재료 : 원재료비, 포장 재료비, 원료 비율   라. 가공손실 : 불량개수, 손실개수, 불량률

    해설 : 원재료는 매일 구매하는 사항이 아니므로 월 단위로 합계하여 점검하는 것이 일반적이다.

59. 작업관리를 통한 불량률 개선방법이 아닌 것은?

    가. 원재료의 구입단가 합리화   나. 적정한 기술보유자를 필요 공정에 배치

    다. 작업의 표준화   라. 검사기준을 설정하여 수시로 점검

    해설 : 원재료의 구입단가는 불량률과 관계가 없다. 불량률은 생산 공정과 직접적인 관계가 있다.

60. 식품위생법에 근거한 과자점 영업에 대한 설명으로 틀린 것은?

가. 빵, 과자를 판매할 수 있다.   나. 빵, 과자를 제조할 수 있다.

다. 주류를 포함한 음료를 판매할 수 있다.   라. 떡을 제조, 판매할 수 있다.

해설 : 주류를 판매할 수 없다.

한국 산업인력공단 신(新)출제경향 철저분석

합격!
대한민국 제과기능장

초 판 발 행 2003년 3월 15일
신개정판 1쇄 2013년 3월 25일
저 자 홍행홍
실 연 오병호
발행인 장상원
발행처 (주)비앤씨월드
출판등록 2002년 9월 24일 제16-2820호
주 소 서울시 강남구 청담동 40-19 서원빌딩 3층
전 화 (02)547-5233
FAX (02)549-5235
인쇄처 문덕인쇄(주)

ⓒB&CWORLD, 2013 printed in Korea
ISBN 978-89-88274-51-4 93590

디자인 복유정
진 행 최은주, 윤남기
교 열 (주)비앤씨월드 출판부